Unity 3D
虚拟现实游戏开发

主　编　李婷婷
副主编　余庆军　杨浩婕　刘　石

清华大学出版社
北京

内 容 简 介

本书以 Unity 5.x 版本为例，结合大量游戏开发案例，从实战角度系统地介绍 Unity 3D 的使用方法、经验及游戏开发基础知识。

本书分为 3 部分。第 1 部分为基础知识篇（第 1～9 章）。第 2 部分为综合实践篇（第 10、11 章）。第 3 部分为 VR&AR 篇（第 12、13 章）。基础知识篇主要介绍 Unity 3D 基础知识，包括 Unity 3D 概述、操作界面、脚本编写、图形用户界面系统、三维漫游地形系统、物理引擎、模型与动画、导航系统及游戏特效等内容，从总体上对 Unity 3D 进行概要性介绍。综合实践篇主要通过 2D 卡牌游戏开发和 3D 射击游戏开发使读者对 Unity 3D 游戏开发有较全面的认识，掌握开发一般休闲游戏的能力。VR&AR 篇主要介绍时下非常流行的虚拟现实及增强现实技术，通过实践案例使读者掌握 VR 和 AR 开发流程。每章均附有习题。

本书适合作为高等院校数字媒体技术、数字媒体艺术及相关专业的教材，同时也适合广大 Unity 3D 初学者以及 Unity 3D 游戏开发和研究人员参考。

本书封面贴有清华大学出版社防伪标签，无标签者不得销售。
版权所有，侵权必究。举报：010-62782989，beiqinquan@tup.tsinghua.edu.cn

图书在版编目(CIP)数据

Unity 3D 虚拟现实游戏开发/李婷婷主编．—北京：清华大学出版社，2018（2023.7重印）
ISBN 978-7-302-48974-0

Ⅰ．①U… Ⅱ．①李… Ⅲ．①游戏程序－程序设计－高等学校－教材 Ⅳ．①TP317.6

中国版本图书馆 CIP 数据核字(2017)第 293462 号

责任编辑：张 玥　战晓雷
封面设计：傅瑞学
责任校对：时翠兰
责任印制：曹婉颖

出版发行：清华大学出版社
　　　　网　　址：http://www.tup.com.cn，http://www.wqbook.com
　　　　地　　址：北京清华大学学研大厦 A 座　　　邮　　编：100084
　　　　社 总 机：010-83470000　　　　　　　　　邮　　购：010-62786544
　　　　投稿与读者服务：010-62776969，c-service@tup.tsinghua.edu.cn
　　　　质量反馈：010-62772015，zhiliang@tup.tsinghua.edu.cn
　　　　课件下载：http://www.tup.com.cn，010-83470236
印 装 者：三河市铭诚印务有限公司
经　　销：全国新华书店
开　　本：185mm×260mm　　　印　张：22.5　　　字　数：549 千字
版　　次：2018 年 3 月第 1 版　　　　　　　　　印　次：2023 年 7 月第 9 次印刷
定　　价：69.50 元

产品编号：074887-02

由 Unity Technologies 公司开发的三维游戏制作引擎——Unity 3D 凭借自身的跨平台性和开发性优势已逐渐成为当今世界范围内的主流游戏引擎，Unity 3D 常用于手机端和网络端的交互式虚拟漫游及游戏开发。用 Unity 3D 引擎开发的游戏可以在浏览器、移动设备或者游戏机等几乎所有常见平台上运行。Unity 3D 功能强大，简单易学，无论对初学者还是专业游戏开发团队，Unity 3D 都是非常好的选择。

本书以 Unity 5.x 版本为例，通过案例介绍 Unity 3D 的使用方法及经验。本书以能力培养为主线，以案例教学为引导，以项目为载体，充分体现"做中学"和"学中做"的思想。书中结合大量 Unity 3D 实践应用开发案例，从实战角度系统地介绍 Unity 3D 游戏开发基础知识，包括 Unity 3D 脚本基础、引擎基础、特效制作、跨平台发布等内容。通过学习本书，读者可以在理解 Unity 3D 基本概念的基础上，通过实践案例熟悉并掌握基于 Unity 3D 的虚拟现实内容开发的实践技能。

本书内容丰富，条理清晰，从基本知识到高级特性，难度循序渐进，从简单的应用程序到完整的 3D 游戏案例逐步深入，将 Unity 3D 引擎基础知识完整地呈现在广大读者面前，非常适合作为本科院校相关专业的教材。

本书由大连东软信息学院数字媒体技术专业游戏开发课程群负责人李婷婷、余庆军、杨浩婕、刘石编写，参加编写的还有徐慧、田媛、叶世贤、王垚。由于近年来虚拟现实应用开发技术发展迅速，Unity 3D 软件版本更新加快，同时受编者水平及编写时间所限，本书难免存在诸多疏漏和不足，敬请广大读者提出宝贵意见和建议，以利于我们对本书不断加以改进。

编　者
2017 年 8 月

目 录

第1章 初识 Unity 3D ·· 1
1.1 Unity 3D 简介 ·· 1
1.1.1 Unity 3D 的特色 ·· 1
1.1.2 Unity 3D 的发展 ·· 2
1.1.3 Unity 3D 的应用 ·· 3
1.2 Unity 3D 下载与安装 ·· 6
1.2.1 Unity 3D 下载 ··· 6
1.2.2 Unity 3D 安装 ··· 7
1.3 资源管理 ··· 14
1.3.1 创建新项目 ·· 14
1.3.2 创建游戏物体 ··· 15
1.3.3 添加游戏物体组件 ······································· 16
1.3.4 项目保存 ·· 16
1.4 Unity 3D 游戏发布 ··· 18
1.4.1 发布到 PC 平台 ·· 19
实践案例：PC 平台游戏场景发布 ····························· 21
1.4.2 发布到 Web 平台 ·· 25
实践案例：Web 平台游戏场景发布 ··························· 25
1.4.3 发布到 Android 平台 ··································· 27
实践案例：Android 平台游戏场景发布 ····················· 32
1.5 本章小结 ··· 36
1.6 习题 ··· 36

第2章 Unity 3D 界面 ·· 37
2.1 Unity 3D 界面布局 ··· 37
2.2 Hierarchy 视图 ·· 38
2.2.1 视图布局 ·· 39
2.2.2 操作介绍 ·· 39
2.3 Project 视图 ·· 39
2.3.1 视图布局 ·· 40
2.3.2 操作介绍 ·· 40

2.4 Inspector 视图 ………………………………………………………………… 41
   2.4.1 视图布局 ……………………………………………………………… 41
   2.4.2 操作介绍 ……………………………………………………………… 41
2.5 Scene View 视图 ………………………………………………………………… 42
   2.5.1 视图布局 ……………………………………………………………… 42
   2.5.2 操作介绍 ……………………………………………………………… 43
2.6 Game View 视图 ………………………………………………………………… 45
   2.6.1 视图布局 ……………………………………………………………… 45
   2.6.2 操作介绍 ……………………………………………………………… 45
2.7 菜单栏 …………………………………………………………………………… 46
   2.7.1 File 菜单 ……………………………………………………………… 46
   2.7.2 Edit 菜单 ……………………………………………………………… 46
   2.7.3 Assets 菜单 …………………………………………………………… 47
   2.7.4 GameObject 菜单 …………………………………………………… 48
   2.7.5 Component 菜单 …………………………………………………… 49
   2.7.6 Window 菜单 ………………………………………………………… 50
   2.7.7 Help 菜单 ……………………………………………………………… 50
2.8 工具栏 …………………………………………………………………………… 51
2.9 其他快捷键 ……………………………………………………………………… 51
   实践案例：自由物体创建 ………………………………………………………… 52
2.10 资源管理 ………………………………………………………………………… 56
   2.10.1 导入系统资源包 ……………………………………………………… 58
   2.10.2 导入外部资源包 ……………………………………………………… 59
   2.10.3 资源导出 ……………………………………………………………… 60
2.11 Unity 资源商店 ………………………………………………………………… 62
   2.11.1 Unity 资源商店简介 ………………………………………………… 62
   2.11.2 Unity 资源商店使用 ………………………………………………… 63
   综合案例：创建简单 3D 场景 …………………………………………………… 64
2.12 本章小结 ………………………………………………………………………… 69
2.13 习题 ……………………………………………………………………………… 69

第 3 章 Unity 3D 脚本开发基础 ………………………………………………… 70

3.1 JavaScript 脚本基础 …………………………………………………………… 70
   3.1.1 变量 …………………………………………………………………… 70
   3.1.2 表达式和运算符 ……………………………………………………… 70
   3.1.3 语句 …………………………………………………………………… 72
   3.1.4 函数 …………………………………………………………………… 74
3.2 C#脚本基础 ……………………………………………………………………… 74
   3.2.1 变量 …………………………………………………………………… 74

3.2.2 表达式和运算符 ·· 77
　　3.2.3 语句 ··· 77
　　3.2.4 函数 ··· 79
3.3 Unity 3D 脚本编写 ··· 80
　　3.3.1 创建脚本 ·· 80
　　3.3.2 链接脚本 ·· 81
　　3.3.3 运行测试 ·· 83
　　3.3.4 C♯脚本编写注意事项 ·· 83
　　实践案例：脚本环境测试 ·· 85
　　实践案例：创建游戏对象 ·· 86
　　实践案例：旋转的立方体 ·· 90
　　综合案例：第一人称漫游 ·· 91
3.4 本章小结 ··· 96
3.5 习题 ··· 96

第4章 Unity 3D 图形用户界面 ·· 97

4.1 Unity 3D 图形界面概述 ··· 97
　　4.1.1 GUI 的概念 ·· 97
　　4.1.2 GUI 的发展 ·· 97
4.2 OnGUI 系统 ·· 98
　　4.2.1 Button 控件 ·· 98
　　4.2.2 Box 控件 ··· 102
　　4.2.3 Label 控件 ··· 103
　　4.2.4 Background Color 控件 ··· 104
　　4.2.5 Color 控件 ··· 105
　　4.2.6 TextField 控件 ·· 106
　　4.2.7 TextArea 控件 ·· 107
　　4.2.8 ScrollView 控件 ·· 108
　　4.2.9 Slider 控件 ··· 109
　　4.2.10 ToolBar 控件 ·· 111
　　4.2.11 ToolTip 控件 ·· 111
　　4.2.12 Drag Window 控件 ·· 112
　　4.2.13 Window 控件 ·· 113
　　4.2.14 纹理贴图 ··· 115
　　4.2.15 Skin 控件 ··· 116
　　4.2.16 Toggle 控件 ·· 119
4.3 UGUI 系统 ·· 120
　　4.3.1 Canvas ··· 121
　　4.3.2 Event System ··· 122

    4.3.3　Panel 控件 ··· 123
    4.3.4　Text 控件 ·· 123
    4.3.5　Image 控件 ·· 124
    4.3.6　Raw Image 控件 ··· 124
    4.3.7　Button 控件 ··· 125
    4.3.8　Toggle 控件 ··· 126
    4.3.9　Slider 控件 ·· 127
    4.3.10　Scrollbar 控件 ·· 127
    4.3.11　Input Field 控件 ··· 128
   实践案例：游戏界面开发 ··· 130
  4.4　本章小结 ··· 136
  4.5　习题 ·· 136

第 5 章　三维漫游地形系统 ·· 137

  5.1　地形概述 ··· 137
  5.2　Unity 3D 地形系统创建流程 ·· 138
    5.2.1　创建地形 ·· 138
    5.2.2　地形参数 ·· 138
  5.3　使用高度图创建地形 ·· 139
   实践案例：采用高度图创建地形 ·· 139
  5.4　地形编辑工具 ··· 141
    5.4.1　地形高度绘制 ·· 141
    5.4.2　地形纹理绘制 ·· 142
    5.4.3　树木绘制 ·· 143
    5.4.4　草和其他细节 ·· 144
    5.4.5　地形设置 ·· 145
    5.4.6　风域 ·· 146
  5.5　环境特效 ··· 147
    5.5.1　水特效 ··· 147
    5.5.2　雾特效 ··· 148
    5.5.3　天空盒 ··· 149
   综合案例：3D 游戏场景设计 ··· 150
  5.6　本章小结 ··· 161
  5.7　习题 ·· 161

第 6 章　物理引擎 ··· 162

  6.1　物理引擎概述 ··· 162
  6.2　刚体 ·· 162
    6.2.1　刚体添加方法 ·· 163

	6.2.2 刚体选项设置	163
	实践案例：刚体测试	164
6.3	碰撞体	167
	6.3.1 碰撞体添加方法	167
	6.3.2 碰撞体选项设置	167
6.4	触发器	170
	实践案例：碰撞消失的立方体	171
6.5	物理材质	174
	实践案例：弹跳的小球	175
6.6	力	177
	实践案例：力的添加	177
6.7	角色控制器	179
	6.7.1 添加角色控制器	179
	6.7.2 角色控制器选项设置	179
6.8	关节	180
	6.8.1 铰链关节	180
	6.8.2 固定关节	181
	6.8.3 弹簧关节	181
	6.8.4 角色关节	182
	6.8.5 可配置关节	182
6.9	布料	184
	6.9.1 添加布料系统	184
	6.9.2 布料系统属性设置	184
6.10	射线	185
	实践案例：拾取物体	185
6.11	物理管理器	187
	综合案例：迷宫夺宝	188
6.12	本章小结	194
6.13	习题	194

第7章	模型与动画	195
7.1	三维模型概述	195
	7.1.1 主流三维建模软件简介	195
	7.1.2 三维模型导入 Unity 3D	196
7.2	Mecanim 动画系统	200
7.3	人形角色动画	200
	7.3.1 创建 Avatar	201
	7.3.2 配置 Avatar	202
	7.3.3 人形动画重定向	202

7.4 角色动画在游戏中的应用 ··· 203
- 7.4.1 Animator 组件 ··· 203
- 7.4.2 Animator Controller ··· 203
- 7.4.3 Animator 动画状态机 ··· 204
- 实践案例：模型动画 ··· 204

7.5 本章小结 ··· 208

7.6 习题 ··· 208

第8章 导航系统 ··· 209

8.1 Unity 3D 导航系统 ··· 209
- 8.1.1 设置 NavMesh ··· 209
- 8.1.2 烘焙 ··· 209
- 8.1.3 设置导航代理 ··· 211
- 实践案例：自动寻路 ··· 212

8.2 障碍物 ··· 214
- 实践案例：障碍物绕行 ··· 214

8.3 本章小结 ··· 216

8.4 习题 ··· 216

第9章 游戏特效 ··· 217

9.1 粒子系统 ··· 217
- 9.1.1 粒子系统概述 ··· 217
- 9.1.2 粒子系统属性 ··· 217
- 实践案例：尾焰制作 ··· 225
- 实践案例：礼花模拟 ··· 227
- 实践案例：火炬模拟 ··· 228
- 实践案例：喷泉模拟 ··· 231

9.2 光影特效 ··· 234
- 9.2.1 光照基础 ··· 234
- 9.2.2 阴影 ··· 238
- 实践案例：光照过滤 ··· 239

9.3 音乐特效 ··· 241
- 9.3.1 导入音效 ··· 241
- 9.3.2 播放音效 ··· 241
- 实践案例：背景音乐播放 ··· 243
- 综合案例：万圣节的尖叫 ··· 246

9.4 本章小结 ··· 251

9.5 习题 ··· 251

第10章 二维卡牌游戏开发 ... 253

- 10.1 正交摄像机 ... 253
- 10.2 精灵 ... 254
  - 10.2.1 精灵的实现 ... 254
  - 10.2.2 精灵的尺寸 ... 255
  - 10.2.3 精灵渲染器 ... 255
  - 10.2.4 图片导入设置 ... 256
  - 10.2.5 精灵编辑 ... 257
- 10.3 二维物理系统 ... 257
  - 10.3.1 刚体 ... 257
  - 10.3.2 碰撞体 ... 258
  - 10.3.3 Joint 2D ... 261
- 实践案例：帧动画 ... 264
- 综合案例：二维卡牌游戏开发 ... 265
- 10.4 本章小结 ... 277
- 10.5 习题 ... 277

第11章 3D射击游戏开发 ... 278

- 11.1 3D射击游戏构思 ... 278
- 11.2 3D射击游戏设计 ... 278
- 11.3 3D射击游戏实施 ... 279
  - 11.3.1 项目准备 ... 279
  - 11.3.2 武器设定 ... 283
  - 11.3.3 子弹设定 ... 286
  - 11.3.4 射击动画 ... 293
  - 11.3.5 射击功能 ... 298
  - 11.3.6 游戏优化 ... 299
  - 11.3.7 游戏发布 ... 300
- 11.4 本章小结 ... 301
- 11.5 习题 ... 302

第12章 虚拟现实应用开发 ... 303

- 12.1 虚拟现实概述 ... 303
  - 12.1.1 虚拟现实概念 ... 303
  - 12.1.2 虚拟现实系统基本特征 ... 303
  - 12.1.3 虚拟现实系统分类 ... 303
  - 12.1.4 虚拟现实系统组成 ... 304
  - 12.1.5 虚拟现实应用 ... 305

12.2 虚拟现实开发软件及平台 ··· 307
12.2.1 Virtools ·· 307
12.2.2 Quest 3D ·· 307
12.2.3 VR-Platform ·· 307
12.2.4 Unity 3D ·· 308
12.2.5 Unreal Engine4 ··· 309
12.3 虚拟现实开发设备 ··· 310
12.3.1 Oculus Rift ·· 310
12.3.2 Microsoft HoloLens ··· 313
12.3.3 Gear VR ··· 314
12.3.4 HTC Vive ··· 314
实践案例：交互式虚拟漫游 ·· 326
12.4 本章小结 ··· 333
12.5 习题 ·· 333

第 13 章 增强现实开发 ··· 334
13.1 增强现实概述 ··· 334
13.1.1 增强现实概念 ·· 334
13.1.2 增强现实原理 ·· 334
13.1.3 增强现实应用 ·· 335
13.1.4 增强现实开发插件 ·· 335
13.2 Vuforia 发展历程 ··· 335
13.3 Vuforia 核心功能 ··· 336
13.3.1 图片识别 ·· 336
13.3.2 圆柱体识别 ·· 336
13.3.3 多目标识别 ·· 337
13.3.4 文字识别 ·· 337
13.3.5 云识别 ·· 337
实践案例：AR 动物开发 ·· 338
13.4 本章小结 ··· 347
13.5 习题 ·· 347

参考文献 ·· 348

第 1 章

初识 Unity 3D

欢迎大家走进 Unity 3D 世界。随着游戏行业的迅猛发展，游戏引擎的竞争愈加激烈。由 Unity Technologies 公司开发的三维游戏制作引擎——Unity 3D，凭借自身的跨平台性与开放性优势已经逐渐成为当今世界范围内的主流游戏引擎。本章首先介绍 Unity 3D 的特点、发展历程、应用领域，然后介绍 Unity 3D 下载及安装方法，最后通过实例讲解将 Unity 3D 开发的游戏发布于多个平台的方法。

1.1 Unity 3D 简介

Unity 3D 也称 Unity，是由 Unity Technologies 公司开发的一个让玩家轻松创建诸如三维视频游戏、建筑可视化、实时三维动画等类型互动内容的多平台的综合型游戏开发工具，其编辑器运行在 Windows 和 MacOS X 下，可发布游戏至 Windows、Mac、Wii、iPhone、WebGL(需要 HTML5)、Windows Phone 8 和 Android 平台。也可以利用 Unity Web Player 插件发布网页游戏，支持 Mac 和 Windows 平台的网页浏览，是一个全面整合的专业游戏引擎。业界现有的商用游戏引擎和免费游戏引擎数不胜数，其中最具代表性的商用游戏引擎有 UnReal、CryENGINE、Havok Physics、Game Bryo、Source Engine 等，但是这些游戏引擎价格昂贵，使得游戏开发成本大大增加。而 Unity 公司提出了"大众游戏开发" (Democratizing Development)的口号，提供了任何人都可以轻松开发的优秀游戏引擎，使开发人员不再顾虑价格。

Unity 的中文意思为"团结"。Unity 的核心含义是想告诉大家，游戏开发需要在团队合作基础上相互配合完成。时至今日，游戏市场上出现了众多种类的游戏，它们是由不同的游戏引擎开发的，Unity 3D 以其强大的跨平台特性与绚丽的 3D 渲染效果而闻名于世，现在很多商业游戏及虚拟现实产品都采用 Unity 3D 引擎来开发。

1.1.1 Unity 3D 的特色

Unity 3D 游戏开发引擎目前之所以炙手可热，与其完善的技术以及丰富的个性化功能密不可分。Unity 3D 游戏开发引擎易于上手，降低了对游戏开发人员的要求。下面对 Unity 3D 游戏开发引擎的特色进行阐述。

1. 跨平台

游戏开发者可以通过不同的平台进行开发。游戏制作完成后，游戏无需任何修改即可直接一键发布到常用的主流平台上。Unity 3D 游戏可发布的平台包括 Windows、Linux、MacOS X、iOS、Android、Xbox360、PS3 以及 Web 等。跨平台开发可以为游戏开发者节省大量时间。以往游戏开发中,开发者要考虑平台之间的差异,比如屏幕尺寸、操作方式、硬件条件等,这样会直接影响到开发进度,给开发者造成巨大的麻烦,Unity 3D 几乎为开发者完美地解决了这一难题,将大幅度减少移植过程中不必要的麻烦。

2．综合编辑

Unity 3D 的用户界面具备视觉化编辑、详细的属性编辑器和动态游戏预览特性。Unity 3D 创新的可视化模式让游戏开发者能够轻松构建互动体验,当游戏运行时可以实时修改参数值,方便开发,为游戏开发节省大量时间。

3．资源导入

项目可以自动导入资源,并根据资源的改动自动更新。Unity 3D 支持几乎所有主流的三维格式,如 3ds Max、Maya、Blender 等,贴图材质自动转换为 U3D 格式,并能和大部分相关应用程序协调工作。

4．一键部署

Unity 3D 只需一键即可完成作品的多平台开发和部署,让开发者的作品在多平台呈现。

5．脚本语言

Unity 3D 集成了 MonoDeveloper 编译平台,支持 C♯、JavaScript 和 Boo 3 种脚本语言,其中 C♯ 和 JavaScript 是在游戏开发中最常用的脚本语言。

6．联网

Unity 3D 支持从单机应用到大型多人联网游戏的开发。

7．着色器

Unity 3D 着色器系统整合了易用性、灵活性、高性能。

8．地形编辑器

Unity 3D 内置强大的地形编辑系统,该系统可使游戏开发者实现游戏中任何复杂的地形,支持地形创建和树木与植被贴片,支持自动的地形 LOD、水面特效,尤其是低端硬件亦可流畅运行广阔茂盛的植被景观,能够方便地创建游戏场景中所用到的各种地形。

9．物理特效

物理引擎是模拟牛顿力学模型的计算机程序,其中使用了质量、速度、摩擦力和空气阻力等变量。Unity 3D 内置 NVIDIA 的 PhysX 物理引擎,游戏开发者可以用高效、逼真、生动的方式复原和模拟真实世界中的物理效果,例如碰撞检测、弹簧效果、布料效果、重力效果等。

10．光影

Unity 3D 提供了具有柔和阴影以及高度完善的烘焙效果的光影渲染系统。

1.1.2 Unity 3D 的发展

2004 年,Unity 3D 诞生于丹麦的阿姆斯特丹。

2005年,发布了Unity 1.0版本,此版本只能应用于Mac平台,主要针对Web项目和VR(虚拟现实)的开发。

2008年,推出Windows版本,并开始支持iOS和Wii,从众多的游戏引擎中脱颖而出。

2009年,荣登2009年游戏引擎的前五,此时Unity的注册人数已经达到了3.5万。

2010年,Unity 3D开始支持Android,继续扩大影响力。

2011年,开始支持PS3和XBox360,此时全平台的构建完成。

2012年,Unity Technologies公司正式推出Unity 4.0版本,新加入对于DirectX 11的支持和Mecanim动画工具,以及为用户提供Linux及Adobe Flash Player的部署预览功能。

2013年,Unity 3D引擎覆盖了越来越多的国家,全球用户已经超过150万,Unity 4.0引擎已经能够支持在包括MacOS X、Android、iOS、Windows等在内的10个平台上发布游戏。同时,Unity Technologies公司CEO David Helgason发布消息称,游戏引擎Unity 3D今后将不再支持Flash平台,且不再销售针对Flash开发者的软件授权。

2014年,发布Unity 4.6版本,更新了屏幕自动旋转等功能。

2016年,发布Unity 5.4版本,专注于新的视觉功能,为开发人员提供了最新的理想实验和原型功能模式,极大地提高了其在VR画面展现上的性能。

1.1.3 Unity 3D的应用

Unity 3D是目前主流的游戏开发引擎,有数据显示,全球最赚钱的1000款手机游戏中,有30%是使用Unity 3D开发出来的。尤其在VR设备中,Unity 3D游戏开发引擎具有统治地位。Unity 3D能够创建实时、可视化的2D和3D动画、游戏,被誉为3D手游的传奇,孕育了成千上万款高质、超酷炫的神作,如《炉石传说》《神庙逃亡2》《我叫MT2》等。Unity 3D行业前景广泛,在游戏开发、虚拟仿真、动漫、教育、建筑、电影等多个行业中得到广泛运用。

1. 在游戏中的应用

3D游戏是Unity游戏引擎重要的应用方向之一,从最初的文字游戏到二维游戏、三维游戏,再到网络三维游戏,游戏在其保持实时性和交互性的同时,其逼真度和沉浸感在不断地提高和加强。图1.1为Unity官方发布的3D游戏AngryBots的试玩版(demo)。随着三维技术的快速发展和软硬件技术的不断进步,在不远的将来,3D虚拟现实游戏必将成为主

图1.1 AngryBots游戏试玩版效果

流游戏市场应用方向。

2. 在虚拟仿真教育中的应用

Unity 3D 应用于虚拟仿真教育是教育技术发展的一个飞跃,如图 1.2 所示。它营造了自主学习的环境,由传统的"以教促学"的学习方式变为学习者通过自身与信息环境的相互作用来得到知识、技能的新型学习方式。

 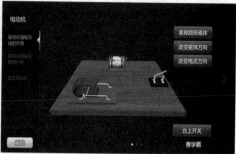

图 1.2　Unity 3D 在虚拟仿真教育中的应用

3. 在军事与航天工业中的应用

模拟训练一直是军事与航天工业中的一个重要课题,这为 Unity 3D 提供了广阔的应用前景,如图 1.3 所示。美国国防部高级研究计划局(DARPA)自 20 世纪 80 年代起一直致力于 SIMNET 的虚拟战场系统的研究,以提供坦克协同训练,该系统可连接 200 多台模拟器。另外,该系统利用 VR 技术,可模拟零重力环境,以代替现在非标准的水下训练宇航员的方法。

图 1.3　Unity 3D 在军事领域中的应用

4. 在室内设计中的应用

Unity 3D 引擎可以实现虚拟室内设计效果,它不仅仅是一个演示媒体,而且还是一个设计工具。它以视觉形式反映了设计者的思想。在装修房屋之前,首先要做的事是对房屋的结构、外形做细致的构思。为了使之定量化,还需设计许多图纸,当然这些图纸只有内行人能读懂。虚拟室内设计可以把这种构思变成看得见的虚拟物体和环境,使以往传统的设计计模式提升到数字化的所见即所得的完美境界,大大提高了设计和规划的质量与效率。

虚拟室内设计方案应用 Unity 3D 引擎进行开发,设计者可以完全按照自己的构思去构建和装饰虚拟的房间,并可以任意变换自己在房间中的位置,去观察设计的效果,直到满意为止,既节约了时间,又节省了做模型的费用,如图1.4所示。

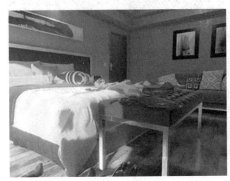 

图1.4　Unity 3D在室内设计中的应用

5．在城市规划中的应用

城市规划一直是对全新的可视化技术需求最为迫切的领域之一,利用Unity 3D引擎可以进行虚拟城市规划,并带来切实且可观的利益:展现规划方案时,虚拟现实系统的沉浸感和互动性不但能够给用户带来强烈、逼真的感官冲击,使用户获得身临其境的体验,还可以通过其数据接口在实时的虚拟环境中随时获取项目的数据资料,方便大型复杂工程项目的规划、设计、投标、报批、管理,有利于设计与管理人员对各种规划设计方案进行辅助设计与方案评审,如图1.5所示。

图1.5　Unity 3D在城市规划中的应用

6．在工业仿真中的应用

当今世界工业已经发生了巨大的变化,先进科学技术的应用显现出巨大的威力。Unity 3D引擎已经被世界上一些大型企业广泛地应用到工业仿真的各个环节,对企业提高开发效率,加强数据采集、分析、处理能力,减少决策失误,降低企业风险起到了重要的作用,如图1.6所示。

7．在文物古迹展示、保护中的应用

利用Unity 3D引擎,结合网络技术,可以将文物古迹的展示、保护提高到一个崭新的阶段。首先表现在将文物古迹实体通过影像数据采集手段建立三维实物或模型数据库,保存文物古迹原有的各种形式的数据和空间关系等重要资源,实现濒危文物古迹资源的科学、高

图 1.6　Unity 3D 在工业仿真中的应用

精度和永久的保存。其次,利用这些技术来提高文物修复的精度,预先判断、选取将要采用的保护手段,同时可以缩短修复工期。通过计算机网络来整合统一大范围内的文物古迹资源,并且通过网络在大范围内利用虚拟技术更加全面、生动、逼真地展示文物古迹,从而使文物古迹脱离地域限制,实现资源共享,真正成为全人类可以拥有的文化遗产,如图 1.7 所示。利用 Unity 3D 引擎实现虚拟文物古迹仿真可以推动文博行业更快地进入信息时代,实现文物古迹展示和保护的现代化。

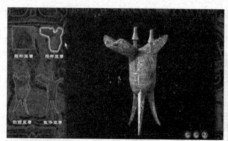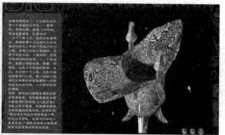

图 1.7　Unity 3D 在文物古迹展示和保护中的应用

1.2　Unity 3D 下载与安装

Unity 5.x 软件的下载与安装十分便捷,游戏开发者可根据个人计算机的类型有选择地安装基于 Windows 平台或 MacOS X 平台的 Unity 3D 软件。考虑到国内的游戏开发者使用的计算机多是 Windows 系统,因此本节将集中为游戏开发者介绍 Unity 5.x 版本在 Windows 平台下的下载与安装步骤。

1.2.1　Unity 3D 下载

要安装 Unity 3D 游戏引擎的最新版,可以访问 Unity 官方网站,如图 1.8 所示,Unity 的官方网址为 https://unity3d.com/cn/(本书附赠光盘中提供了 Unity 5.2 的安装文件)。

进入 Unity 官网,单击右上角的"获取 Unity"进入下载页面。

在下载页面中有 Unity 版权的一些信息。在 Unity 的官方网站的下载页面可以看到 4 个版本,分别是 Personal、Plus、Pro、Enterprise,如图 1.9 所示。单击 Personal 下的"立即下载"按钮。

选择 Personal 版本后,在这个页面上有一个很大的下载按钮,如图 1.10 所示。单击该

图 1.8　Unity 官网

图 1.9　Unity 版本选择页面

按钮就可以下载 Unity 的安装包了。不过单击这个按钮首先下载的是 Unity 官方的一个专业下载器，运行这个下载器就可以得到真正的 Unity 安装包。

图 1.10　Unity Personal 下载页面

1.2.2　Unity 3D 安装

下载好安装包之后，双击安装包运行，根据提示，选择安装路径，一步步下去，就能够完成安装。

步骤1：双击下载得到的UnitySetup64-5.2.1f1文件进行安装，如图1.11所示。Unity安装程序的加载需要一段时间，需要稍等片刻，如图1.12所示。

图1.11 Unity安装包图标

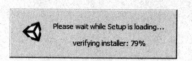

图1.12 加载Unity安装程序

步骤2：进入安装欢迎界面，如图1.13所示。直接单击Next按钮进入License Agreement界面。

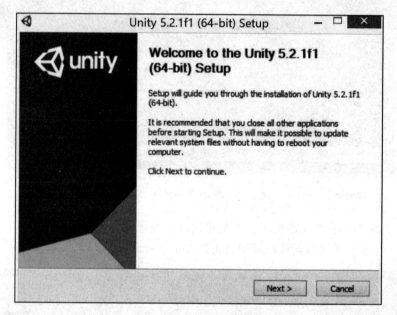

图1.13 安装欢迎界面

步骤3：在License Agreement界面，单击I Agree按钮，如图1.14所示。

步骤4：进入Choose Components界面，选中所有组件，然后单击Next按钮，如图1.15所示。

步骤5：进入Choose Install Location界面，单击Browse按钮选择Unity的安装路径，默认安装在C:\Program Files\Unity中，选好路径后单击Install按钮进行安装，如图1.16所示。

步骤6：安装过程会持续比较长的时间，请耐心等待，如图1.17所示。

步骤7：当滚动条进到100%时将会转到Finish界面，单击Finish按钮。接下来安装Unity资源，双击UnityStandardAssetsSetup图标，如图1.18所示。

步骤8：进入资源安装欢迎界面，如图1.19所示。直接单击Next按钮进入License Agreement界面。

第1章　初识Unity 3D

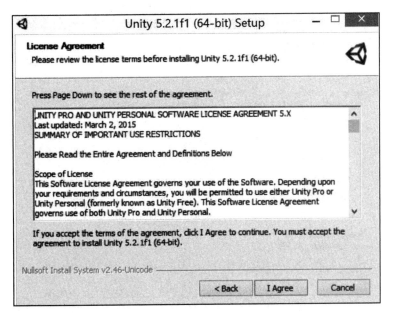

图 1.14　接受 Unity 安装协议

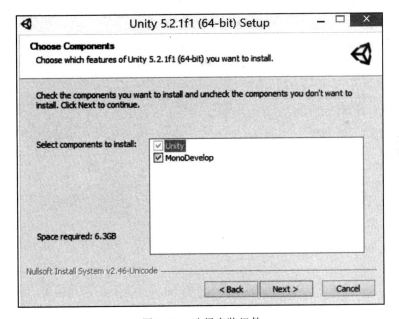

图 1.15　选择安装组件

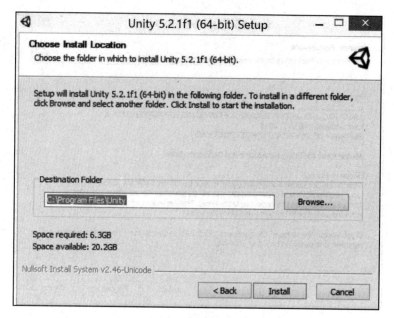

图 1.16　选择安装路径

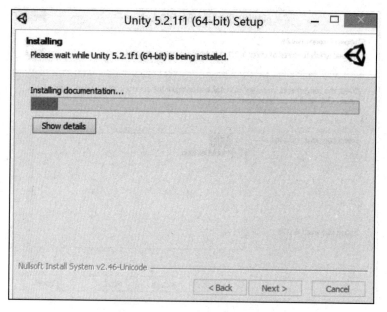

图 1.17　Unity 安装进度条

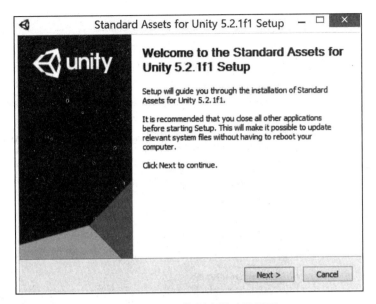

图 1.18　Unity 资源安装图标　　　　图 1.19　Unity 资源安装欢迎界面

步骤 9：在 License Agreement 界面，单击 I Agree 按钮，如图 1.20 所示。

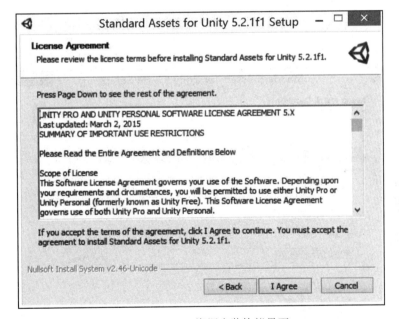

图 1.20　Unity 资源安装协议界面

步骤 10：在 Choose Component 界面中，选中所有组件，单击 Next 按钮，如图 1.21 所示。

步骤 11：进入 Choose Install Location 界面，单击 Browse 按钮选择 Unity 资源的安装路径，默认安装在 C:\Program Files\Unity 中，选好路径后单击 Install 按钮进行安装，如图 1.22 所示。等待片刻就会弹出安装完成界面，如图 1.23 所示。

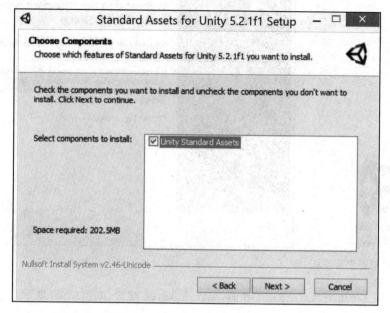

图 1.21　Unity 资源安装组件界面

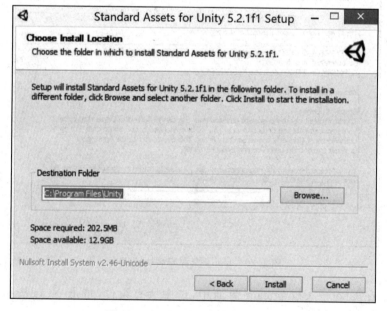

图 1.22　Unity 资源安装地址界面

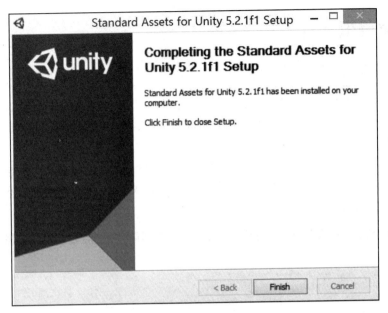

图 1.23 安装完成界面

步骤 12：将 Patcher 置于安装目录的 Editor 文件夹下，右击该文件夹，以管理员权限运行，单击 Browse 按钮找到 Editor 文件夹，选择 Unity 5.0 后，单击 PATCH 按钮，如图 1.24 所示。

步骤 13：激活成功后，系统会弹出 Patcher 激活成功对话框，如图 1.25 所示。激活完成之后，双击桌面上的 Unity.exe 快捷方式，就可以进行 Unity 3D 开发了。

图 1.24 Unity 激活界面　　　　　　　　图 1.25 Patcher 激活成功对话框

1.3 资源管理

1.3.1 创建新项目

Unity 创建游戏的理念可以简单地理解为：一款完整的游戏就是一个项目(project)，游戏中不同的关卡对应的是项目下的场景(scene)。一款游戏可以包含若干个关卡(场景)，因此一个项目下面可以保存多个场景。

启动 Unity 3D 后，在弹出的 Project Wizard(项目向导)对话框中，单击 Create New Project(新建项目)，创建一个新的工程，可以设置工程的目录，然后修改文件名称和文件路径，如图 1.26 所示。

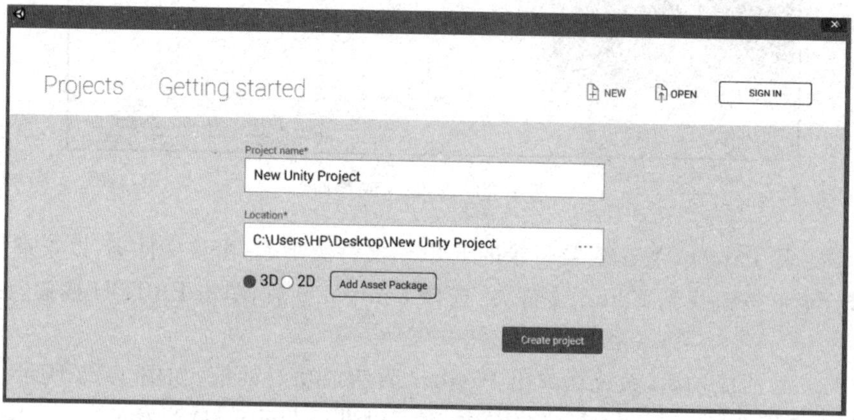

图 1.26 新建项目

在 Project name 下(项目名称)中输入项目名称，然后在 Location(项目路径)下选择项目保存路径并且选择 2D 或者 3D 工程的默认配置，最后在 Add Assets Package 中选择需要加载的系统资源包，如图 1.27 所示。设置完成后，单击 Create project 按钮完成新建项目。

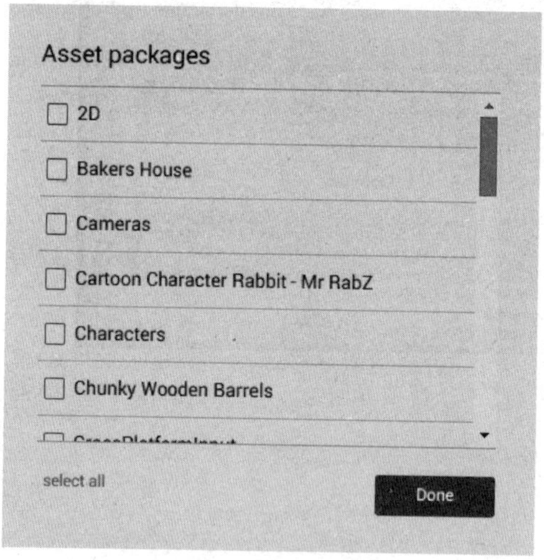

图 1.27 加载资源包

Unity 3D 会自动创建一个空项目，其中会自带一个名为 Main Camera 的相机和一个 Directional Light 的直线光。

创建好新项目后，由于每个项目中可能会有多个不同的场景或关卡，所以开发人员往往要新建多个场景。新建场景的方法是：选择 Unity 3D 软件界面上的菜单 File(文件)→New Scene(新建场景)命令即可新建场景，如图 1.28 所示。

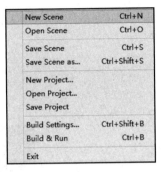

图 1.28　新建场景

1.3.2　创建游戏物体

选择 GameObject(游戏对象)→3D Object(三维物体)→Plane(平面)命令创建一个平面用于放置物体，如图 1.29 所示。选择 GameObject(游戏对象)→3D Object(三维物体)→Cube(立方体)命令创建一个立方体，如图 1.30 所示。最后使用场景控件调整物体位置，从而完成游戏物体的基本创建，如图 1.31 所示。

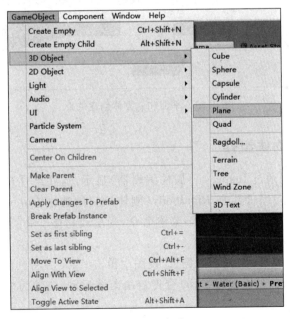

图 1.29　创建平面

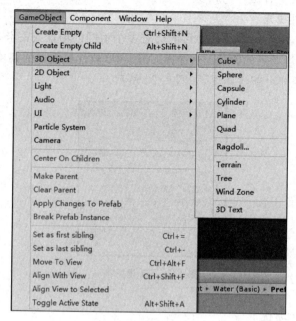

图 1.30　创建立方体

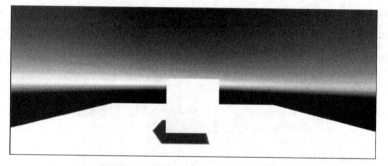

图 1.31　平面和立方体创建效果

1.3.3　添加游戏物体组件

游戏物体组件可以通过 Inspector(属性编辑器)显示,这些组件还可以附加很多组件。例如要为 Cube(立方体)组件添加 Rigidbody(刚体)组件,选中 Cube,执行 Component(组件)→Physics(物理)→Rigidbody(刚体)菜单命令,为游戏物体 Cube 添加 Rigidbody 组件,如图 1.32 和图 1.33 所示。

Rigidbody 添加完成后,在 Scene(场景)视图中单击 Cube 并将其拖曳到平面上方,然后单击 Play 按钮进行测试,可以发现 Cube 会做自由落体运动,与地面发生相撞,最后停在地面,如图 1.34 和图 1.35 所示。

1.3.4　项目保存

执行 File(文件)→Save Scene(保存场景)菜单命令或按快捷键 Ctrl+S,如图 1.36 所

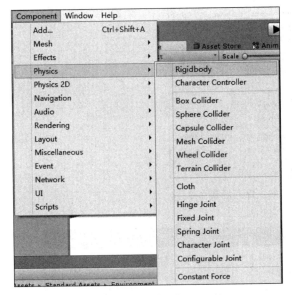

图 1.32　添加 Rigidbody 组件

图 1.33　Rigidbody 组件

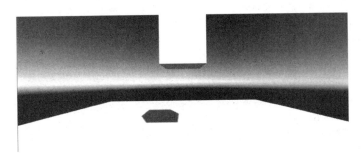

图 1.34　测试前

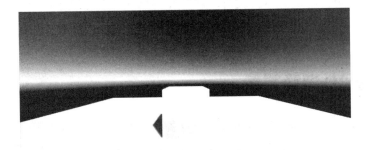

图 1.35　测试后

示。在弹出的保存场景对话框中输入要保存的文件名,如图 1.37 所示。此时在 Project(项目)面板中能够找到刚刚保存的场景。

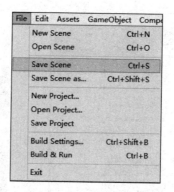

图 1.36 保存场景命令

图 1.37 输入场景名

1.4 Unity 3D 游戏发布

近年来，随着手机、平板电脑等多种移动设备的兴起，游戏平台不再局限于台式计算机和笔记本电脑。为了使游戏开发人员开发的游戏作品成功地运行在多种平台上，现在流行的游戏开发引擎都具有多平台发布功能。Unity 3D 作为一款跨平台的游戏开发工具，从一开始就被设计成便于使用的产品。随着网络技术的迅速发展，Unity 3D 功能也不断增强，它不仅支持 PC，同时也支持 Android、Web、PS3、XBox、iOS 等多个应用平台。

虽然 Unity 3D 能够支持很多发布平台，但是并不代表可以毫无限制地发布。例如，XBox360、PS3 和 Wii 这 3 个发布平台，必须购买这 3 个游戏主机厂商的开发者 License，才能将 Unity 3D 开发的游戏发布到相应的运行平台。而要想将 Unity 3D 开发的游戏成功地发布并运行于 iOS 终端，还需要安装相应的插件，并且拥有 Apple 公司的开发者账号。

1.4.1 发布到 PC 平台

PC 是最常见的游戏运行平台。在 2007 年之前，PC 平台上能够玩的单机游戏实在是少之又少，而几乎就是网游的天下，但是从 2007 年开始，情况就发生了变化，随着欧美游戏的崛起，很多游戏开始登录 PC 平台，并且很多游戏类型和好的创意诞生于 PC 平台。Unity 平台支持 9 种游戏，PC 平台就是其中最重要的发布平台之一。

利用 Unity 3D 开发游戏，在需要发布游戏时，执行 File→Build Settings 菜单命令，如图 1.38 所示。在 Platform 列表框中选择 PC、Mac & Linux Standalone 选项，在右侧的 Target Platform 下拉列表中可以选择 Windows、MacOS X、Linux 选项，在右侧的 Architecture 下拉列表中可以选择 x86 或 x86_64 选项，如图 1.39 所示。

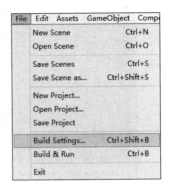

图 1.38 Build Settings 命令

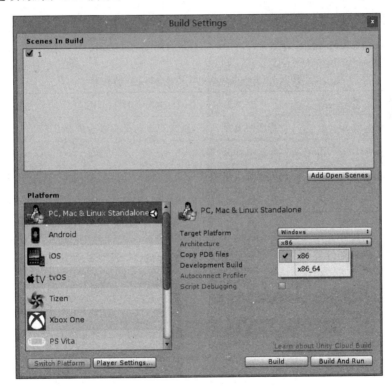

图 1.39 发布平台选择

单击左下角的 Player Settings 按钮后，便可以在右侧的 Inspector 面板中看到 PC、Mac & Linux 的相关设定，如图 1.40 所示。在 PlayerSettings 界面中，Company Name 和 Product Name 用于设置相关的名称，而 Default Icon 用于设定程序在平台上显示的图标。

在 PlayerSettings 界面的下部有 4 个选项设置：Resolution and Presentation、Icon、Splash Image 和 Other Settings。图 1.41 是 Resolution and Presentation 的参数设置内容，参数如表 1.1 所示。

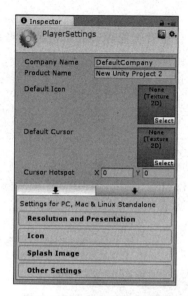 

图 1.40　PlayerSettings 界面　　　　图 1.41　Resolution and Presentation 参数设置

表 1.1　Resolution and Presentation 的参数

参　　数	功　　能
Default Is Full Screen	若选中此复选框，则游戏启动时会以全屏幕显示
Default Is Native Resolution	默认本地分辨率
Run In Background	当暂时跳出游戏转到其他窗口时，显示游戏是否要继续进行
Supported Aspect Ratios	显示器能支持的画面比例，包括 4∶3、5∶4、16∶10、16∶9 和 Others

当完成上述设置或者全部采用默认值后，便可回到 Build Settings 对话框，单击右下角的 Build 按钮，选择文件路径用于存放可执行文件。

发布的内容是一个可执行的 exe 文件和包含其所需资源的同名文件夹，单击该文件后便会出现如图 1.42 所示的游戏运行对话框。

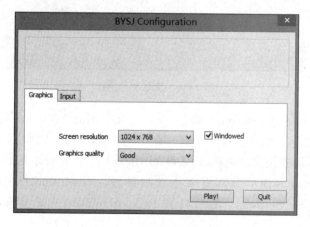

图 1.42　游戏运行对话框

➢ 实践案例：PC 平台游戏场景发布

案例构思

在一个完整的 Unity 3D 项目制作完毕后，可以将其发布到很多主流游戏平台，其中 PC 平台是应用最广泛的平台，本案例主要讲解将 Unity 3D 游戏发布到 PC 平台的方法。

案例设计

本案例计划在 Unity 3D 内创建一个简单的场景，在场景内放入一个盒子基本几何体，并在场景内加入灯光，测试发布到 PC 平台后的效果，如图 1.43 所示。

图 1.43　测试 PC 平台发布效果

案例实施

步骤 1：启动 Unity 3D 软件，并设置其存储路径，单击 Create 按钮即生成一个新项目，如图 1.44 所示。

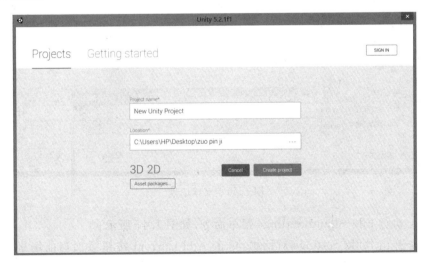

图 1.44　新建项目

步骤 2：执行 GameObject(游戏对象)→Light(灯光)→Directional Light(方向光)菜单命令，创建灯光。

步骤3：执行GameObject(游戏对象)→3D Object(三维物体)→Cube(立方体)菜单命令，创建一个小立方体，如图1.45所示。

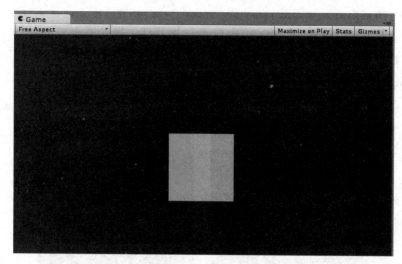

图1.45　立方体效果图

步骤4：执行File→Save Scene菜单命令保存场景，如图1.46所示。

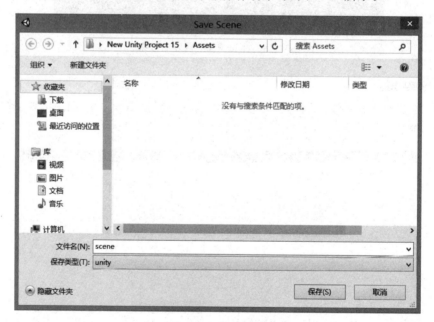

图1.46　保存场景

步骤5：执行File→Build Settings菜单命令，如图1.47所示。

步骤6：弹出Build Settings对话框，单击Add Current按钮添加当前场景，然后选择Platform(模板)，这里需要选择PC，在右侧界面中选择平台，这里需要选择Windows，最后单击Build按钮，如果想编译打包后直接运行，查看运行结果，就单击Build And Run按钮，如图1.48所示。

图 1.47 Build Settings 命令

图 1.48 场景发布窗口

步骤 7：弹出 Build PC,Mac & Linux Standalone 对话框,填写游戏的文件名,可以看到这里是生成 Windows 下的可执行文件,所以保存类型默认是 exe,不需要更改,然后单击"保存"按钮,所图 1.49 所示。接下来就可以看到 Building Player 对话框的进度条,等进度条刷新完后,就完成了打包,如图 1.50 所示。

步骤 8：当完成了打包后,游戏程序便立即运行,弹出的配置界面如图 1.51 所示。此时可以选择分辨率等参数,然后单击 Play!按钮即可运行游戏,可以看到运行的游戏界面,因为这里创建了一个简单的场景,所以只看到了一个场景的简单运行界面。

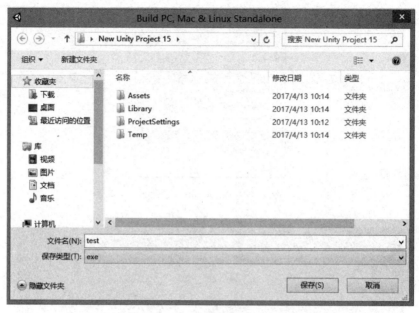

图 1.49 游戏发布命名

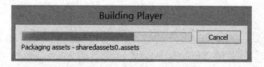

图 1.50 游戏发布进度条

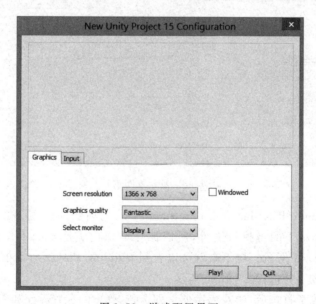

图 1.51 游戏配置界面

1.4.2 发布到 Web 平台

为了使发布的 Web 版游戏运行流畅,前期需要安装一个浏览器插件 Unity Web Player(Unity 3D 网页播放器)。访问官方网址 http://unity3d.com/webplayer/即可下载 UnityWebPlayer.exe 安装包,下载后关闭浏览器,双击 UnityWebPlayer.exe 安装包进行安装。

➤ 实践案例:Web 平台游戏场景发布

案例构思

Unity 5 支持开发者跨越多种平台,包括新的 WebGL 以及游戏主机、台式机、移动设备和 VR 设备。随着网络技术的快速发展,各种基于 Web 的设计都成为研究热点,本案例主要讲解将 Unity 3D 游戏发布到 Web 平台的方法。

案例设计

本案例计划在 Unity 3D 内创建一个简单的场景,在场景内放入一个盒子基本几何体,并在场景内加入灯光,如图 1.52 所示,测试发布到 Web 平台后的效果。

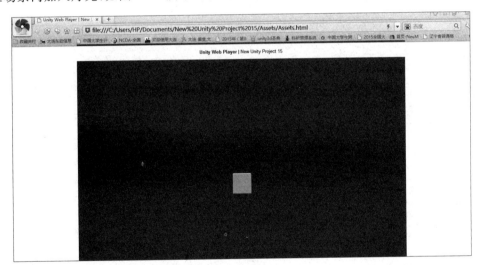

图 1.52 Web 平台发布效果测试

案例实施

步骤 1:打开要发布的 Unity 3D 工程,执行 File→Build Settings 菜单命令,如图 1.53 所示。

步骤 2:执行 File(文件)→Build Settings(发布设置)菜单命令,打开场景发布窗口,如图 1.54 所示。新建的项目默认发布到 Web 平台,单击 Add Current 按钮,将刚刚保存的场景添加到发布窗口中,然后选中发布窗口中的 Web Player(网页播放器)选项,接下来单击 Switch Platform(交换平台)按钮启动该平台。平台启动后,该平台选项后会出现 Unity 3D 图标,同时 Switch Platform 按钮会变成灰色。

步骤 3:平台启动成功后,单击 Build(发布)按钮,发布 Web 文件,由于发布的是两个文

图 1.53 Build Settings 命令

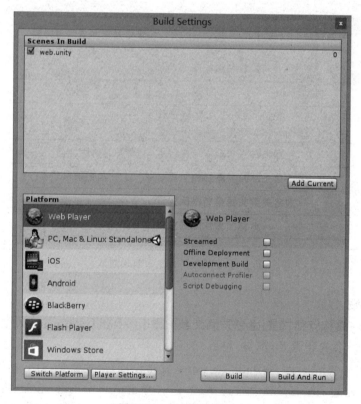

图 1.54 场景发布窗口

件,所以需要创建一个文件夹,本案例将其命名为 scene,如图 1.55 所示。

步骤 4:发布之后的两个文件如图 1.56 所示。双击 scene.html 打开页面,在弹出的系

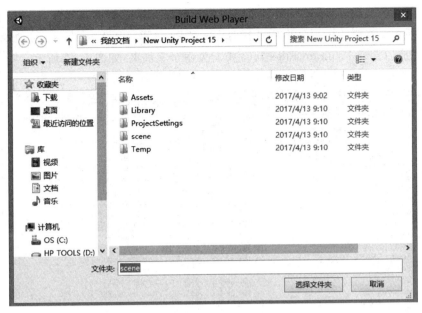

图 1.55　发布文件设置

统提示中单击"允许阻止 ActiveX 控件"即可。

图 1.56　发布后文件

1.4.3　发布到 Android 平台

Android 是目前最流行的一个词，Android 的游戏、软件等几乎是人们每天都要用到的。要将 apk 文件发布到 Android 平台，必须先安装两个工具：Java(JDK)和 Android 模拟器(SDK)。

1. 下载 Java JDK 以及 JRE

步骤 1：进入网址 http://www.oracle.com/technetwork/java/javase/downloads/index-jsp-138363.html，选择 Java Platform，如图 1.57 所示。

图 1.57　下载 Java JDK

步骤 2：进行安装，选择 Accept License Agreement 单选按钮，选择已经被许可的平台，如图 1.58 所示。在弹出的对话框中选择对应的类型，这里选用 Windows x64，如图 1.59 所示。下载完成后会在 Program Files-Java 中看见两个文件夹，如图 1.60 所示。

Java SE Development Kit 8u131

You must accept the Oracle Binary Code License Agreement for Java SE to download this software.

○ Accept License Agreement ◉ Decline License Agreement

Product / File Description	File Size	Download
Linux ARM 32 Hard Float ABI	77.87 MB	jdk-8u131-linux-arm32-vfp-hflt.tar.gz
Linux ARM 64 Hard Float ABI	74.81 MB	jdk-8u131-linux-arm64-vfp-hflt.tar.gz
Linux x86	164.66 MB	jdk-8u131-linux-i586.rpm
Linux x86	179.39 MB	jdk-8u131-linux-i586.tar.gz
Linux x64	162.11 MB	jdk-8u131-linux-x64.rpm
Linux x64	176.95 MB	jdk-8u131-linux-x64.tar.gz
Mac OS X	226.57 MB	jdk-8u131-macosx-x64.dmg
Solaris SPARC 64-bit	139.79 MB	jdk-8u131-solaris-sparcv9.tar.Z
Solaris SPARC 64-bit	99.13 MB	jdk-8u131-solaris-sparcv9.tar.gz
Solaris x64	140.51 MB	jdk-8u131-solaris-x64.tar.Z
Solaris x64	96.96 MB	jdk-8u131-solaris-x64.tar.gz
Windows x86	191.22 MB	jdk-8u131-windows-i586.exe
Windows x64	198.03 MB	jdk-8u131-windows-x64.exe

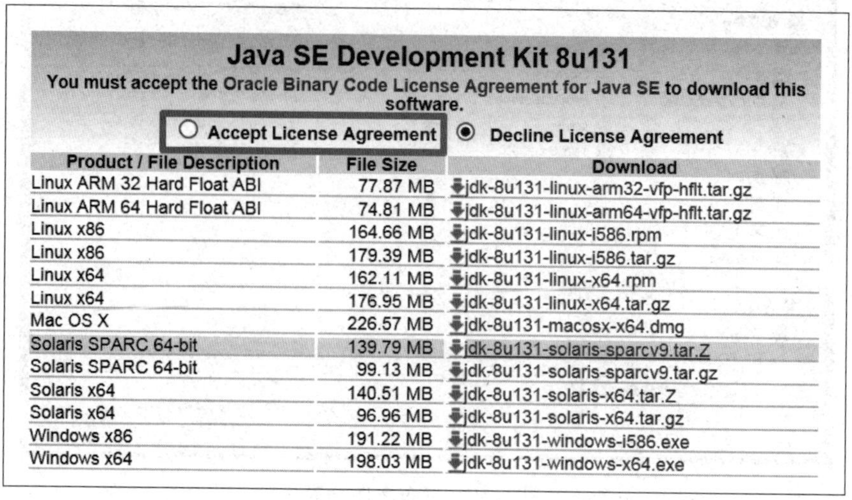

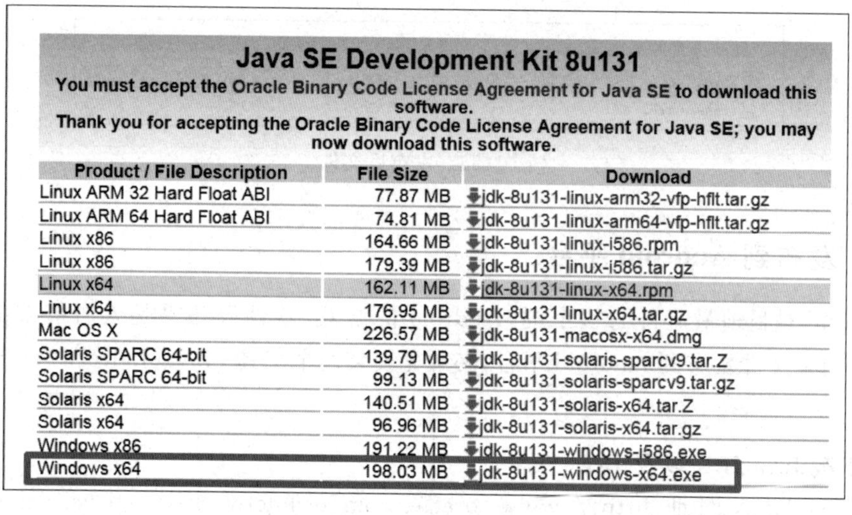

图 1.58　选择 Accept License Agreement

Java SE Development Kit 8u131

You must accept the Oracle Binary Code License Agreement for Java SE to download this software.

Thank you for accepting the Oracle Binary Code License Agreement for Java SE; you may now download this software.

Product / File Description	File Size	Download
Linux ARM 32 Hard Float ABI	77.87 MB	jdk-8u131-linux-arm32-vfp-hflt.tar.gz
Linux ARM 64 Hard Float ABI	74.81 MB	jdk-8u131-linux-arm64-vfp-hflt.tar.gz
Linux x86	164.66 MB	jdk-8u131-linux-i586.rpm
Linux x86	179.39 MB	jdk-8u131-linux-i586.tar.gz
Linux x64	162.11 MB	jdk-8u131-linux-x64.rpm
Linux x64	176.95 MB	jdk-8u131-linux-x64.tar.gz
Mac OS X	226.57 MB	jdk-8u131-macosx-x64.dmg
Solaris SPARC 64-bit	139.79 MB	jdk-8u131-solaris-sparcv9.tar.Z
Solaris SPARC 64-bit	99.13 MB	jdk-8u131-solaris-sparcv9.tar.gz
Solaris x64	140.51 MB	jdk-8u131-solaris-x64.tar.Z
Solaris x64	96.96 MB	jdk-8u131-solaris-x64.tar.gz
Windows x86	191.22 MB	jdk-8u131-windows-i586.exe
Windows x64	198.03 MB	jdk-8u131-windows-x64.exe

图 1.59　选择类型

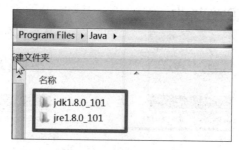

图 1.60　下载后的文件

2. 配置 Java 环境变量

步骤1：打开第一个文件夹 bin，查看 appletviewer 属性，并对其位置进行复制，如图 1.61 和图 1.62 所示。

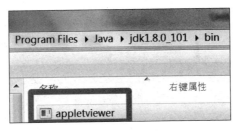

图 1.61　查看 appletviewer 属性

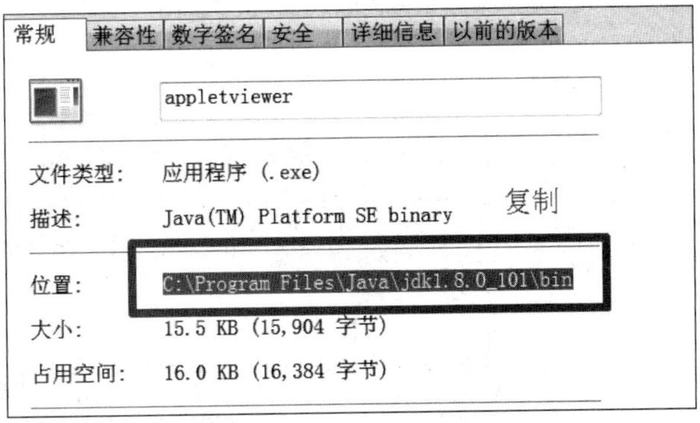

图 1.62　复制 appletviewer 位置

步骤2：打开高级系统设置添加变量，如图 1.63 所示。选择环境变量，如图 1.64 所示。单击"新建"按钮，添加两个变量：path 和 JAVA_HOME，如图 1.65 至图 1.67 所示。

图 1.63　高级系统设置

图 1.64　选择环境变量

图 1.65 新建变量

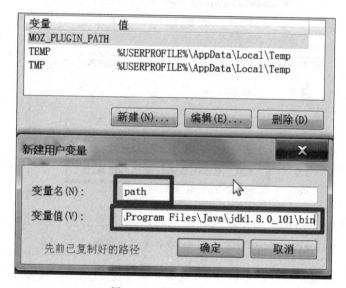

图 1.66 添加 path 变量

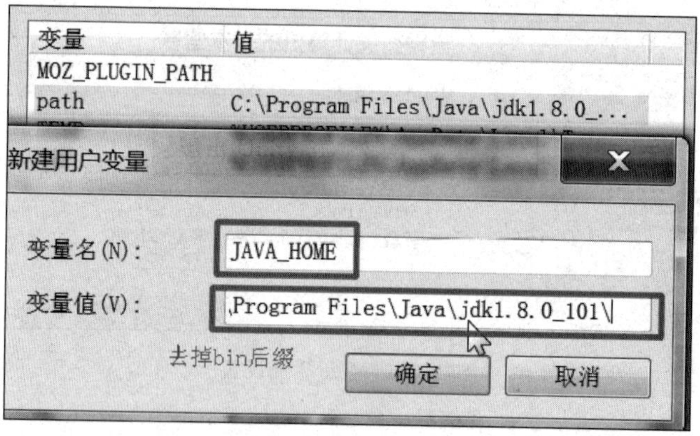

图 1.67 添加 JAVA_HOME 变量

3. Android 模拟器（SDK）的安装

步骤 1：进入网址 https://developer.android.google.cn/studio/index.html 选择适合自己的计算机类型的 Android SDK，在网页最下端选择 SDK 进行下载，如图 1.68 所示。

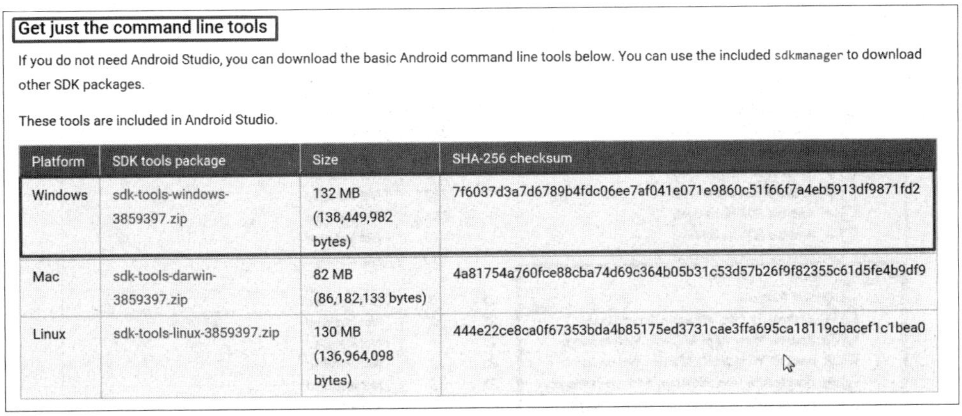

Get just the command line tools

If you do not need Android Studio, you can download the basic Android command line tools below. You can use the included sdkmanager to download other SDK packages.

These tools are included in Android Studio.

Platform	SDK tools package	Size	SHA-256 checksum
Windows	sdk-tools-windows-3859397.zip	132 MB (138,449,982 bytes)	7f6037d3a7d6789b4fdc06ee7af041e071e9860c51f66f7a4eb5913df9871fd2
Mac	sdk-tools-darwin-3859397.zip	82 MB (86,182,133 bytes)	4a81754a760fce88cba74d69c364b05b31c53d57b26f9f82355c61d5fe4b9df9
Linux	sdk-tools-linux-3859397.zip	130 MB (136,964,098 bytes)	444e22ce8ca0f67353bda4b85175ed3731cae3ffa695ca18119cbacef1c1bea0

图 1.68　下载 Android SDK

步骤 2：将下载好的工具解压(这里可以下载到任意磁盘，只要自己记住在哪里就可以)，如图 1.69 所示。接下来找到 SDK Manager，将 SDK Manager 复制到 tools 文件夹下，打开 tools→android 并运行，如图 1.70 所示。

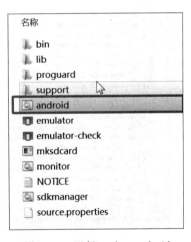

图 1.69　解压工具

图 1.70　运行 tools→android

步骤 3：选择相关开发工具，单击 Install 按钮开始安装 Android SDK，如图 1.71 至图 1.73 所示。

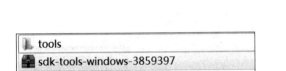

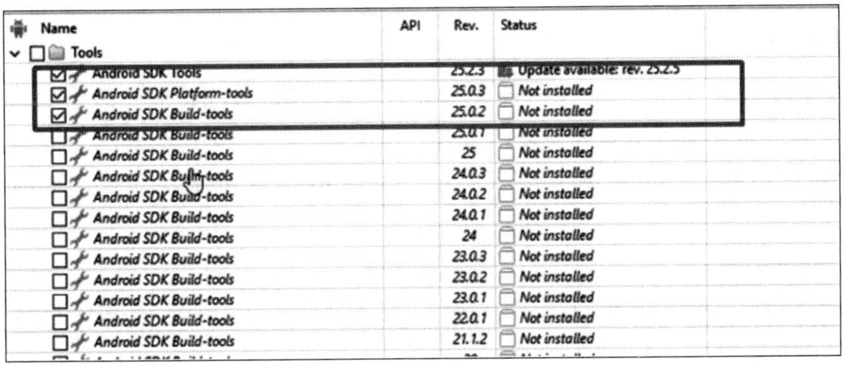

图 1.71　选择相关开发工具(1)

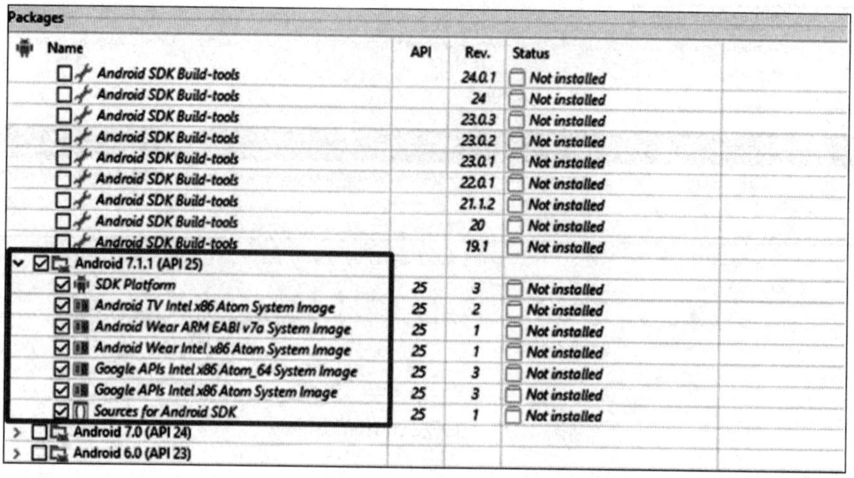

图 1.72　选择相关开发工具(2)

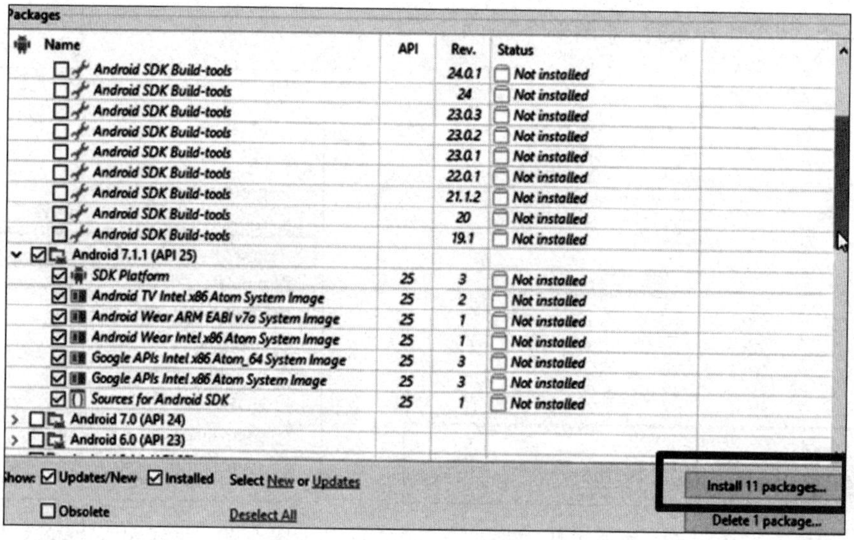

图 1.73　安装 Android SDK

➤ 实践案例：Android 平台游戏场景发布

案例构思

目前手机的应用非常广泛，几乎每个人都有一部手机，游戏行业当然不会放过这个市场。Unity 3D 游戏引擎能够将开发好的游戏直接发布到 Android 平台上，并且开发了很多游戏，供玩家随时娱乐。本案例主要讲解并测试 Unity 3D 游戏发布在 Android 平台的方法。

案例设计

本案例计划将开发完成的 Unity 3D 游戏发布到 Android 平台上，实现手机端发布效果，如图 1.74 所示。

图 1.74　在 Android 平台的发布效果测试

案例实施

步骤 1：安装完成后，就可以在 Unity 3D 中发布 Android 的 APK，打开 Unity 3D，找到要发布的项目，如图 1.75 所示。

图 1.75　准备发布的游戏

步骤 2：执行 File→Build Settings 菜单命令，单击 Open Download Page 按钮，如图 1.76 所示。

步骤 3：执行 Edit→Preferences→External tools 菜单命令添加环境变量路径，如图 1.77 和图 1.78 所示。

步骤 4：单击 Switch Platform 按钮转换平台，如图 1.79 所示。

步骤 5：单击 Player Settings 按钮，配置相关属性，如图 1.80 所示。

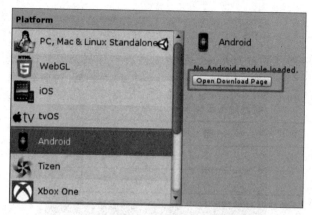

图 1.76　Open Download Page 页面

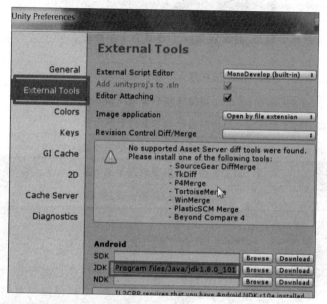

图 1.77　添加 JDK 环境变量

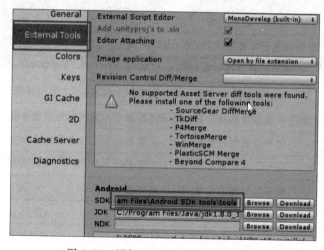

图 1.78　添加 Android SDK 环境变量

第1章 初识Unity 3D

图1.79 转换平台

图1.80 播放器设置

步骤6：创建 Company Name 和 Product Name，要保证下方 Other Settings 中的 Package Name 与其一致，如图1.81和图1.82所示。

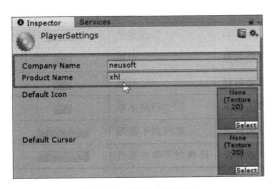

图1.81 属性设置(1)

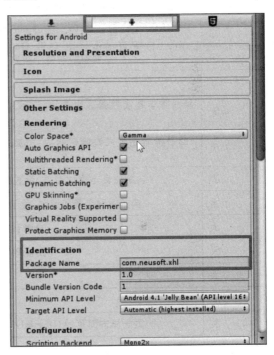

图1.82 属性设置(2)

步骤7：执行 File→Build Settings→Build 菜单命令进行测试，导出的文件为 APK 格式。游戏发布成功后可以看见一个小图标。发布好后，将其直接复制到用户的 Android 机器中，安装完成后即可运行。

1.5 本章小结

Unity 3D 是一款功能强大而又简单的游戏引擎,为游戏开发者提供创建和发布游戏所需的所有工具,本章集中介绍了 Unity 3D 的基本信息、下载及安装方式,通过本章的学习,游戏开发者能够对 Unity 3D 软件有一定程度的认识。Unity 3D 是一款易于入门但难以深入学习的软件,因此游戏开发者需要对所学内容不断地加以练习和巩固,才能够真正掌握这款功能强大的 3D 游戏引擎。

1.6 习题

1. 简述什么是 Unity 3D 游戏引擎。
2. 简述 Unity 3D 游戏引擎在游戏市场开发中的优势。
3. Unity 3D 游戏引擎支持几种平台发布?分别是什么?
4. 正确安装 Unity 5.x,登录 Unity 官网,试玩基于 Unity 3D 软件开发出的游戏,体验使用 Unity 3D 游戏引擎制作的游戏给你带来的强烈视听震撼。
5. 为 Unity 3D 配置 Android 开发 JDK、SDK。

第 2 章

Unity 3D 界面

Unity 3D 拥有强大的编辑界面,游戏开发者在创建游戏过程中可以通过可视化的编辑界面创建游戏。Unity 3D 的基本界面非常简单,主要包括菜单栏、工具栏以及五大视图,几个窗口就可以实现几乎全部的编辑功能,方便游戏开发者在较短时间内掌握相应的基础操作方法,本章集中讲解 Unity 3D 的视图与相应的基础操作方法。

2.1 Unity 3D 界面布局

Unity 3D 主界面如图 2.1 所示,Unity 3D 的基本界面布局包括工具栏、菜单栏以及 5 个主要的视图操作窗口,这 5 个视图为 Hierarchy(层次)视图、Project(项目)视图、Inspector(检视)视图、Scene(场景)视图和 Game(游戏)视图。

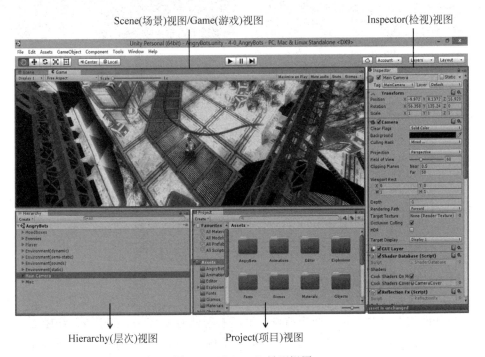

图 2.1　Unity 3D 界面视图

在 Unity 3D 中有几种类型的视图,每种视图都有指定的用途。右上角 Layouts 按钮用于改变视图模式,单击 Layouts 选项,可以在下拉列表中看到很多种视图,其中有 2 by 3、

4 Split、Default、Tall、Wide 等,如图 2.2 所示。其中,2 by 3 布局是一个经典的布局,很多开发人员使用这样的布局。4 Spilt 窗口布局可以呈现 4 个 Scene 视图,通过控制 4 个场景可以更清楚地进行场景的搭建。Wide 窗口布局将 Inspector 视图放置在最右侧,将 Hierarchy 视图与 Project 视图放置在一列。Tall 窗口布局将 Hierarchy 视图与 Project 视图放置在 Scene 视图的下方。当完成了窗口布局自定义时,执行 Windows→Layouts→Save Layout 菜单命令,在弹出的小窗口中输入自定义窗口的名称,单击 Save 按钮,可以看到窗口布局的名称是"自定义"。

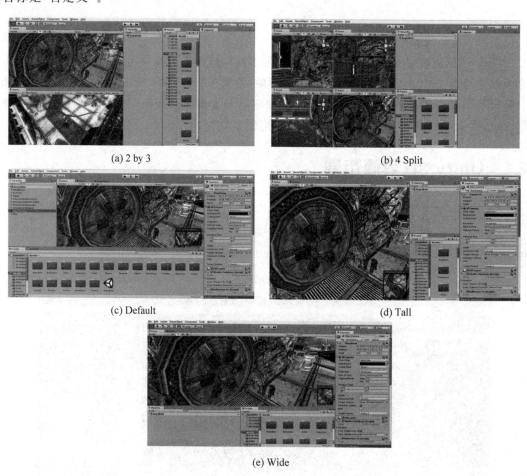

图 2.2 Unity 3D 中的 5 种界面布局方式

2.2 Hierarchy 视图

Hierarchy 视图包含了每一个当前场景的所有游戏对象(GameObject),如图 2.3 所示。其中一些是资源文件的实例,如 3D 模型和其他预制物体(Prefab)的实例,可以在 Hierarchy 视图中选择对象或者生成对象。当在场景中增加或者删除对象时,Hierarchy 视图中相应的对象则会出现或消失。

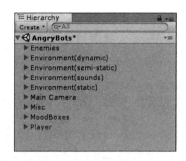

图 2.3　Hierarchy 视图

2.2.1　视图布局

在 Unity 3D 的 Hierarchy 视图中，对象是按照字母的顺序排列的，因此，游戏开发者在游戏制作过程中需要避免文件重名，养成良好的命名习惯。

同时，在 Hierarchy 视图中，游戏开发者可以通过对游戏对象建立父子级别的方式对大量对象的移动和编辑进行更加精确和方便的操作。

2.2.2　操作介绍

如图 2.4 所示，在 Hierarchy 视图中，单击 Create 按钮，可以开启与 GameObject 菜单下相同的命令功能。

如图 2.5 所示，在 Hierarchy 视图中，单击右侧的倒三角可以保存场景及加载场景。

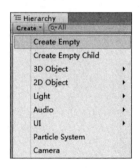　　　　

图 2.4　在 Hierarchy 视图中创建游戏对象　　图 2.5　在 Hierarchy 视图中保存加载游戏场景

如图 2.6 所示，在 Hierarchy 视图中，单击搜索区域，游戏开发者可以快速查找到场景中的某个对象。

图 2.6　Hierarchy 视图的搜索功能

2.3　Project 视图

Project 视图显示资源目录下所有可用的资源列表，相当于一个资源仓库，用户可以使用它来访问和管理项目资源。每个 Unity 3D 的项目包含一个资源文件夹，其内容将呈现在

Project 视图中，如图 2.7 所示。这里存放着游戏的所有资源，例如场景、脚本、三维模型、纹理、音频文件和预制组件。如果在 Project 视图里单击某个资源，可以在资源管理器中找到其对应的文件本身。

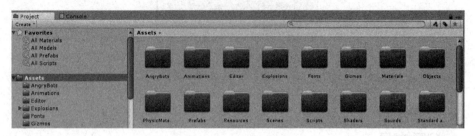

图 2.7 Project 视图

2.3.1 视图布局

Project 视图左侧显示当前文件夹的层次结构，当选中一个文件夹时，它的内容就会显示在右侧。对于显示的资源，可以从其图标看出它的类型，如脚本、材质、子文件夹等。可以使用视图底部的滑块调节图标的显示尺寸，当滑块移动到最左边时，资源就会以层次列的形式显示出来。当进行搜索时，滑块左边的空间就会显示资源的完整路径。

2.3.2 操作介绍

如图 2.8 所示，在 Project 视图中，顶部有一个浏览器工具条。左边是 Create 菜单，单击 Create，则会开启与 Assets 菜单下 Create 命令相同的功能，游戏开发者可以通过 Create 菜单创建脚本、阴影、材质、动画、UI 等资源。

图 2.8 Project 视图的创建功能

如图 2.9 所示，在 Project 视图中，单击搜索区域，游戏开发者可以快速查找到某个资源文件的内容。搜索框右侧第一个按钮允许通过使用菜单进一步过滤资源，第二个按钮会根据资源的"标签"过滤资源。

图 2.9　Project 视图的搜索功能

如图 2.10 所示，在 Project 视图中，左侧顶部是一个名为 Favorites（收藏）的面板，在此处可以保存要经常或频繁访问的资源，这样可以更方便地访问它们。可以从项目文件夹层次中拖动文件夹到此处，也可以将搜索结果保存到此处。

如图 2.11 所示，在 Project 视图中，右侧顶部是选择项轨迹条，它显示了 Project 视图中当前选中的文件夹的具体路径。

图 2.10　Project 视图的收藏功能

图 2.11　Project 视图的选择项轨迹条

2.4　Inspector 视图

如图 2.12 所示，Unity 3D 的 Inspector 视图用于显示当前选定的游戏对象的所有附加组件（脚本属于组件）及其属性的相关详细信息。

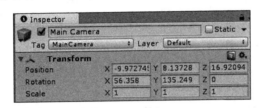

图 2.12　Inspector 视图

2.4.1　视图布局

如图 2.13 所示，以摄像机为例，在 Unity 3D 的 Inspector 视图中显示了当前游戏场景中的 MainCamera 对象所拥有的所有组件，游戏开发者可以在 Inspector 视图中修改摄像机对象的各项参数设置。

2.4.2　操作介绍

如图 2.14 所示，以 Sphere（球）对象为例，在 Unity 3D 的 Inspector 视图中，各项参数如表 2.1 所示。

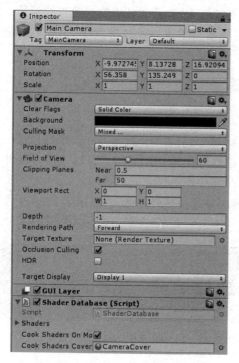 

图 2.13　摄像机对象的参数设置　　　　图 2.14　球对象的参数设置

表 2.1　Inspector 球对象的参数

参　　数	含　　义	功　　能
Transform	转换	调节对象 XYZ 轴的位置,改变游戏对象的 Position(位置)、Rotation(旋转)、Scale(缩放)
Sphere(Mesh Filter)	球体(网格过滤器)	更换游戏对象的网格类型
Sphere Collider	球形碰撞体	设置球形碰撞体的相关参数
Mesh Render	网格渲染器	设置网格渲染器的相关参数
Materials	材质	指定游戏对象的材质

2.5　Scene View 视图

如图 2.15 所示,Unity 3D 的 Scene 视图是交互式沙盒,是对游戏对象进行编辑的可视化区域,游戏开发者创建游戏时所用的模型、灯光、相机、材质、音频等内容都将显示在该视图中。

2.5.1　视图布局

Unity 3D 的 Scene 视图用于构建游戏场景,游戏开发者可以在该视图中通过可视化方式进行游戏开发,并根据个人的喜好调整 Scene 视图的位置。

图 2.15　Scene 视图

2.5.2　操作介绍

如图 2.16 所示，Scene 视图上部是控制栏，用于改变相机查看场景的方式。

图 2.16　Scene 视图控制栏

Scene 视图中包括的绘图模式如图 2.17 所示，具体属性参数如表 2.2 所示。

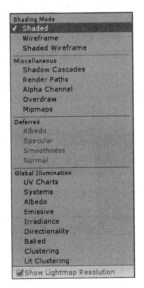

图 2.17　绘图模式

表 2.2　绘图模式说明

绘图模式	含　义	说　明
Shaded	着色模式（默认模式）	所有游戏对象的贴图都正常显示
Wireframe	网格线框显示模式	以网格线框形式显示所有对象

续表

绘图模式	含 义	说 明
Shaded Wireframe	着色模式线框	以贴图加网格线框形式显示对象
Shadow Cascades	阴影级联	以阴影方式显示对象
Render Paths	渲染路径显示模式	以渲染路径的形式显示
Alpha Channel	Alpha 通道显示	以灰度图的方式显示所有对象
Overdraw	以半透明方式显示	以半透明的方式显示所有对象
Mipmaps	MIP 映射图显示	以 MIP 映射图方式显示所有对象

如图 2.18 所示，Scene 视图上方有用来切换 2D 与 3D 视图的按钮。

图 2.18　2D/3D 切换按钮

如图 2.19 所示，Scene 视图上方有用来控制场景中灯光的打开与关闭的按钮。

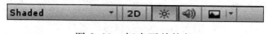

图 2.19　灯光开关按钮

如图 2.20 所示，Scene 视图上方有用来控制场景中声音的打开与关闭的按钮。

图 2.20　声音开关按钮

如图 2.21 所示，Scene 视图上方有用来控制场景中天空球、雾效、光晕等组件的显示与隐藏的按钮。

图 2.21　天空球、雾效、光晕等组件显示与隐藏按钮

如图 2.22 所示，Scene(场景)视图上方有用来控制场景中光源的显示与隐藏的按钮。

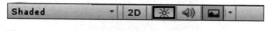

图 2.22　光源、声音、相机等对象的显示与隐藏选项

如图 2.23 所示，Scene 视图右上部提供了查找物体的功能。

图 2.23　Scene 视图中的查找功能

2.6　Game View 视图

如图 2.24 所示，Unity 3D 中的 Game 视图用于显示最后发布的游戏的运行画面，游戏开发者可以通过此视图进行游戏的测试。

图 2.24　Game 视图

2.6.1　视图布局

单击播放按钮后，游戏开发者可以在 Game(游戏)视图中进行游戏的预览，并且可以随时中断或停止测试。

2.6.2　操作介绍

如图 2.25 所示，Game 视图的顶部是用于控制显示属性的控制条，其参数如表 2.3 所示。

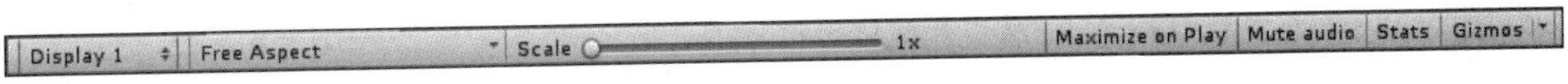

图 2.25　Game 视图的属性控制条

表 2.3　Game 视图的属性控制条相关参数

参　　数	含　　义	功　　能
Free Aspect	自由比例(默认)	调整屏幕显示比例，默认为自由比例
Maximize on Play	运行时最大窗口	切换游戏运行时最大化显示场景
Mute audio	静音	控制游戏在运行预览时静音
Stats	统计	单击此按钮，弹出 Statistics 面板，显示运行场景的渲染速度、帧率、内存参数等内容
Gizmos	设备	单击其右侧的三角符号可以显示或隐藏场景中的灯光、声音、相机等游戏对象图标

2.7 菜单栏

菜单栏是 Unity 3D 操作界面的重要组成部分之一,其主要用于汇集分散的功能与板块,并且其友好的设计能够使游戏开发者以较快的速度查找到相应的功能内容。Unity 3D 菜单栏包含 File(文件)、Edit(编辑)、Assets(资源)、GameObject(游戏对象)、Component(组件)、Window(窗口)和 Help(帮助)7 组菜单,如图 2.26 所示。

图 2.26　Unity 3D 菜单栏

2.7.1　File 菜单

File 菜单主要用于打开和保存场景项目,同时也可以创建场景,具体功能及快捷键如表 2.4 所示。

表 2.4　File 菜单功能及快捷键

命　令	功　能	快捷键
New Scene(新建场景)	创建一个新的场景	Ctrl+N
Open Scene(打开场景)	打开一个已经创建的场景	Ctrl+O
Save Scene(保存场景)	保存当前场景	Ctrl+S
Save Scene As(另存场景)	将当前场景另存为一个新场景	Ctrl+Shift+S
New Project(新建项目)	新建一个项目	无
Open Project(打开项目)	打开一个已经创建的项目	无
Save Project(保存项目)	保存当前项目	无
Build Settings(发布设置)	项目发布的相关设置	Ctrl+Shift+B
Build & Run(发布并执行)	发布并运行项目	Ctrl+B
Exit(退出)	退出 Unity 3D	无

2.7.2　Edit 菜单

Edit 菜单用于场景对象的基本操作(如撤销、重做、复制、粘贴)以及项目的相关设置,具体功能及快捷键如表 2.5 所示。

表 2.5　Edit 菜单功能及快捷键

命　令	功　能	快捷键
Undo(撤销)	撤销上一步操作	Ctrl+Z
Redo(重做)	重做上一步操作	Ctrl+Y
Cut(剪切)	将对象剪切到剪贴板	Ctrl+X

续表

命 令	功 能	快捷键
Copy(复制)	将对象复制到剪贴板	Ctrl+C
Paste(粘贴)	将剪贴板中的对象粘贴到当前位置	Ctrl+V
Duplicate(复制)	复制并粘贴对象	Ctrl+D
Delete(删除)	删除对象	Shift+Del
Frame Selected(缩放窗口)	平移缩放窗口至选择的对象	F
Look View to Selected(聚焦)	聚焦到所选对象	Shift+F
Find(搜索)	切换到搜索框,通过对象名称搜索对象	Ctrl+F
Select All(选择全部)	选中所有对象	Ctrl+A
Preferences(偏好设置)	设定 Unity 3D 编辑器偏好设置功能相关参数	无
Modules(模块)	选择加载 Unity 3D 编辑器模块	无
Play(播放)	执行游戏场景	Ctrl+P
Pause(暂停)	暂停游戏	Ctrl+Shift+P
Step(单步执行)	单步执行程序	Ctrl+Alt+P
Sign In(登录)	登录到 Unity 3D 账户	无
Sign Out(退出)	退出 Unity 3D 账户	无
Selection(选择)	载入和保存已有选项	无
Project Settings(项目设置)	设置项目相关参数	无
Graphics Emulation(图形仿真)	选择图形仿真方式以配合一些图形加速器的处理	无
Network Emulation(网络仿真)	选择相应的网络仿真方式	无
Snap Settings(吸附设置)	设置吸附功能相关参数	无

2.7.3 Assets 菜单

Assets 菜单主要用于资源的创建、导入、导出以及同步相关的功能,具体功能及快捷键如表 2.6 所示。

表 2.6 Assets 菜单功能及快捷键

命 令	功 能	快捷键
Create(创建)	创建资源(脚本、动画、材质、字体、贴图、物理材质、GUI皮肤等)	无
Show In Explorer(文件夹显示)	打开资源所在的目录位置	无
Open(打开)	打开对象	无
Delete(删除)	删除对象	无

续表

命　令	功　能	快捷键
Open Scene Additive(打开添加的场景)	打开添加的场景	无
Import New Asset(导入新资源)	导入新的资源	无
Import Package(导入资源包)	导入资源包	无
Export Package(导出资源包)	导出资源包	无
Find References in Scene(在场景中找出资源)	在场景视图中找出所选资源	无
Select Dependencies(选择相关)	选择相关资源	无
Refresh(刷新)	刷新资源	无
Reimport(重新导入)	将所选对象重新导入	无
Reimport All(重新导入所有)	将所有对象重新导入	无
Run API Updater(运行 API 更新器)	运行 API 更新器	无
Open C# Project(与 MonoDevelop 项目同步)	开启 MonoDevelop 并与项目同步	无

2.7.4 GameObject 菜单

GameObject 菜单主要用于创建、显示游戏对象,具体功能及快捷键如表 2.7 所示。

表 2.7　GameObject 菜单功能及快捷键

命　令	功　能	快捷键
Create Empty(创建空对象)	创建一个空的游戏对象	Ctrl+Shift+N
Create Empty Child(创建空的子对象)	创建其他组件(摄像机、接口文字与几何物体等)	Alt+Shift+N
3D Object(3D 对象)	创建三维对象	无
2D Object(2D 对象)	创建二维对象	无
Light(灯光)	创建灯光对象	无
Audio(声音)	创建声音对象	无
UI(界面)	创建 UI 对象	无
Particle System(粒子系统)	创建粒子系统	无
Camera(摄像机)	创建摄像机对象	无
Center On Children(聚焦子对象)	将父对象的中心移动到子对象上	无
Make Parent(构成父对象)	选中多个对象后创建父子对象的对应关系	无
Clear Parent(清除父对象)	取消父子对象的对应关系	无
Apply Change To Prefab(应用变换到预制体)	更新对象的修改属性到对应的预制体上	无
Break Prefab Instance(取消预制实例)	取消实例对象与预制体直接的属性关联关系	无

续表

命　　令	功　　能	快捷键
Set As First Sibling	设置选定子对象为所在父对象下面的第一个子对象	Ctrl+=
Set As Last Sibling	设置选定子对象为所在父对象下面的最后一个子对象	Ctrl+-
Move To View（移动到视图中）	改变对象的Position的坐标值，将所选对象移动到Scene视图中	Ctrl+Alt+F
Align With View（与视图对齐）	改变对象的Position的坐标值，将所选对象移动到Scene视图的中心点	Ctrl+Shift+F
Align View To Selected（移动视图到选中对象）	将编辑视角移动到选中对象的中心位置	无
Toggle Active State（切换激活状态）	设置选中对象为激活或不激活状态	Alt+Shift+A

2.7.5 Component菜单

Component菜单主要用于在项目制作过程中为游戏物体添加组件或属性，具体功能及快捷键如表2.8所示。

表2.8　Component菜单功能及快捷键

命　　令	功　　能	快捷键
Add（新增）	添加组件	Ctrl+Shift+A
Mesh（网格）	添加网格属性	无
Effect（特效）	添加特效组件	无
Physics（物理属性）	使物体带有对应的物理属性	无
Physics 2D（2D物理属性）	添加2D物理组件	无
Navigation（导航）	添加导航组件	无
Audio（音效）	添加音频，可以创建声音源和声音的听者	无
Rendering（渲染）	添加渲染组件	无
Layout（布局）	添加布局组件	无
Miscellaneous（杂项）	添加杂项组件	无
Event（事件）	添加事件组件	无
Network（网络）	添加网络组件	无
UI（界面）	添加界面组件	无
Scripts（脚本）	添加Unity 3D脚本组件	无
Image Effect（图像特效）	摄像机控制	无

2.7.6 Window 菜单

Window 菜单主要用于在项目制作过程中显示 Layout(布局)、Scene(场景)、Game(游戏)和 Inspector(检视)等窗口,具体功能及快捷键如表 2.9 所示。

表 2.9 Window(窗口)菜单功能及快捷键

命 令	功 能	快 捷 键
Next Window(下一个窗口)	显示下一个窗口	Ctrl+Tab
Previous Window(前一个窗口)	显示前一个窗口	Ctrl+Shift+Tab
Layouts(布局窗口)	显示页面布局方式,可以根据需要自行调整	无
Scene(场景窗口)	显示用于编辑制作游戏的窗口	Ctrl+1
Game(游戏窗口)	显示用于测试游戏的窗口	Ctrl+2
Inspector(检视窗口)	主要用于控制各个对象的属性,也称为属性面板	Ctrl+3
Hierarchy(层次窗口)	显示用于整合游戏对象的窗口	Ctrl+4
Project(项目窗口)	显示游戏资源存放的窗口	Ctrl+5
Animation(动画窗口)	显示用于创建时间动画的窗口	Ctrl+6
Profiler(探查窗口)	显示用于分析探查的窗口	Ctrl+7
Asset Server(资源服务器)	显示用于链接资源服务器的窗口	无
Console(控制台)	显示控制台窗口,用于调试错误	Ctrl+Shift+C

2.7.7 Help 菜单

Help 菜单主要用于帮助用户快速学习和掌握 Unity 3D,提供当前安装的 Unity 3D 的版本号,具体功能及快捷键如表 2.10 所示。

表 2.10 Help(帮助)菜单功能及快捷键

命 令	功 能	快 捷 键
About Unity(关于 Unity)	提供 Unity 3D 的安装版本号及相关信息	无
Manage License(软件许可管理)	打开 Unity 3D 软件许可管理工具	无
Unity Manual(Unity 教程)	连接至 Unity 官方在线教程	无
Scripting Reference(脚本参考手册)	连接至 Unity 官方在线脚本参考手册	无
Unity Service(Unity 在线服务平台)	连接至 Unity 官方在线服务平台	无
Unity Forum(Unity 论坛)	连接至 Unity 官方论坛	无
Unity Answers(Unity 问答)	连接至 Unity 官方在线问答平台	无
Unity Feedback(Unity 反馈)	连接至 Unity 官方在线反馈平台	无
Check for Updates(检查更新)	检查 Unity 3D 版本更新	无

续表

命令	功能	快捷键
Download Beta(下载 Beta 版安装程序)	下载 Unity 3D 的 Beta 版安装程序	无
Release Notes(发行说明)	连接至 Unity 官方在线发行说明	无
Report a Bug(问题反馈)	向 Unity 官方报告相关问题	无

2.8 工具栏

在工具栏(Toolbar)中,一共包含13种常用工具,如表2.11所示。

表 2.11 Unity 3D 常用工具

图标	工具名称	功能	快捷键
✋	平移窗口工具	平移场景视图画面	鼠标中键
✥	位移工具	针对单个或两个轴向做位移	W
↻	旋转工具	针对单个或两个轴向做旋转	E
⤢	缩放工具	针对单个轴向或整个物体做缩放	R
▭	矩形手柄	设定矩形选框	T
Center	变换轴向	与 Pivot 切换显示,以对象中心轴线为参考轴做移动、旋转及缩放	无
Pivot	变换轴向	与 Center 切换显示,以网格轴线为参考轴做移动、旋转及缩放	无
Local	变换轴向	与 Global 切换显示,控制对象本身的轴向	无
Global	变换轴向	与 Local 切换显示,控制世界坐标的轴向	无
▶	播放	播放游戏以进行测试	无
⏸	暂停	暂停游戏并暂停测试	无
⏭	单步执行	单步进行测试	无
Layers ▼	图层下拉列表	设定图层	无
Layout ▼	页面布局下拉列表	选择或自定义 Unity 3D 的页面布局方式	无

2.9 其他快捷键

除上述菜单中的快捷键以外,还有以下一些常用的快捷键。

(1) F:显示当前选择。

(2) Tab:在视窗的两列中转换焦点。

(3) Ctrl/Cmd+F:定位当前焦点到搜索栏。

(4) Ctrl/Cmd+A:选择列中所有可见项目。

(5) Ctrl/Cmd+D：复制选择的资源项目。

(6) Delete：删除对象，将弹出确认提示框。

(7) Delete+Shift：删除对象，但不弹出确认提示框。

(8) F2：对资源进行重命名。

(9) Enter：打开选择的资源。

(10) Backspace：跳转到父文件夹中。

(11) →：扩展选择的项目。

(12) ←：瓦解选择的项目。

(13) Alt+→：当资源显示为预览时扩展项目。

(14) Alt+←：当资源显示为预览时瓦解项目。

➢ 实践案例：自由物体创建

案例构思

Unity 3D 是一个强大的游戏开发引擎。在游戏开发中使用的模型常常是从外部导入的，Unity 3D 为了方便游戏开发者快速创建模型，提供了一些简单的几何模型，其中包括立方体、球体、圆柱体、胶囊体等。本案例旨在通过创建常见的几何物体使读者熟悉 Unity 3D 界面。

案例设计

基本几何体主要是指立方体、球体、胶囊体、圆柱体、平面等，如图 2.27 所示。在 Unity 3D 中，可以通过执行 GameObject→3D Object 菜单命令创建基本几何体。

图 2.27 基本几何体

案例实施

步骤 1：双击软件快捷图标 <img> 建立一个空项目。启动 Unity 3D 软件，并设置其名称以及存储路径，单击 Create 按钮即生成一个新项目，如图 2.28 所示。

步骤 2：执行 File→Save Scene 命令，保存场景，将其命名为 scene，单击保存按钮，如图 2.29 和图 2.30 所示。

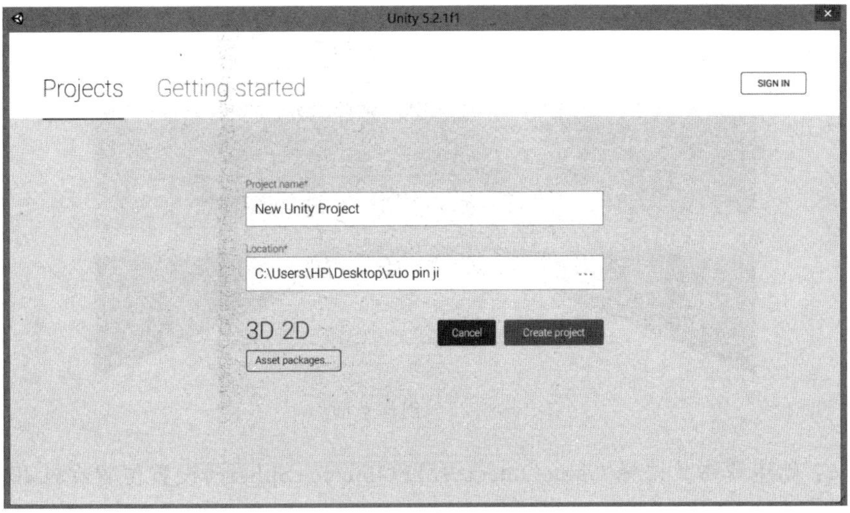

第2章 Unity 3D界面

图 2.28 新建项目

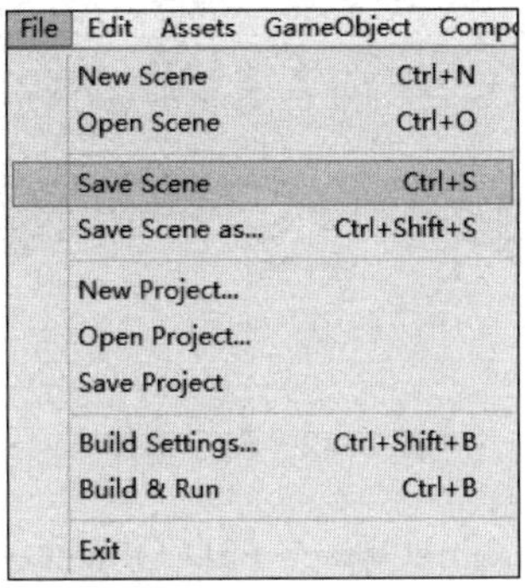

图 2.29 保存场景

图 2.30 设置保存文件名称

步骤 3：创建平面。执行 GameObject→3D Object→Plane 命令，设置位置在(0,−1,−2)处，如图 2.31 所示。

图 2.31　创建平面

步骤 4：创建球体。选择 GameObject→3D Object→Sphere，设置位置在(0,0,−3)处，如图 2.32 所示。

图 2.32　创建球体

步骤 5：创建立方体。执行 GameObject→3D Object→Cube 命令，设置位置在(−2,0,−3)处，如图 2.33 所示。

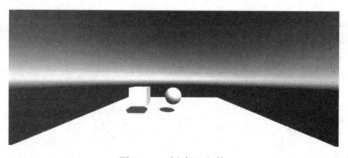

图 2.33　创建立方体

步骤 6：创建胶囊体。执行 GameObject→3D Object→Capsule 命令，设置位置在(2,0,−3)处，如图 2.34 所示。

步骤 7：创建圆柱体。执行 GameObject→3D Object→Cylinder 命令，设置位置在(0,2,−3)处，设置其旋转变量为(0,0,90)，如图 2.35 所示。

步骤 8：保存项目。执行 File→Save Project 命令，如图 2.36 所示。

步骤 9：执行 File→Build Settings 命令，弹出 Build Settings 窗口，将当前场景添加到发

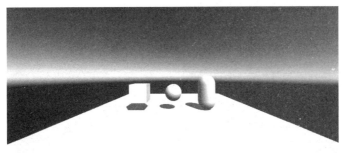

图 2.34　创建胶囊体

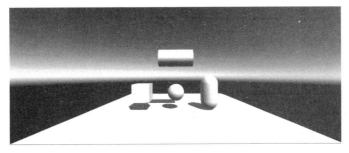

图 2.35　创建好的圆柱体

布项目中,然后选择 PC 平台,最后单击 Build 按钮,如图 2.37 所示。

图 2.36　保存项目　　　　　　　图 2.37　场景发布窗口

步骤 10:当完成了打包后,双击可执行文件 Scene.exe,打包后的游戏程序便立即运行起来,此时在场景中出现了一个平面,上面依次摆放着胶囊体、球体、圆柱体以及立方体,在灯光的照射下，游戏对象呈现出奶白色，如图2.38所示。

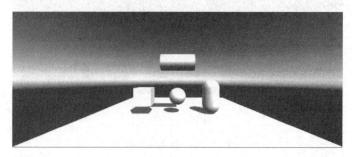

图2.38　物体创建测试效果

2.10　资源管理

制作一款游戏，首先需要制定策划案，然后准备游戏资源，一个游戏项目里会有各种各样的资源，需要对资源进行合理的管理。资源管理最直观的体现在于对文件的归类与命名。在Unity 3D中，所有游戏相关文件都被放置在Assets文件夹下，如图2.39所示，常见文件夹的内容如表2.12所示。

图2.39　Assets文件夹中的资源

表2.12　常见文件夹的内容

文件夹	内　　容
Models	模型文件，其中包括自动生成的材质球文件
Prefabs	预制体文件
Scene	场景文件
Scripts	脚本代码文件
Sounds	音效文件
Texture	贴图文件

同时，在一个Unity 3D项目中，通常会有大量的模型、材质以及其他游戏资源，所以需

要将游戏资源归类到不同文件夹做分类管理。一般做法是：在 Unity 3D 软件界面中执行 Assets→Create→Folder 命令，如图 2.40 所示，或者直接在 Project 面板中选择 Assets 目录，右击后选择 Create→Folder 命令，如图 2.41 所示。

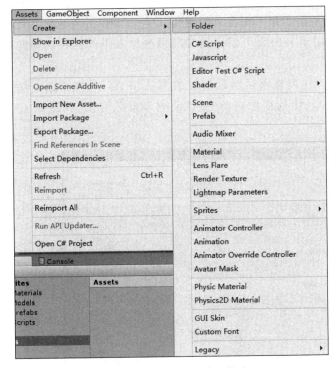

图 2.40　使用菜单创建文件夹

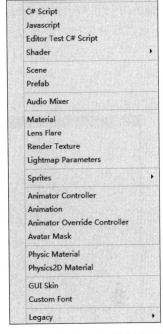

图 2.41　使用 Project 视图创建文件夹

在 Unity 3D 软件界面中执行 Assets→Show in Explorer 命令，可以打开 Assets 文件夹在计算机文件管理器中的实际路径，如图 2.42 所示。也可以直接在 Project 视图中的 Assets 目录上右击，选择 Show in Explorer 命令，这样可以直接将文件复制到游戏项目所在的文件夹中，如图 2.43 所示。

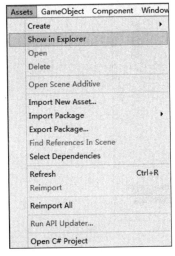

图 2.42　在菜单中选择资源管理器

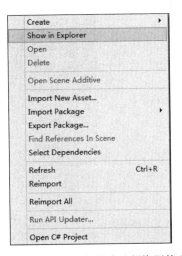

图 2.43　在 Project 视图中选择资源管理器

2.10.1 导入系统资源包

Unity 3D 游戏引擎中有很多系统资源包,可支持多种主流媒体资源格式,包括模型、材质、动画、图片、音频、视频等,为游戏开发者提供了相当大的便利,也使其开发的游戏作品具有较高的可玩性和丰富的游戏体验。游戏开发者可以根据实际情况导入不同的系统资源包,下面讲解两种导入资源包的方法。

第一种方法:在新建项目时导入。在新建项目对话框中单击 Add Asset Packages 按钮,如图 2.44 所示,在弹出的对话框中选中所需的资源,系统将自动导入资源,如图 2.45 所示。

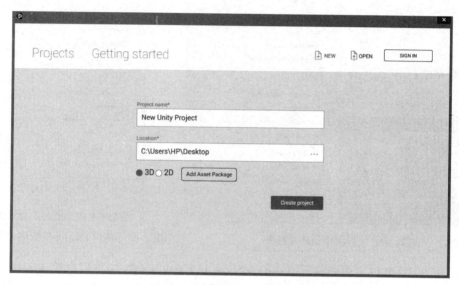

图 2.44 新建项目对话框

图 2.45 系统资源包

第二种方法：在项目创建完成之后导入。选择 Assets→Import Package 命令，在弹出的下拉菜单中选择需要的系统资源包导入即可，如图 2.46 所示。

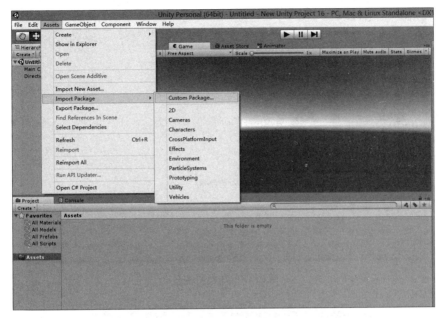

图 2.46　导入系统资源包

2.10.2　导入外部资源包

外部资源包的导入与系统资源包的导入过程大体一致，执行 Assets→Import Package→Custom Package（自定义包）菜单命令，如图 2.47 所示。然后在弹出的对话框中选中资源包，单击"打开"按钮，如图 2.48 所示。最后，在弹出的窗口中，根据需要选择合适的资源，单击 Import 按钮完成导入，如图 2.49 所示。

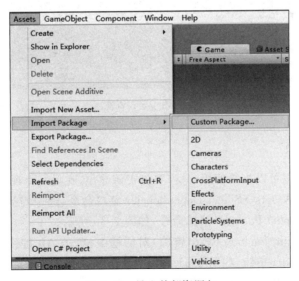

图 2.47　导入外部资源包

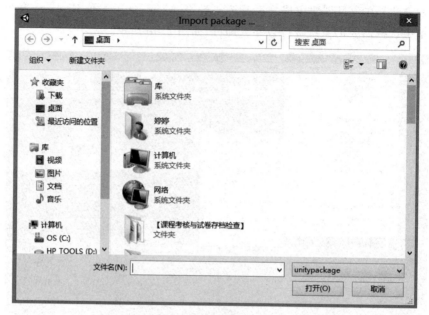

图 2.48　选择资源包

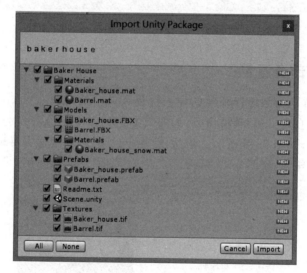

图 2.49　导入资源

2.10.3　资源导出

项目中的一些资源可以重复使用，只需要将资源导出，在另一个项目中导入即可。资源导出的方法是：执行 Assets→Select Dependencies 菜单命令，选中与导出资源相关的内容，然后执行 Assets→Export Package 菜单命令，如图 2.50 所示。

在弹出的 Exporting Package（导出资源）对话框中，单击 All 按钮，将要导出的所有文件选中，然后单击 Export 按钮，如图 2.51 所示。接下来在弹出的对话框中设置资源包的保存路径以及资源包的名称，完成后单击"保存"按钮即可，如图 2.52 所示。

第2章 Unity 3D界面

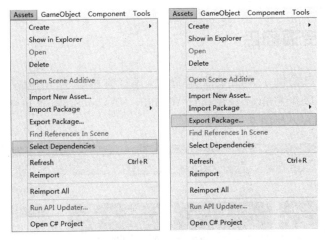

图 2.50 资源导出

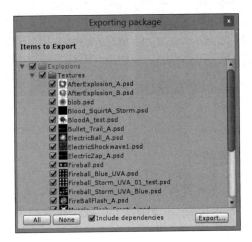

图 2.51 导出所选文件

图 2.52 资源文件命名

2.11　Unity 资源商店

Unity 3D 为用户提供了丰富的下载资源，其官方网址为 https://www.assetstore.unity3d.com/，也可以在 Unity 3D 中执行 Window→Asset Store 菜单命令直接访问 Unity 资源商店（Asset Store），如图 2.53 所示。

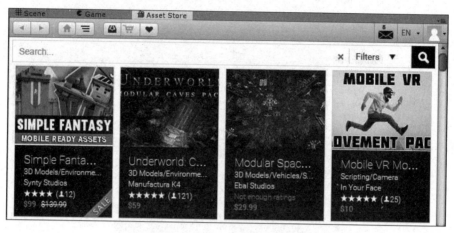

图 2.53　Unity 资源商店主页

2.11.1　Unity 资源商店简介

Unity 资源商店中提供了多种游戏媒体资源供下载和购买，例如人物模型、动画、粒子特效、纹理、游戏创作工具、音乐特效、功能脚本和其他类拓展插件等，如图 2.54 所示。用户也可以作为资源的发布者同意在商店中出售或免费提供其开发的资源。

图 2.54　Unity 官方资源商店

2.11.2 Unity 资源商店使用

为了帮助开发者制作更加完美的游戏,Unity 提供了大量的特效包帮助开发者提升开发效率,Unity 资源商店里面有各类特效资源供开发者使用。

步骤1:打开网络浏览器,进入 Unity 资源商店主页,并创建一个免费账户,如图 2.55 所示。

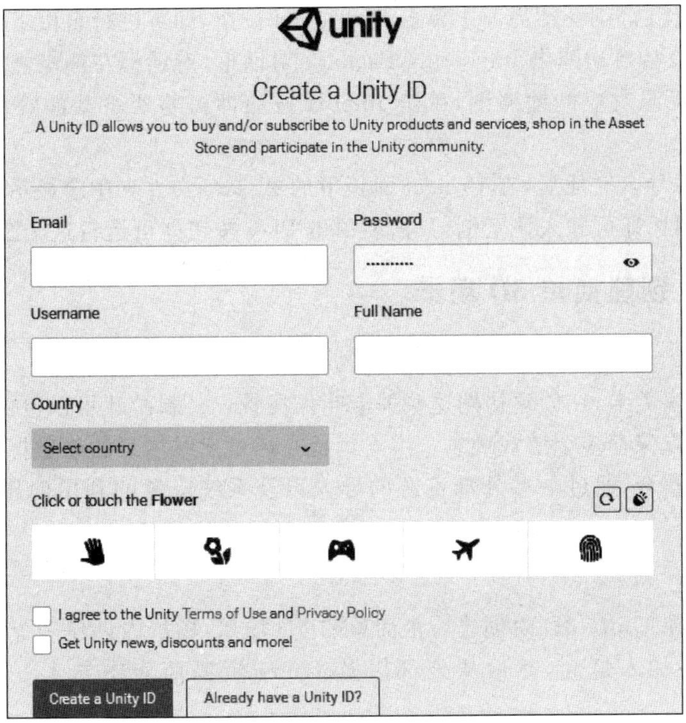

图 2.55　在 Unity 资源商店注册

步骤2:在 Categories(资源分区)中打开"完整项目",单击"Unity 功能范例",选择相应链接,即可观看该资源的详细介绍。在 Unity 资源商店里有很多种类的资源,大致分类如表 2.13 所示。

表 2.13　Unity 资源商店的资源分类

分　　类	内　　容
3D Models	3D 模型
Animation	动画
Audio	音频
Complete Projects	完整的项目
Editor Extensions	编辑器扩展
Particle Systems	粒子系统
Scripting	脚本

续表

分　　类	内　　容
Services	服务
Shaders	着色器
Textures & Materials	纹理和材质

步骤3：在资源详细介绍界面中单击Download按钮，即可进行自由下载。当自由下载完毕后，Unity 3D会自动弹出Importing Package对话框，对话框左侧是需要导入的资源文件列表，右侧是资源对应的缩略图，单击Import按钮即可将所下载的资源导入到当前的Unity 3D项目中。

步骤4：资源导入完成后，在Project面板下的Assets文件夹中会显示出新增的资源文件目录，单击该图标即可载入该案例，只需要单击Play按钮即可运行这个游戏案例。

➢ 综合案例：创建简单3D场景

案例构思

游戏中有许多关卡，在创建初期这些关卡叫作场景。一款游戏可以包含若干个场景，因此一个项目中可以保存多个游戏场景。本案例旨在通过三维场景的创建将资源加载与自由物体创建等知识整合，通过一些外部资源的导入以及系统资源的利用创建一个简单的3D场景。

案例设计

本案例计划在Unity 3D内创建一个简单的3D场景，场景内创建一个平面用于存放加载的外部资源并加入灯光，然后从外部以及Unity资源商店中导入一些基本模型，如图2.56所示。

图2.56　资源载入后的测试效果

案例实施

步骤1：双击Unity 3D软件快捷图标 <img> 建立一个空项目。启动Unity 3D软件，并设置其存储路径，单击Create按钮即生成一个新项目，如图2.57所示。

步骤2：创建平面。执行GameObject→3D Object→Plane命令，如图2.58所示。

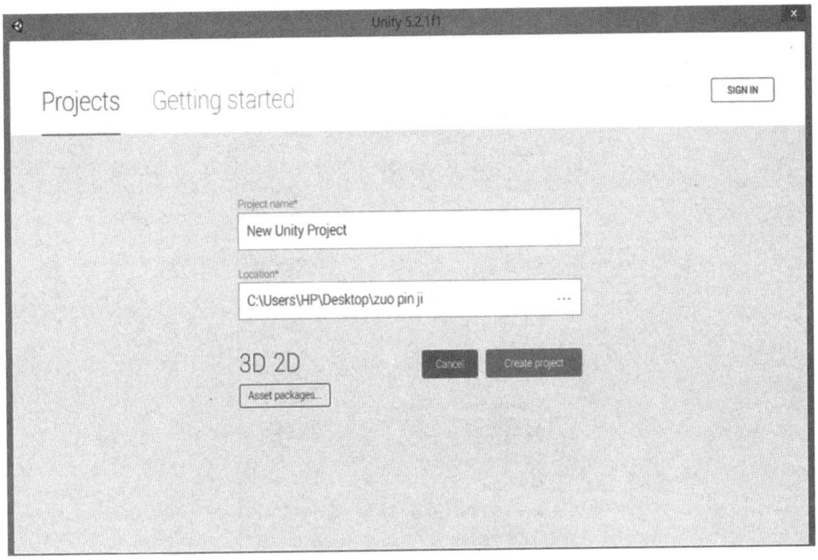

图 2.57 新建项目

图 2.58 创建平面

步骤 3：选择材质。单击 Project 面板 Create 旁边的倒三角，选择 Material(材质)，创建一个材质并在属性对话框中对其进行颜色赋值，如图 2.59 所示。

图 2.59 选择材质

步骤 4：执行 Window→Assets Store 命令进入 Unity 资源商店，如图 2.60 和图 2.61

所示。

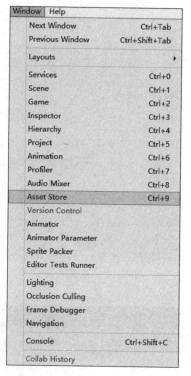

图 2.60 执行 Assets Store 命令

图 2.61 Unity 资源商店

步骤 5：输入资源商店的账号和密码进行登录，并在窗口右侧选择"3D 模型"下载三维模型,如图 2.62 所示。

图 2.62　3D 模型下载

步骤 6：如图 2.63 所示,在 3D 模型列表中选择免费的 Chunky Wooden Barrels 资源。

图 2.63　下载 Chunky Wooden Barrels 资源

步骤 7：如图 2.64 所示,单击 Add to Downloads 按钮,模型资源下载完成后,单击 Import 按钮将模型导入到 Unity 3D 软件中。

步骤 8：如图 2.65 所示,在弹出的导入资源包对话框中单击 Import 按钮进行 3D 模型导入。导入完成后,将导入的文件拖入 Project 视图中的 Model 文件夹中。

步骤 9：如图 2.66 所示,将 Project 视图中的木桶模型拖入 Scene 视图,并将其摆放至合适的位置。

图 2.64　下载 3D 模型资源

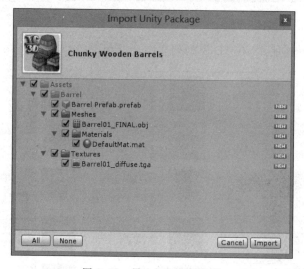

图 2.65　导入 3D 模型资源

步骤 10：将建筑模型和贴图文件夹直接拖入 Project 面板，如图 2.67 所示。

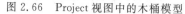

图 2.66　Project 视图中的木桶模型　　图 2.67　Project 视图中的建筑模型和贴图文件

步骤 11：将建筑模型从 Project 视图中拖入 Hierarchy 视图，调整到合适的位置，使摄像机能够看清建筑模型全景。

步骤 12：单击 Hierarchy 面板中的建筑模型下拉菜单，根据贴图名字为建筑模型赋予贴图材质，如图 2.68 所示。

步骤 13：单击 Play 按钮进行测试，在 Game 视图可以看到最终的木桶摆放效果，如图 2.69 所示。

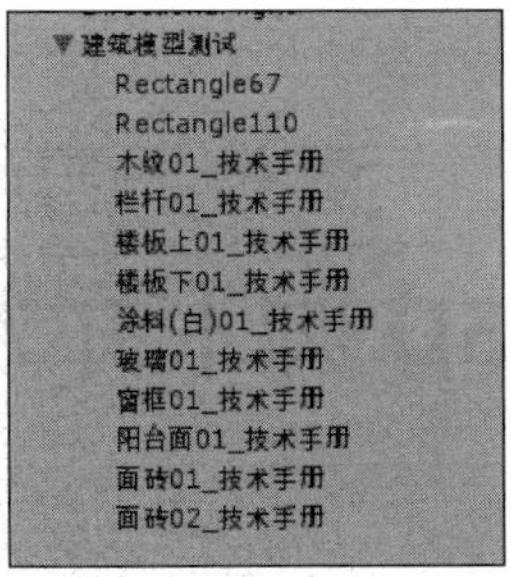

图 2.68　建筑模型下拉菜单

图 2.69　木桶资源载入后的测试效果

步骤 14：保存场景。执行 File→Save Scene 命令，输入场景名称并单击"保存"按钮，然后执行 File→Save Project 命令。

2.12　本章小结

本章主要介绍了 Unity 强大的场景以及导入资源的方法，通过一个综合案例让游戏开发者初步体验使用各类资源制作一款 Unity 3D 游戏的主要过程。掌握自由导入方法是熟练制作游戏的前提基础，希望通过本章的学习，游戏开发者能够初步体验 Unity 3D 的强大软件功能，为后续的学习做好铺垫。

2.13　习题

1. 简述 Unity 3D 集成开发环境的默认布局有几种面板，并说明每个面板的作用。
2. 在 Unity 3D 集成开发环境中创建一个场景，在该场景中创建平面、立方体、圆柱体等基本几何体。
3. 在项目资源列表中创建一个文件夹，并导入一张纹理贴图到该文件夹中。
4. 到 Unity 资源商店下载 3D 模型资源，并将其摆放在场景中。
5. 构建一个三维场景，并将场景资源导出。

第 3 章

Unity 3D 脚本开发基础

脚本是一款游戏的灵魂，Unity 3D 脚本用来界定用户在游戏中的行为，是游戏制作中不可或缺的一部分，它能实现各个文本的数据交互并监控游戏运行状态。以往，Unity 3D 主要支持 3 种语言：C♯、UnityScript（也就是 JavaScript for Unity）以及 Boo。但是选择 Boo 作为开发语言的使用者非常少，而 Unity 公司还需要投入大量的资源来支持它，这显然非常浪费。所以在 Unity 5.0 后，Unity 公司放弃对 Boo 的技术支持。目前，官方网站上的教程及示例基本上都是关于 JavaScript 和 C♯ 语言的，使用 JavaScript 语言更容易上手，建议初学者选择 JavaScript 作为入门阶段的脚本编辑语言。到了进阶阶段，可以改用 C♯ 语言编辑脚本，因为 C♯ 语言在编程理念上符合 Unity 3D 引擎原理，本章主要以 JavaScript 和 C♯ 语言为例讲解 Unity 3D 脚本设计。

3.1 JavaScript 脚本基础

Unity 3D 中的 JavaScript 也称 UnityScript，和基于浏览器的 JavaScript 有比较大的区别，JavaScript 是一种由 Netscape 公司的 LiveScript 发展而来的原型化继承的面向对象类语言，并且是一种区分大小写的客户端脚本语言。

3.1.1 变量

JavaScript 有 4 种变量：

（1）数值变量。数值是最基本的数据类型。例如：

var a=1000;
var b=3.1415926;

（2）字符串变量。是由单引号或者双引号括起来的 Unicode 字符序列。

（3）布尔值。只有两个值：true 和 false，用来表示某个事物为真还是为假。

（4）数组。是数据的集合，数组中的每一个数据元素都有一个编号（下标），数组的下标是从 0 开始的。

3.1.2 表达式和运算符

表达式是关键字、变量、常量和运算符的组合，可以用于执行运算、处理字符或测试数据。JavaScript 的解释引擎可以计算表达式，并返回一个结果值。JavaScript 的运算符分为以下 6 类。

(1) 算术运算符。指的是数学中最基本的加减乘除等运算。算术运算符需要两个操作数,因此也称二元运算符。假设有操作数 a、b,它们的算术运算符如表 3.1 所示。

表 3.1　算术运算符

算术运算符	说　　明	使用方法
＋	两变量相加	a＋b
－	两变量相减	a－b
＊	两变量相乘	a＊b
／	两变量相除	a/b
％	求余数	a％b
＋＋	变量做＋1 操作	a＝a＋1
－－	变量做－1 操作	a＝a－1

(2) 相等运算符。用来比较两个值,根据比较结果返回一个布尔值,广义的相等运算符包含以下 4 种:
- 相等运算符(＝＝)。
- 等同运算符(＝＝＝)。
- 不等运算符(!＝)。
- 不等同运算符(!＝＝)。

(3) 关系运算符。用来测试两个值之间的关系,如果指定关系成立,则返回 true,否则返回 false。常见关系运算符如表 3.2 所示。

表 3.2　关系运算符

关系运算符	说　　明	关系运算符	说　　明
＝＝	等于	＞	大于
＜	小于	＞＝	大于或等于
＜＝	小于或等于	!＝	不等于

(4) 赋值运算符。可以将运算符右边操作数的值赋给左边的操作数,它要求左边的操作数为变量、数组的元素或者对象的属性,而右边的操作数可以为任意类型的值。

变量＝操作数

该简单赋值表达式的结果是把操作数赋值给变量。

例如,去书店买书,针对一本书的书名,可以定义变量 bookName,如果这本书叫《Unity 游戏开发》,此时变量 bookName 指的就是"Unity 游戏开发",具体代码如下:

```
string bookName;
bookName="Unity游戏开发";
```

(5) 逻辑运算符。通常用来针对布尔值的操作,主要包含以下 3 种:
- 逻辑与(＆＆)运算符。

- 逻辑或(||)运算符。
- 逻辑非(!)运算符。

(6) 其他运算符。除了上面介绍的运算符外,JavaScript 还有一些其他的运算符,如按位运算符、条件运算符、typeof 运算符、new 运算符、delete 运算符、void 运算符等。

3.1.3 语句

JavaScript 程序是由若干语句组成的,语句是编写程序的指令。JavaScript 提供了完整的基本编程语句,它们是赋值语句、switch 选择语句、while 循环语句、for 循环语句、do…while 循环语句、break 循环体结束语句、continue 本次循环结束语句、if 语句(if…else,if…else if…)等。这些语句可以分为以下几大类:

(1) 变量声明及赋值语句:var。

语法如下:

var 变量名称 [=初始值]

例如:

var computer=32   //定义 computer 为一个变量,且初值为 32

(2) 函数定义语句:function,return。

语法如下:

function 函数名称(函数所带的参数)
{   函数执行部分   }

(3) 条件和分支语句:if…else,switch。

条件语句 if…else 完成程序流程块中分支功能:如果其中的条件成立,则程序执行紧接着条件的语句或语句块;否则程序执行 else 中的语句或语句块。其流程图如图 3.1 所示。

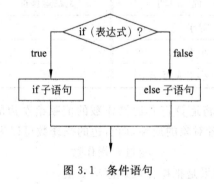

图 3.1 条件语句

语法如下:

if(条件)
    {   执行语句 1   }
else{   执行语句 2   }

分支语句 switch 可以根据一个变量的不同取值采取不同的处理方法。如果表达式取的值同程序中提供的任何一条语句都不匹配,将执行 default 中的语句,如图 3.2 所示。

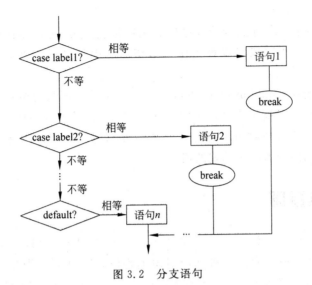

图 3.2 分支语句

语法如下:

```
switch(expression)
{
    case label1: 语句 1;
    case label2: 语句 2;
        ⋮
    default: 语句 n;
}
```

(4) 循环语句:for,for…in,while,break,continue。

for 语句的语法如下:

```
for(初始化部分;条件部分;更新部分)
    {   执行部分   }
```

只要循环的条件成立,循环体就被反复执行。

while 语句所控制的循环不断地测试条件,如果条件始终成立,则一直循环,直到条件不再成立。

语法如下:

```
while(条件)
    {  执行语句  }
```

break 语句结束循环,并执行循环体的下一条语句。

continue 语句结束本次循环,并马上开始下一次循环。

(5) 注释语句://,/*…*/。

```
//这是单行注释
/*这可以是多行注释*/
```

3.1.4 函数

函数(function)是一个可执行的程序段。函数被定义后,可以多次被程序调用。函数是命名的程序段,这个程序段可以被当作一个整体引用和执行。使用函数时要注意以下几点:

(1) 函数由关键字 function 定义(也可由 Function 构造函数构造)。
(2) 使用 function 关键字定义的函数在一个作用域内是可以在任意处调用的。
(3) 函数名是调用函数时引用的名称,它是大小写敏感的,调用函数时要注意这一点。
(4) return 语句用于返回表达式的值。

3.2 C# 脚本基础

Unity 5.x 支持两种脚本语言:C#和 JavaScript。在 Unity 3D 内编程,首选 C#来编写脚本。C#是微软公司开发的一种面向对象编程语言。由于有强大的.NET 类库支持,以及由此衍生出的很多跨平台语言。C#逐渐成为 Unity 3D 开发者推崇的程序语言。

3.2.1 变量

1. 变量定义

任何一个脚本中都缺不了变量,C#脚本也不例外。变量主要用于存储数据,在 Unity 3D 的脚本中,每个变量必须拥有唯一的名称,脚本在识读变量时采用的是字符串匹配方式,所以对变量名称大小写敏感。一旦 Unity 3D 脚本挂到某个 Unity 3D 对象上,在 Unity 3D 的属性面板中就会显示出该脚本中的各个公共变量(参见图 3.6)。开发人员也可以在属性面板中对公共变量的值进行设置,设置后的值将会影响脚本的运行,相当于在脚本中对该变量进行了赋值。

在 Unity 3D 中,定义 C#变量的格式如下:

数据类型 变量名称

例如,下面定义了一个整型变量 age:

```
int age;
```

2. 变量赋值

可以通过对变量赋值来对其初始化,赋值时使用赋值运算符"="。赋值的格式有两种,一种是

```
int age;
age=5;
```

另一种是以字面形式初始化,形式如下:

```
int age=5;
```

3. 变量的数据类型

变量有 6 种数据类型。

1) 整数类型

整数类型的变量取整数数值。C♯将整数分为 8 种类型,如表 3.3 所示。使用时,根据数值的可能大小,选择范围最小的类型,一般常用的类型为 short、int 和 long 3 种。例如:

```
byte classSize=23;
ushort student=2344;
```

表 3.3　C♯中内置的整数类型

类型	说明	取值范围
sbyte	有符号 8 位整数	$-128 \sim 127$
byte	无符号 8 位整数	$0 \sim 255$
short	有符号 16 位整数	$-32\,768 \sim 32\,767$
ushort	无符号 16 位整数	$0 \sim 65\,535$
int	有符号 32 位整数	$-2\,147\,489\,648 \sim 2\,147\,483\,647$
uint	无符号 32 位整数	$0 \sim 42\,994\,967\,295$
long	有符号 64 位整数	$-2^{63} \sim 2^{63}$
ulong	无符号 64 位整数	$0 \sim 2^{64}$

2) 浮点类型

浮点类型变量主要用于处理含有小数的数值数据。根据小数位数不同,C♯提供了单精度浮点类型 float 和双精度浮点类型 double,例如:

```
float angles=36.5f;
double rate=0.253D;
```

C♯的浮点类型如表 3.4 所示。

表 3.4　C♯的浮点类型

类型	说明	取值范围
float	32 位单精度浮点类型	$-2^{128} \sim 2^{128}$
double	64 位单精度浮点类型	$-2^{1024} \sim 2^{1024}$

3) 布尔类型

布尔(bool)类型表示真或假,布尔类型变量的值只能是 true 或 false,不能将其他的值赋给布尔类型。例如:

```
bool b=true;
```

在定义全局变量时,若没有特殊要求,不用对整数类型、浮点类型和布尔类型的变量进行初始化,整数类型和浮点类型的变量默认初始化为 0,布尔类型的变量默认初始化为

false。

4) 字符类型

为保存单个字符,C♯支持字符(char)类型,字符类型的字面量是用单引号括起来的。一些特殊字符要用反斜线"\"后跟一个字符表示,称为转义字符,如表 3.5 所示。

```
Char x="X"
```

表 3.5 转义字符

转义字符	含义	转义字符	含义
\'	单引号	\f	换页
\"	双引号	\n	换行
\\	反斜线	\r	回车
\0	空	\t	水平制表符
\a	报警	\v	垂直制表符
\b	退格		

5) 引用类型

引用类型是构建 C♯ 应用程序的主要数据类型,C♯ 的所有引用类型均派生自 System.Object。引用类型可以派生出新的类型,也可以包含空(null)值。引用类型变量的赋值只复制对象的引用,而不复制对象本身。

6) 枚举类型

枚举类型为定义一组可以赋给变量的命名整数常量提供了一种有效的方法。编写日期相关的应用程序时,经常需要使用年、月、日、星期等数据。可以将这些数据组织成多个不同名称的枚举类型。使用枚举类型可以增强程序的可读性,在 C♯ 中使用关键字 enum 类声明枚举类型的变量,格式如下:

```
enum 枚举名称
  { 常量 1=值 1;
    常量 2=值 2;
        ⋮
    常量 n=值 n;
  }
```

4. 变量的声明

声明变量就是指定变量的名称和类型,未经声明的变量不能在程序中使用。在 C♯ 中,声明一个变量由一个类型和跟在后面的一个或多个变量名组成,多个变量之间用逗号分开,声明变量以分号结束。例如:

```
int age=30;
float rate=20f;
string name="Tom";
```

在 C♯ 的变量声明之前还可以添加访问修饰符:

- private(默认修饰符),只能在本类中访问。
- protected,只能在类或派生类中访问。
- internal,只能在本项目中访问。

如果想让脚本中定义的变量在 Unity 3D 中的 Inspector 面板上显示,必须用 public 修饰。在声明变量时,要注意变量名的命名规则。首先,变量名必须以字母开头;其次,变量名只能由字母、数字和下画线组成,而不能包含空格、标点符号、运算符等其他符号;再次,变量名不能与 C# 中的关键字名称相同;最后,变量名不能与 C# 中的库函数名称相同。

3.2.2 表达式和运算符

1. 表达式

表达式是由运算符和操作数组成的。运算符设置对操作数进行什么样的运算,例如,加、减、乘、除都是运算符。操作数是计算机指令的组成部分,它指出了指令执行的操作所需要的数据来源。操作数包括文本、常量、变量和表达式等。例如:

```
int i=256;
i=256/2+125;
int j=2;
j=j*j-2;
```

2. 运算符

运算符用于执行表达式运算,会针对一个以上操作数进行运算。例如 2+3,操作数是 2 和 3,而运算符是"+"。运算符的种类很多,包括算术运算符、简单赋值运算符、关系运算符、位逻辑运算符、位移运算符以及特殊算术运算符等,与 JavaScript 类似,在此不再赘述。

3.2.3 语句

C# 的常用语句有顺序执行语句、选择分支语句和循环语句 3 种。

1. 顺序执行语句

当表达式中有多个运算符时,需要考虑运算符的执行顺序,也就是运算符的优先级。例如,要对一本书的信息进行记录,书名为《程序设计语言》,价格为 36.5 元,书的编号为 243434。在代码中定义 3 个变量 bookName、Price、bookID 分别用来保存书名、价格以及编号,并分别对这 3 个变量进行赋值和输出,代码如下:

```
class Program
{ static void Main(string[]args)
  { string bookName=" 程序设计语言";
    Console.WriteLine("书名"+bookName);
    float Price=36.5f;
    Console.WriteLine("价格"+Price);
    string bookID=" 243434";
    Console.WriteLine("编号"+bookID);}
}
```

在该实例中,首先定义变量,为其赋值,然后输出变量的值,程序是自上而下地一行一行顺序执行。

2. 选择分支语句

在日常生活中,并非所有的事情都能按部就班地进行,程序也一样。为了实现一定的目标,经常需要改变程序语句执行的顺序。在程序中,有时需要在满足某种条件时再执行某一语句。为了达到目标而进行选择的语句就是选择分支语句。

1) if 语句

一个 if 语句后可跟一个可选的 else 语句,else 语句在布尔表达式为假时执行。C♯中 if…else 语句的语法如下:

```
if(布尔表达式)
{如果布尔表达式为真执行的语句
}
else
{如果布尔表达式为假执行的语句
}
```

如果布尔表达式为 true,则执行 if 块内的代码;如果布尔表达式为 false,则执行 else 块内的代码。

一个 if 语句后可跟一个可选的 else if…else 语句,这种形式可用于测试多种条件。C♯中 if…else if…else 语句的语法如下:

```
if(布尔表达式 1)
{当布尔表达式 1 为真时执行的语句}
else if(布尔表达式 2)
{当布尔表达式 2 为真时执行的语句}
else if(布尔表达式 3)
{当布尔表达式 3 为真时执行的语句}
else
{当上面的条件都不为真时执行的语句}
```

2) switch 语句

当程序做条件判断时,可以用 if…else 语句,但是当条件很多时,如果还用 if…else 语句是很麻烦的。为了解决这个问题,C♯设置了分支语句 switch。其语法格式如下:

```
switch(值)
{ case 值 1:语句 1;
  break;
  case 值 2:语句 2;
  break;
      ⋮
  case 值 n:语句 n;
  break;
}
```

当 switch 后面的值取某一值时,就执行相应 case 后面的语句。例如,当值是值 1 时,执行语句 1;当值是值 2 时,执行语句 2……当值是 n 时,执行语句 n。

3. 循环语句

1) do…while 循环

do…while 循环是在循环的尾部检查条件。do…while 循环与 while 循环类似,但是 do…while 循环至少会确保一次循环。C♯中的 do…while 循环语法如下:

```
do{
    语句
}while(条件);
```

注意,条件表达式出现在循环的尾部,所以循环中的语句会在条件被测试之前至少执行一次。如果条件为真,控制流会转回上面的 do,重新执行循环中的语句。这个过程会不断重复,直到给定条件变为假为止。

2) while 循环

在 C♯中 while 循环是常用的一种循环语句,while 循环的特点是直到条件为假时才跳出循环。C♯中的 while 循环的语法如下:

```
while(条件)
{语句}
```

在这里,语句可以是一个语句,也可以是几个语句组成的代码块。条件可以是任意的表达式,当为任意非零值时都为真。当条件为真时执行循环;当条件为假时,程序流将继续执行紧接着循环的下一条语句。while 循环的关键点是循环可能一次都不会执行。当条件测试的结果为假时,会跳过循环主体,直接执行 while 循环的下一条语句。

3) for 循环

for 循环适合指定循环次数的应用,在使用时,需初始化一个作为计数器的变量值。例如:

```
for(int i=1;i<=10;i++)
{   Console.WriteLine("{0}",i");
}
```

上面的 for 语句声明了计数器变量后,使用分号分开,接着给出条件判断的表达式 i<=10,再使用分号分开,最后给出对计算器变量的操作 i++。如果把 i++ 放在循环体内也是可以的。

3.2.4 函数

在 Unity 3D 中,C♯脚本需要预先载入类库,代码示例如下:

```
using UnityEngine;
using System.Collections;
public class NewBehaviourScript : MonoBehaviour {
}
```

其中，NewBehaviourScript 是脚本的名称，它必须和脚本文件的名称一致（如果不同，脚本无法在物体上被执行）。所有游戏执行语句都包含在这个继承自 MonoBehaviour 类的自创脚本中。Unity 3D 脚本中的常用函数如下：

Update()，正常更新，创建 JavaScript 脚本时默认添加这个方法，每一帧都会由系统调用一次该方法。

LateUpdate()，推迟更新，此方法在 Update()方法执行完后调用，每一帧都调用一次。

FixedUpdate()，置于这个函数中的代码每隔一定时间执行一次。

Awake()，脚本唤醒，用于脚本的初始化，在脚本生命周期中执行一次。

Start()，在 Update()之前、Awake()之后执行。Start()函数和 Awake()函数的不同点在于 Start()函数仅在脚本启用时执行。

OnDestroy()，当前脚本销毁时调用。

OnGUI()，绘制游戏界面的函数，因为每一帧要执行多次，所以一些时间相关的函数要尽量避免直接在该函数内部使用。

OnCollisionEnter()，当一个游戏对象与另外的游戏对象碰撞时执行这个函数。

OnMouseDown()，当鼠标在一个载有 GUI 元素（GUI Element）或碰撞器（Collider）的游戏对象上按下时执行该函数。

OnMouseOver()，当鼠标在一个载有 GUI 元素或碰撞器的游戏对象上经过时执行该函数。

OnMouseEnter()，鼠标进入物体范围时执行该函数。和 OnMouseOver()不同，OnMouseEnter()函数只执行一次。

OnMouseExit()，鼠标离开物体范围时执行该函数。

OnMouseUp()，当鼠标释放时执行该函数。

OnMouseDrag()，按住鼠标拖动对象时执行该函数。

3.3 Unity 3D 脚本编写

3.3.1 创建脚本

首先执行 Assets→Create→C#Script 或 JavaScript 菜单命令创建一个空白脚本，将其命名为 Move，如图 3.3 所示。

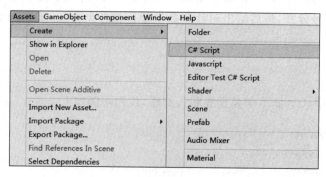

图 3.3 创建脚本

在 Project 面板中双击 Move 打开脚本，进行脚本编写。在 Update()函数中插入代码，函数内的每一帧代码都会执行，代码如下：

```
using UnityEngine;
using System.Collections;
public class Move : MonoBehaviour {
    void Update(){
        transform.Translate(Input.GetAxis("Horizontal"), 0, Input.GetAxis("Vertical"));
    }
}
```

Input.GetAxis()函数返回－1～1 的值，在水平轴上，左方向键对应－1，右方向键对应 1。由于目前不需要向上移动摄像机，所以 Y 轴的参数为 0。执行 Edit→Project Settings→Input(输入)菜单命令，即可修改映射到水平方向和垂直方向的名称和快捷键，如图 3.4 所示。

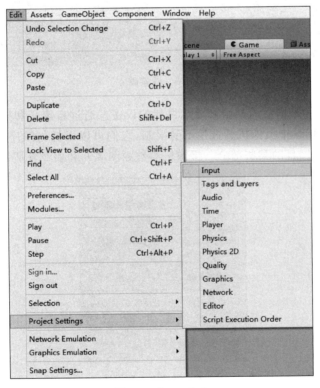

图 3.4　Input 命令

3.3.2　链接脚本

脚本创建完成后，需要将其添加到物体上。在 Hierarchy 视图中，单击需要添加脚本的游戏物体 Main Camera(主摄像机)，然后执行 Component→Script→Move 菜单命令，如图 3.5 所示，Move 脚本就链接到了 Main Camera 上。

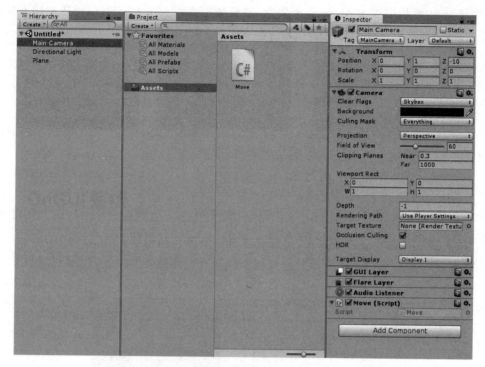

图 3.5 链接脚本

摄像机(Camera)是向玩家捕获和显示世界的设备。通过自定义和操纵摄像机,可以自由旋转游戏视角。场景中摄像机的数量不受限制,它们可以以任何顺序放置在屏幕上的任何地方,或者只捕获屏幕的某些部分。摄像机参数如图 3.6 和表 3.6 所示。

图 3.6 摄像机参数设置

表 3.6 摄像机参数

参 数	含 义	功 能
Clear Flags	清除标识	确定屏幕哪些部分将被清除。这是为了方便使用多个摄像机捕捉不同的游戏元素
Background	背景	在完成了视图中的所有元素的绘制后以及没有天空盒的情况下,剩余屏幕的颜色

续表

参　数	含　义	功　能
Culling Mask	消隐遮罩	包含层或忽略层将被摄像机渲染。在检视窗口向对象分配层
Projection	投影	切换摄像机以模拟透视
Perspective	透视	透视摄像机,由原点向外扩散性发射。即,距离越远,它的视口区域也就越大,透视视图和人眼的视觉感受是一致的
Orthographic	正交	正交摄像机,无论远近,它的视口范围永远是固定的,相机会均匀地渲染物体,没有透视感
Size	大小	当摄像机设置为正交模式时,摄影机视口的大小
Field of view	视野	摄像机的视野,沿着本地 Y 轴测量,以度为单位
Clipping Planes	裁剪面	摄像机从开始到结束渲染的距离
Near	近	相对于摄像机,绘制将发生的最近点
Far	远	相对于摄像机,绘制将发生的最远点
Viewport Rect	视口矩形	摄像机画面显示在屏幕上的区域
X		摄像机视图的开始水平位置
Y		摄像机视图的开始垂直位置
W	宽度	摄像机输出在屏幕上的宽度
H	高度	摄像机输出在屏幕上的高度
Depth	深度	摄像机在渲染顺序上的位置。具有较低深度的摄像机将在较高深度的摄像机之前渲染
Rendering Path	渲染路径	定义摄像机的渲染路径
Target Texture	目标纹理	用于将摄像机视图输出并渲染到屏幕,一般用于制作导航图或者画中画等效果
Occlusion Culling	遮挡剔除	指定是否剔除物体背向摄像机的部分
HDR	高动态光照渲染	启用摄像机的高动态范围渲染功能

3.3.3　运行测试

单击播放按钮,在 Scene 视图中,使用键盘上的 W(前)、S(后)、A(左)、D(右)键移动摄像机,运行效果如图 3.7 和图 3.8 所示。

3.3.4　C♯脚本编写注意事项

在 Unity 3D 中,C♯脚本的运行环境使用了 Mono 技术,Mono 是指 Novell 公司致力于.NET 开源的工程,利用 Mono 技术可以在 Unity 3D 脚本中使用.NET 所有的相关类。但 Unity 3D 中 C♯的使用与传统的 C♯有一些不同。

(1) 脚本中的类都继承自 MonoBehaviour 类。Unity 3D 中所有挂载到游戏对象上的脚本中包含的类都继承自 MonoBehaviour 类。MonoBehaviour 类中定义了各种回调方法,例如 Start、Update 和 FixedUpdate 等。通过在 Unity 中创建 C♯脚本,系统模板已经包含了必要的定义,如图 3.9 所示。

图 3.7　运行测试效果图 1

图 3.8　运行测试效果图 2

```
1  using System.Collections;
2  using System.Collections.Generic;
3  using UnityEngine;
4
5  public class NewBehaviourScript : MonoBehaviour {
6
7      // Use this for initialization
8      void Start () {
9
10     }
11
12     // Update is called once per frame
13     void Update () {
14
15     }
16  }
17
```

图 3.9　在 Unity 3D 中创建 C♯ 脚本

(2) 使用 Awake 或 Start 方法初始化。用于初始化的 C♯ 脚本代码必须置于 Awake 或 Start 方法中。Awake 和 Start 的不同之处在于:Awake 方法是在加载场景时运行,Start 方法是在第一次调用 Update 或 FixedUpdate 方法之前调用,Awake 方法在所有 Start 方法之前运行。

(3) 类名必须匹配文件名。C♯ 脚本中类名必须和文件名相同,否则当脚本挂载到游戏对象时,控制台会报错。

(4) 只有满足特定情况时变量才能显示在属性查看器中。只有公有的成员变量才能显示在属性查看器中,而 private 和 protected 类型的成员变量不能显示,如果要使属性项在属性查看器中显示,它必须是 public 类型的。

(5) 尽量避免使用构造函数。不要在构造函数中初始化任何变量,而应使用 Awake 或 Start 方法来实现。在单一模式下使用构造函数可能会导致严重后果,因为它把普通类构造函数封装了,主要用于初始化脚本和内部变量值,这种初始化具有随机性,容易引发引用异常。因此,一般情况下尽量避免使用构造函数。

实践案例：脚本环境测试

案例构思

在脚本环境测试实践项目中，需要通过脚本的编写、编译、链接过程实现玩家在游戏场景中走动的效果。本案例旨在通过脚本环境编译测试结果让读者熟悉 Unity 3D 脚本开发环境，为后续程序编写打下基础。

案例设计

本案例通过 JavaScript 脚本创建一个简单的 Cube 模型，通过键盘的方向键控制 Cube 模型的上下左右移动，并能通过鼠标交互实现 Cube 模型复制效果，如图 3.10 所示。

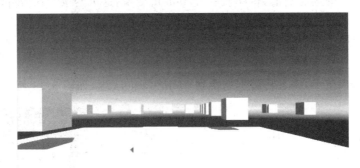

图 3.10　运行测试效果图

案例实施

步骤 1：设置场景。首先在游戏场景中创建一个 Cube 作为地面，缩放 Cube 的 Scale 值为(5,0.1,5)，使 Cube 在场景中看起来是一个大平板。

步骤 2：在 Hierarchy 视图中将 Cube 重命名为 Plane。

步骤 3：创建第二个 Cube，将它放置在这个大平板的中心位置，将其重命名为 Cube1。

步骤 4：创建一个空脚本，执行 Assets→Create→Javascript 命令并在 Project 面板中将脚本重命名为 Move。

步骤 5：双击打开 Move 脚本，写入以下代码：

```
function Update(){
transform.Translate(Input.GetAxis("Horizontal"), 0,Input.GetAxis("Vertical"));}
```

Update 函数在渲染一帧之前被调用，这里是大部分游戏行为代码被调用的地方。在脚本中移动一个游戏对象时，需要用 transform 来更改它的位置，Translate 函数有 x、y 和 z 3 个参数。Input.GetAxis()函数返回−1 或 1，横轴和竖轴是在输入设置(Input Settings)中预先定义好的，执行 Edit→Project Settings→Input 命令可以重新定义按键映射。

步骤 6：保存脚本(Ctrl+S 键)。

步骤 7：将脚本与主摄像机相连，即拖动脚本到 Hierarchy 面板中的 Main Camera 对象上，这时脚本与场景中的摄像机产生了关联。

步骤8：单击播放按钮测试一下，发现通过键盘W、S、A、D键可以在场景中移动摄像机，但是移动速度稍快，不可调。

步骤9：更新代码。

```
var speed=5.0;
function Update(){
    var x=Input.GetAxis("Horizontal") * Time.deltaTime * speed;
    var z=Input.GetAxis("Vertical") * Time.deltaTime * speed;
    transform.Translate(x, 0, z);
}
```

Update()上面的速度变量speed是一个public变量，这个变量会在Inspector面板中看到，可以在Inspector面板中方便地调整它的值以便于测试。

步骤10：增加新的功能，实现当按下开火按钮时在用户（主相机）当前位置创建新的游戏对象。

创建脚本Create.js，并且将脚本链接到Main Camera上，如图3.11所示。

代码如下：

```
var newObject: Transform;
function Update(){
    if(Input.GetButtonDown("Fire1"))
    { Instantiate (newObject, transform.position, transform.rotation); }
}
```

图3.11　链接脚本

步骤11：调试。调试是发现和修正代码中人为错误的过程。Unity 3D中提供了Debug类，Log()函数允许用户发送信息到Unity 3D的控制台，当用户按下开火按钮时发送一个消息到Unity控制台。修改脚本如下：

```
var newObject: Transform;
function Update(){
    if(Input.GetButtonDown("Fire1")){
        Instantiate(newObject, transform.position, transform.rotation);
        Debug.Log("Cube created");
    }
}
```

运行游戏并按下开火按钮创建一个新的Cube实例后，控制台会出现Cube created字样，这些字符是灰色的，意味着它是只读的（不能编辑）。创建了新的Cube后的场景如图3.12和图3.13所示。

➢ 实践案例：创建游戏对象

案例构思

游戏场景中出现的所有物体都属于游戏对象，游戏对象之间的交互都可以通过脚本来控制并实现。

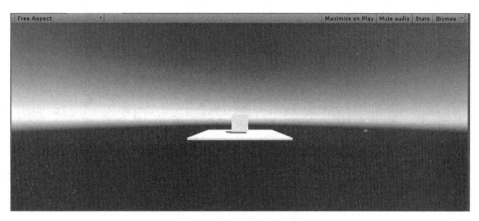

图 3.12　初始场景效果

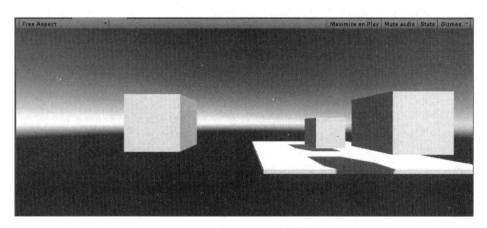

图 3.13　创建 Cube 后的效果

创建游戏对象的方法有 3 种：第一种是将物体模型资源由 Project 视图直接拖曳到 Hierarchy 面板中；第二种是在 Unity 3D 菜单 GameObject 中创建 Unity 3D 自带的游戏对象，如 Cube、Camera、Light 等；第三种是利用脚本编程，动态创建或删除游戏对象，本实践案例采用第三种方法，即利用脚本动态创建游戏对象。利用脚本动态创建游戏对象的方法又分为两种：使用 CreatePrimitive 方法创建 Unity 3D 系统自带的基本游戏对象，使用 Instantiate 实例化方法将预制体实例化为对象。

案例设计

本案例通过 C♯ 脚本在 Unity 3D 内创建一个 Cube 模型和一个 Sphere 模型，通过屏幕左上方按钮控制 Cube 和 Sphere 模型创建，如图 3.14 所示。

案例实施

步骤 1：使用 CreatePrimitive 方法创建 Unity 3D 系统自带的基本游戏对象，创建脚本输入代码。

```
using UnityEngine;
using System.Collections;
```

图 3.14　运行测试效果

```
public class CreatePrimitive : MonoBehaviour {
    OnGUI()
    {
        if(GUILayout.Button("CreateCube", GUILayout.Height(50))){
            GameObject m_cube=GameObject.CreatePrimitive(PrimitiveType.Cube);
            m_cube.AddComponent<Rigidbody>();
            m_cube.GetComponent<Renderer>().material.color=Color.blue;
            m_cube.transform.position=new Vector3(0, 10, 0);
        }
        if(GUILayout.Button("CreateSphere", GUILayout.Height(50))){
            GameObject m_cube=GameObject.CreatePrimitive(PrimitiveType.Sphere);
            m_cube.AddComponent<Rigidbody>();
            m_cube.GetComponent<Renderer>().material.color=Color.red;
            m_cube.transform.position=new Vector3(0, 10, 0);
        }
    }
}
```

在上述 OnGUI() 函数中，单击 CreateCube 按钮或 CreateSphere 按钮后，将分别调用 CreatePrimitive 方法，从而创建 Cube 和 Sphere 游戏对象，并且为这两个游戏对象添加刚体、颜色以及位置属性，运行效果如图 3.15 和图 3.16 所示。

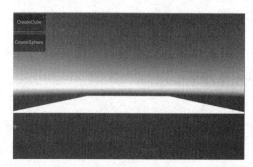

图 3.15　运行测试前

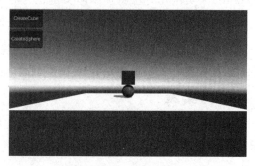

图 3.16　运行测试后

步骤 2：使用 Instantiate 实例化方法将预制体实例化为对象。

当制作好了游戏组件(场景中的任意一个 GameObject)后，将它制作成一个组件模板，用于批量的套用工作，例如场景中"重复"的东西——"敌人""士兵""子弹"……称为预制体，默认生成的预制体其实就像克隆体，其内储存着一个游戏对象，包括游戏对象的所有组件及其下的所有子游戏对象。

(1) 创建预制体。首先在场景中创建一个立方体，然后在 Project 面板中单击 Create 菜单的下拉三角，在出现的对话框中选择 Prefab 创建一个预制体，并为其命名为 MyCube，如图 3.17 所示。

然后在 Hierarchy 视图中将立方体拖曳至 Project 视图中的 MyCube，完成预制体的制作并与立方体 Cube 关联。在 Hierarchy 视图中与预制体关联的游戏对象为蓝色，如图 3.18 所示。

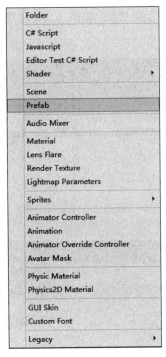

图 3.17　创建预制体

图 3.18　关联预制体

(2) 预制体实例化。将预制体复制一份到场景里的过程叫实例化，在 Project 面板中将预制体拖曳到 Inspector 面板中可以实例化一个对象。预制体的实例化不是普通的复制，预制体实例化后产生的新游戏对象依然保持着与预制体的关联，也就是预制体进行添加组件、修改组件属性等改变，预制体实例化产生的游戏对象也会发生相应的改变。

```
if(Input.GetButtonDown("Fire1")){
    Instantiate(newObject, transform.position, transform.rotation);
}
```

上述代码中调用 Instantiate 方法实例化游戏对象与调用 CreatePrimitive 方法创建游戏对象的最终结果是完全一样的，实例化游戏对象会将对象的脚本及所有继承关系实例化到游戏场景中。Instantiate 实例化方法比创建物体的 CreatePrimitive 方法执行效率要高很多。在开发过程中通常会使用 Instantiate 方法实例化对象，Instantiate 方法调用时一般与预制体 Prefab 结合使用。

> **实践案例：旋转的立方体**

案例构思

在脚本编写中经常用到移动、旋转、缩放功能，可以使用 transform.Translate()、transform.Rotate() 和 transform.localScale 方法实现，本案例旨在通过一个立方体让读者掌握脚本编译中移动、旋转、缩放的函数编写以及与 OnGUI 函数交互功能的实现。

案例设计

本案例计划通过 C# 脚本在 Unity 内创建一个简单的 Cube 模型，采用 OnGUI 方法写 3 个交互按钮，实现与 Cube 模型进行移动、旋转、缩放的交互功能，如图 3.19 至图 3.22 所示。

图 3.19 初始场景效果

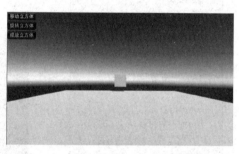

图 3.20 移动立方体效果

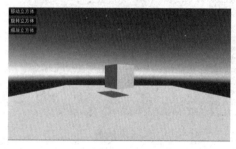

图 3.21 旋转立方体效果

图 3.22 缩放立方体效果

案例实施

步骤 1：为游戏项目里的游戏场景添加两个游戏对象：Cube 和 Directional，前者是脚本要操作的游戏对象，后者是负责游戏场景照明的游戏对象。然后创建一个 Plane 位于 Cube 下方。调整游戏场景中 3 个游戏对象的位置，使得 Game 视图达到最佳的效果，如图 3.23 所示。

步骤 2：在 Project 视图里，新建一个 C# 脚本，命名为 MyScript，打开此脚本并添加下面的代码：

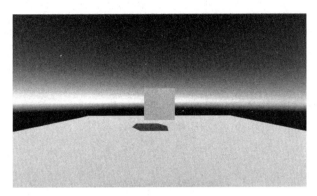

图 3.23 游戏场景物体摆放图

```
using UnityEngine;
using System.Collections;
public class MyScript : MonoBehaviour
{
    //声明 4 个变量
    public GameObject myCube;
    public int transSpeed=100;
    public float rotaSpeed=10.5f;
    public float scale=3;
    void OnGUI(){
        if(GUILayout.Button("移动立方体")){
            myCube. transform. Translate (Vector3. forward * transSpeed * Time.
            deltaTime,Space.World);
        }
        if(GUILayout.Button("旋转立方体")){
            myCube.transform.Rotate(Vector3.up * rotaSpeed,Space.World);
        }
        if(GUILayout.Button("缩放立方体")){
            myCube.transform.localScale=new Vector3(scale,scale,scale);
        }
    }
}
```

脚本声明了 4 个变量,且都使用 public 修饰,所以它们可以作为属性出现在组件下。OnGUI()函数用于在界面中显示按钮,玩家可以通过单击按钮实现与立方体的交互功能。

步骤 3:将脚本 MyScript 赋予 Main Camera。

步骤 4:运行游戏,在 Game 视图的左上角会出现 3 个按钮:"移动立方体""旋转立方体"和"缩放立方体"。单击按钮,即可完成对立方体对象的指定操作,如图 3.24 所示。

> ## 综合案例:第一人称漫游

案例构思

虚拟漫游可以提升游戏玩家的沉浸感,Unity 3D 中提供了第一人称以及第三人称虚拟

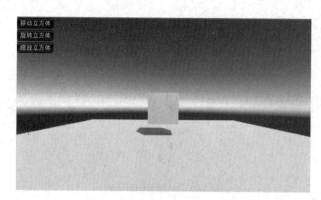

图 3.24 运行测试效果

漫游的组件,如何编写一段脚本实现虚拟漫游功能呢?本案例旨在通过脚本实现第一人称虚拟漫游功能,让读者深入掌握编写 Unity 3D 脚本实现游戏功能的方法。

案例设计

本案例在场景内摆放一些基本几何体,构建简单的 3D 场景,采用 C♯脚本开发第一人称虚拟漫游功能,通过键盘 W、S、A、D 键在场景内自由行走,通过鼠标实现观察者视角的旋转功能,如图 3.25 所示。

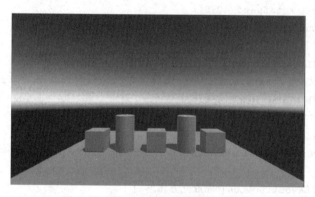

图 3.25 第一人称虚拟漫游测试效果

案例实施

步骤 1:执行 GameObject→3D Object→Plane 命令创建一个平面。

步骤 2:执行 GameObject→Create Empty 命令创建空物体,并将标签设为 Player。

一个标签是用来索引一个或一组游戏对象的词。标签是为了编程的目的而对游戏对象的标注,游戏开发人员可以使用标签来书写脚本代码,通过搜索找到包含想要的标签的对象。添加标签方法很简单,选中 Inspector 面板右上方的 Tag,点击 Add Tag 将在检视面板打开标签管理器,然后在里面输入 Player,如图 3.26 所示。然后再次选择空物体,在 Tag 的下拉列表中找到 Player 标签,完成添加标签,如图 3.27 所示。

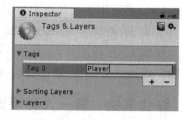

图 3.26 打开标签管理器

步骤3：为主角添加角色控制器组件。执行 Component→Physics→Character Controller 命令，如图3.28所示。角色控制器主要用于第三人称或第一人称游戏主角控制，并不使用刚体物理效果，具体参数如表3.7所示。

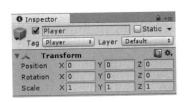

图3.27 添加标签

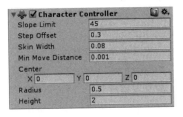

图3.28 添加 Character Controller 组件

表3.7 Character Controller 组件的参数

参 数	含 义	功 能
Slope Limit	坡度限制	限制碰撞器只能爬小于等于该值的斜坡
Step Offset	台阶高度	角色可以迈上的最高台阶高度
Skin Width	皮肤厚度	皮肤厚度决定了两个碰撞器可以互相渗入的深度
Min Move Distance	最小移动距离	如果角色移动的距离小于该值，角色就不会移动
Center	中心	该值决定胶囊碰撞器在世界空间中的位置
Radius	半径	胶囊碰撞器的横截面半径
Height	高度	胶囊碰撞器的高度

步骤4：添加 Rigidbody 组件，取消选中 Use Gravity 复选框，选中 Is Kinematic 复选框使其不受物理影响，而是受脚本控制，如图3.29所示。

步骤5：调整 Character Controller 的位置和大小，使其置于平面之上。

步骤6：创建 C#脚本，将其命名为 Player。

步骤7：输入如下代码：

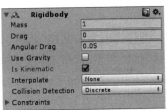

图3.29 添加刚体组件

```
using UnityEngine;
using System.Collections;
public class Player : MonoBehaviour {
    public Transform m_transform;
    //角色控制器组件
    CharacterController m_ch;
    //角色移动速度
    float m_movSpeed=3.0f;
    //重力
    float m_gravity=2.0f;
    void Start(){
        m_transform=this.transform;
        //获取角色控制器组件
```

```csharp
        m_ch = this.GetComponent<CharacterController>();
    }
    void Update(){
        Control();
    }
    void Control(){
        //定义3个值控制移动
        float xm=0, ym=0, zm=0;
        //重力运动
        ym -= m_gravity * Time.deltaTime;
        //前后左右移动
        if(Input.GetKey(KeyCode.W)){
            zm += m_movSpeed * Time.deltaTime;
        }
        else if(Input.GetKey(KeyCode.S)){
            zm -= m_movSpeed * Time.deltaTime;
        }
        if(Input.GetKey(KeyCode.A)){
            xm -= m_movSpeed * Time.deltaTime;
        }
        else if(Input.GetKey(KeyCode.D)){
            xm += m_movSpeed * Time.deltaTime;
        }
        //使用角色控制器提供的Move函数进行移动
        m_ch.Move(m_transform.TransformDirection(new Vector3(xm, ym, zm)));
    }
}
```

上述代码主要是控制角色前后左右移动。在 Start 函数中，首先获取 CharacterController 组件，然后在 Control 函数中通过键盘操作获得 X 和 Y 方向上的移动距离，最后使用 CharacterController 组件提供的 Move 函数移动角色。使用 CharacterController 提供的功能进行移动时，会自动计算移动体与场景之间的碰撞。

步骤 8：在 Hierarchy 视图中选中 Player 游戏对象，在其 Inspector 属性面板中选择 Component→Script，选择 Player 脚本将其链接到 Player 游戏对象上，如图 3.30 所示。

步骤 9：此时运行测试，按 W、S、A、D 键可以控制主角前后左右移动，但是在 Game 视图中却观察不到主角在场景中移动的效果，这是因为摄像机还没有与主角的游戏对象关联起来，需要添加摄像机代码。打开 Player.cs，添加如下代码：

```csharp
//摄像机Transform
Transform m_camTransform;
//摄像机旋转角度
Vector3 m_camRot;
//摄像机高度
float m_camHeight=1.4f;
//修改Start函数，初始化摄像机的位置和旋转角度
```

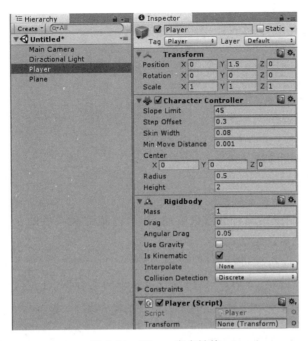

图 3.30 Player 脚本链接

```
void Start(){
    m_transform=this.transform;
    //获取角色控制器组件
    m_ch =this.GetComponent<CharacterController>();
    //获取摄像机
    m_camTransform=Camera.main.transform;
    Vector3 pos=m_transform.position;
    pos.y +=m_camHeight;
    m_camTransform.position=pos;
    //设置摄像机的旋转方向与主角一致
    m_camTransform.rotation=m_transform.rotation;
    m_camRot=m_camTransform.eulerAngles;
    //锁定鼠标
    Screen.lockCursor=true;
}
void Update(){
    Control();
}
void Control(){
    //获取鼠标移动距离
    float rh=Input.GetAxis("Mouse X");
    float rv=Input.GetAxis("Mouse Y");
    //旋转摄像机
    m_camRot.x -=rv;
    m_camRot.y +=rh;
```

```
    m_camTransform.eulerAngles=m_camRot;
    //使角色的面向方向与摄像机一致
    Vector3 camrot=m_camTransform.eulerAngles;
    camrot.x=0; camrot.z=0;
    m_transform.eulerAngles=camrot;
    //操作角色移动代码
    //使摄像机位置与角色一致
    Vector3 pos=m_transform.position;
    pos.y +=m_camHeight;
    m_camTransform.position=pos;
}
```

上述代码通过控制鼠标旋转摄像机方向,使角色跟随摄像机的Y轴旋转方向,在移动角色时,使摄像机跟随角色运动。

步骤10:单击Play按钮进行测试,效果如图3.31和图3.32所示,通过鼠标操作可以在场景中旋转视角,通过W、S、A、D键可以在场景中向前、向后、向左、向右移动。

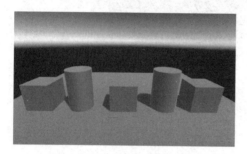

图3.31 利用鼠标旋转视角

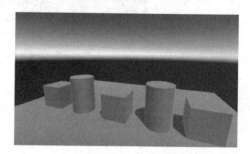

图3.32 用键盘按键控制移动

3.4 本章小结

本章从JavaScript和C#脚本的语法和简单脚本实例出发,讲解Unity 3D脚本的使用方法,使读者了解Unity 3D脚本开发基础,并且通过具体案例及综合案例将Unity C#脚本的各种开发方法进行综合应用。游戏开发者要不断探索和学习脚本知识,才能达到熟练开发Unity 3D游戏的程度。

3.5 习题

1. 创建一个Cube对象,编写脚本使其能够实现移动和旋转功能。
2. 在场景中创建"地球"和"月亮"对象,编写脚本实现"月球"围绕"地球"旋转的效果。
3. 编写脚本,采用实例化方法创建一个小球对象。
4. 创建一个球体,编写脚本实现球体的自动旋转,并且在旋转10s后自动停止。
5. 在Unity 3D中编写C#脚本有哪些注意事项?

第 4 章

Unity 3D 图形用户界面

在游戏开发过程中,为了增强游戏与玩家的交互性,开发人员往往会通过制作大量的图形用户界面(Graphical User Interface,GUI)来增强这一效果。Unity 3D 中的图形系统分为 OnGUI、NGUI、UGUI 等,这些类型的图形系统内容十分丰富,包含游戏中通常使用到的按钮、图片、文本等控件。本章将详细介绍如何使用 OnGUI 与 UGUI 两种图形系统来开发游戏中常见的图形用户界面,其中包括各种参数的功能简介及控件的使用方法。

4.1 Unity 3D 图形界面概述

4.1.1 GUI 的概念

图形用户界面是指采用图形方式显示的计算机用户操作界面。与早期计算机使用的命令行界面相比,图形界面对于用户来说在视觉上更易于接受,可以使玩家更好地了解游戏。《植物大战僵尸》和《愤怒的小鸟》中的 GUI 如图 4.1 和图 4.2 所示。

图 4.1 《植物大战僵尸》GUI　　　　图 4.2 《愤怒的小鸟》GUI

4.1.2 GUI 的发展

在游戏开发的整个过程中,游戏界面占据了非常重要的地位。玩家在启动游戏的时候,首先看到的就是游戏的 GUI,其中包括贴图、按钮和高级控件等。早期的 Unity 3D 采用的是 OnGUI 系统,后来进展到了 NGUI 系统。在 Unity 4.6 以后 Unity 官方推出了新的 UGUI 系统,采用全新的独立坐标系,为游戏开发者提供了更高的运转效率。各个时期的 Unity GUI 如图 4.3 所示。

图 4.3　各个时期的 Unity GUI

4.2　OnGUI 系统

Unity 3D 的 OnGUI 系统的可视化操作界面较少，大多数情况下需要开发人员通过代码实现控件的摆放以及功能的修改。开发人员需要通过给定坐标的方式对控件进行调整，规定屏幕左上角坐标为(0,0,0)，并以像素为单位对控件进行定位。

4.2.1　Button 控件

Button 是游戏开发中最常使用的控件之一，用户常常通过 Button 控件来确定其选择行为，当用户单击 Button 控件时，Button 控件会显示按下的效果，并触发与该控件关联的游戏功能，在游戏中通常用作游戏界面、游戏功能、游戏设置的开关。一般来说，按钮分两种：普通按钮和图片按钮。

普通按钮是系统默认显示的按钮，Unity 3D 的普通按钮背景呈半透明状态，显示白色文字，普通按钮的使用方法如下：

```
public static function Button(position:Rect, text: string): bool;
public static function Button(position:Rect, image: Texture): bool;
public static function Button(position:Rect, content: GUIContent): bool;
public static function Button(position:Rect, text: string, style: GUIStyle): bool;
public static function Button (position: Rect, image: Texture, style: GUIStyle): bool;
public static function Button (position: Rect, content: GUIContent, style: GUIStyle): bool;
```

其中，position 指按钮在屏幕上的位置以及长宽值，text 指按钮上显示的文本。

Button 控件的参数如表 4.1 所示。

表 4.1　Button 控件的参数

参数	功能	参数	功能
position	设置控件在屏幕上的位置及大小	text	设置控件上显示的文本
image	设置控件上显示的纹理图片	content	设置控件的文本、图片和提示
style	设置控件使用的样式		

下面是 Button 控件的使用案例。

步骤 1：启动 Unity 3D，创建新项目，将其命名为 button text，单击 Create 按钮，即生成一个新项目，如图 4.4 所示。

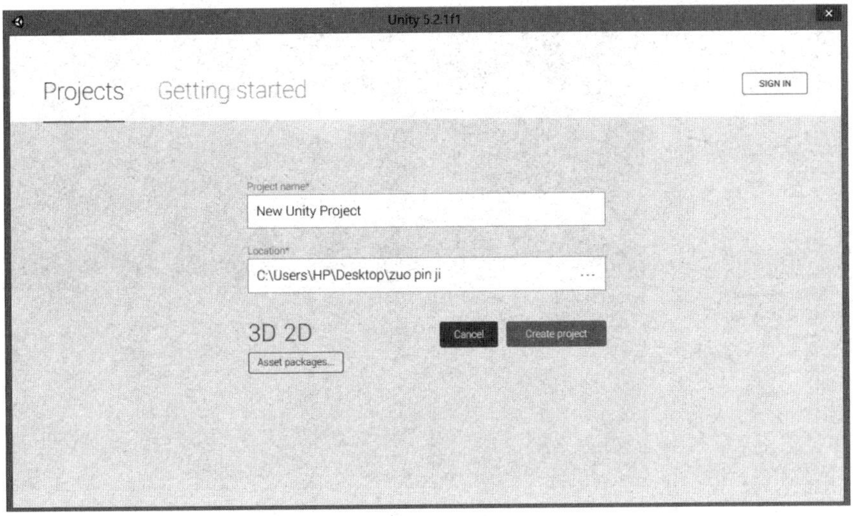

图 4.4 新建项目

步骤 2：在菜单中执行 File→Save Scene 命令，保存当前场景，命名为 scene，即在 Unity 3D 中创建了一个游戏场景，如图 4.5 所示。

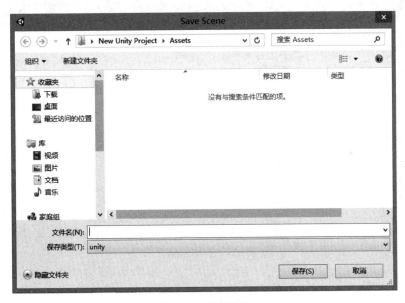

图 4.5 保存场景

步骤 3：单击 Project 视图中 Create 右侧的下拉三角形，选择 JavaScript，即可创建 JavaScript 脚本，如图 4.6 所示。

步骤 4：在 Project 面板中双击该脚本文件，打开脚本编辑器，如图 4.7 所示。

步骤 5：输入下列脚本语句：

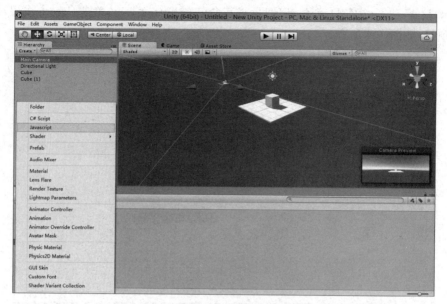

图 4.6 创建脚本

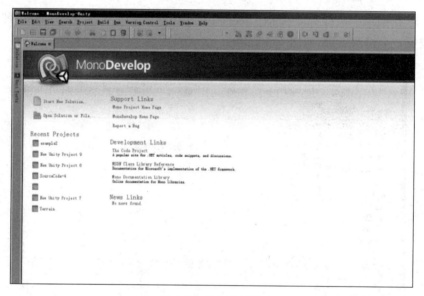

图 4.7 脚本编辑器

```
function OnGUI(){
    if(GUI.Button(Rect(0,0,100,50),"click here")){
    print("you have click here!");
    }
}
```

步骤 6：保存脚本(Ctrl＋S 键)。

步骤 7：将脚本与主摄像机相连，即将脚本拖动到 Hierarchy 视图中的 Main Camera 对象上，这时脚本与场景中的摄像机产生了关联。

步骤 8：单击 Unity 3D 工具栏上的运行按钮对脚本进行测试，如图 4.8 所示，在 Game 视图中出现了一个按钮，按钮上显示 click here，单击该按钮，在 Unity 3D 主界面底部的状态栏上输出 You have click here。

图 4.8　测试效果

Button 控件除了可以显示文字以外，还可以显示贴图。贴图是一种美化按钮的方法，开发者可以设定按钮的背景图片，比如水晶按钮、卡通按钮等。在 Unity 3D 中实现 Button 贴图十分容易，只要将图片作为一个参数传递到 Button 函数中即可。Button 贴图方法如下：

```
public static function Button(position: Rect, image: Texture): bool;
public static function Button(position: Rect, image: Texture, style: GUIStyle): bool;
```

其中 position 为按钮在屏幕上的位置以及长宽值，image 为按钮上显示的图片。

下面是 Button 贴图的使用案例。

步骤 1：启动 Unity 3D，创建新项目，将其命名为 button。

步骤 2：在菜单中执行 File→Save Scene 命令，保存当前场景，命名为 scene，即在 Unity 3D 中创建了一个游戏场景。

步骤 3：单击 Project 视图中 create 右侧的下拉三角形，选择 JavaScript，创建 JavaScript 脚本。

步骤 4：在 Project 视图中双击该脚本文件，打开脚本编辑器，输入下列脚本语句：

```
var btnTexture : Texture;
var atnTexture : Texture;
function OnGUI(){
    if(!btnTexture){
        Debug.LogError("Please assign a texture on the inspector");
        return;
    }
    if(!atnTexture){
        Debug.LogError("Please assign a texture on the inspector");
        return;
    }
    if (GUI. Button (Rect (Screen. width/2 - 50, Screen. height/2 + 130, 70, 70), atnTexture)){
        Application.LoadLevel("play");
```

```
            }
            if (GUI.Button (Rect (Screen.width/2 + 30, Screen.height/2 + 130, 70, 70),
            btnTexture)){
                Application.LoadLevel("exit");
            }
        }
```

步骤 5：保存脚本(Ctrl+S 键)。

步骤 6：将脚本与主摄像机相连。

步骤 7：单击主摄像机，在 Inspector 属性面板中添加纹理图片。

步骤 8：单击 play 按钮测试效果，可以看见按钮已经换成了二维卡通图片的形式，如图 4.9 所示。

图 4.9　测试效果

4.2.2　Box 控件

Box 控件用于在屏幕上绘制一个图形化的盒子。Box 控件中既可以显示文本内容，也可以绘制图片，或两者同时存在。GUIContent 和 GUIStyle 对于 Box 控件同样适用，既可以用来修饰 Box 控件的文本颜色，也可以用来修饰文本大小、图片资源等，具体使用方法如下：

```
public static function Box(position: Rect, text: string): void;
public static function Box(position: Rect, image: Texture): void;
public static function Box(position: Rect, content: GUIContent): void;
public static function Box(position: Rect, text: string, style: GUIStyle): void;
public static function Box(position: Rect, image: Texture, style: GUIStyle): void;
public static function Box(position: Rect, content: GUIContent, style: GUIStyle):
void;
```

其中，position 为矩形区域的位置，text 为显示的文本信息，texture 为纹理(即图片)显示。

Box 控件的具体属性参数如表 4.2 所示。

表 4.2 Box 控件的参数

参数	功能	参数	功能
position	设置控件在屏幕上的位置及大小	text	设置控件上显示的文本
image	设置控件上显示的纹理图片	content	设置控件的文本、图片和提示
style	设置控件使用的样式		

下面是 Box 控件的使用案例。

步骤 1：创建项目，将其命名为 box，保存场景。

步骤 2：在 Unity 3D 菜单栏中执行 Assets→Create→JavaScript 命令，创建一个新的脚本文件。

步骤 3：在 Project 视图中双击该脚本文件，打开脚本编辑器，输入下列语句：

```
function OnGUI(){
    GUI.Box(Rect(0,0,100,50),"Top-Left");
    GUI.Box(Rect(Screen.width-100,0,100,50),"Top-Right");
    GUI.Box(Rect(0,Screen.height-50,100,50),"Buttom-Left");
    GUI.Box(Rect(Screen.width-100,Screen.height-50,100,50),"Buttom-Right");
}
```

步骤 4：按 Ctrl+S 键保存脚本。

步骤 5：在 Project 视图中选择脚本，将其连接到 Main Camera 上。

步骤 6：单击 Play 按钮进行测试，Game 视图的 4 个角出现了 4 个标题分别为 Top-Left、Top-Right、Bottom-Left、Bottom-Right 的按钮组件，如图 4.10 所示。

图 4.10 测试效果

4.2.3 Label 控件

Label 控件用于在设备的屏幕上创建文本标签和纹理标签，和 Box 控件类似，可以显示文本内容或图片。Label 控件一般用于显示提示性的信息，如当前窗口的名称、游戏中游戏对象的名字、游戏对玩家的任务提示和功能介绍等，具体使用方法如下：

```
public static function Label(position:Rect, text: string): void;
public static function Label(position:Rect, image: Texture): void;
public static function Label(position:Rect, content: GUIContent): void;
public static function Label(position:Rect, text: string, style: GUIStyle): void;
public static function Label (position: Rect, image: Texture, style: GUIStyle): void;
```

```
public static function Label(position:Rect, content: GUIContent, style: GUIStyle):
void;
```

其中,position 为 Label 显示的位置,text 为 Label 上显示的文本,image 为 Label 上显示的纹理图片。

Label 控件的具体参数如表 4.3 所示。

表 4.3 Label 控件的参数

参数	功能	参数	功能
position	设置控件在屏幕上的位置及大小	text	设置控件上显示的文本
image	设置控件上显示的纹理图片	content	设置控件的文本、图片和提示
style	设置控件使用的样式		

下面是 Label 控件的使用案例。

步骤 1:创建项目,将其命名为 Label,保存场景。

步骤 2:在 Unity 3D 菜单栏中执行 Assets→Create→JavaScript 命令,创建一个新的脚本文件。

步骤 3:在 Project 视图中双击该脚本文件,打开脚本编辑器,输入下列语句:

```
var textureToDisplay : Texture2D;
function OnGUI(){
    GUI.Label(Rect(10, 10, 100, 20), "Hello World!");
    GUI.Label (Rect (10, 40, textureToDisplay.width, textureToDisplay.height),
    textureToDisplay);
}
```

步骤 4:按 Ctrl+S 键保存脚本。

步骤 5:在 Project 视图中选择脚本,将其连接到 Main Camera。

步骤 6:单击主摄像机,在 Inspector 属性面板中添加纹理图片。

步骤 7:单击 Play 按钮进行测试,如图 4.11 所示,界面上出现一串文字以及贴图。

图 4.11 测试效果

4.2.4 Background Color 控件

Background Color 控件主要用于渲染 GUI 的背景。例如,要绘制一个按钮,希望按钮

的背景呈现出红色,可以使用 BackgroundColor 来实现,使用时要对其作如下定义:

```
public static var backgroundColor: Color;
```

其中 Color 为 GUI 背景的渲染颜色。

下面是 GUI.Background Color 控件的使用案例。

步骤 1:创建项目,将其命名为 backgroundcolor,保存场景。

步骤 2:在 Unity 3D 菜单栏中执行 Assets→Create→JavaScript 命令,创建一个新的脚本文件。

步骤 3:在 Project 视图中双击该脚本文件,打开脚本编辑器,输入下列语句:

```
function OnGUI(){
    GUI.backgroundColor=Color.red;
    GUI.Button(Rect(10,110,70,30), "A button");
}
```

步骤 4:按 Ctrl+S 键保存脚本。

步骤 5:在 Project 视图中选择脚本,将其连接到 Main Camera 上。

步骤 6:单击运行按钮进行测试,效果如图 4.12 所示,绘制的按钮由于背景颜色的设定而呈现红色。

图 4.12　测试效果

4.2.5　Color 控件

GUI.Color 与 Background Color 类似,都是渲染 GUI 颜色的,但是两者不同的是 GUI.Color 不但会渲染 GUI 的背景颜色,同时还会影响 GUIText 的颜色。具体使用时,要作如下定义:

```
public static var color:Color;
```

其中,Color 为渲染颜色。

下面是 GUI.Color 控件的使用案例。

步骤 1:创建项目,将其命名为 GUI.Color,保存场景。

步骤 2:在 Unity 3D 菜单栏中执行 Assets→Create→JavaScript 命令,创建一个新的脚本文件。

步骤 3:在 Project 视图中双击该脚本文件,打开脚本编辑器,输入下列语句:

```
function OnGUI(){
```

```
        GUI.Color=Color.yellow;
        GUI.Label(Rect(10, 10, 100, 20), "Hello World!");
        GUI.Box(Rect(10, 50, 50, 50), "A BOX");
        GUI.Button(Rect(10,110,70,30), "A button");
    }
```

步骤 4：按 Ctrl＋S 键保存脚本。

步骤 5：在 Project 视图中选择脚本，将其连接到 Main Camera 上。

步骤 6：单击 Play 按钮进行测试，效果如图 4.13 所示，绘制的按钮背景和字体由于 GUI.Color 的设定而呈现黄色。

图 4.13 测试效果

4.2.6 TextField 控件

TextField 控件用于绘制一个单行文本编辑框，用户可以在单行文本编辑框中输入信息，并且每当用户修改文本编辑框中的文本内容时，TextField 控件就会将当前文本编辑框中的文本信息以字符串形式返回，开发人员可以通过创建 String 变量来接收返回值并实现相关功能。因此 TextField 控件常常用于监听用户输入信息，比如玩家在游戏登录界面输入用户名和密码后，TextField 控件可以判断其输入是否正确，其使用方法如下：

```
public static function TextField(position:Rect, text: string): string;
public static function TextField (position:Rect, text: string, maxLength: int): string;
public static function TextField (position:Rect, text: string, style: GUIStyle): string;
public static function TextField (position: Rect, text: string, maxLength: int, style: GUIStyle): string;
```

其中，position 为显示区域，text 为字符串。

TextField 控件的具体参数如表 4.4 所示。

表 4.4 TextField 控件的参数

参　数	功　　能	参　数	功　　能
position	设置控件在屏幕上的位置及大小	text	设置控件上默认显示的文本
maxLength	设置输入的字符串的最大长度	style	设置控件使用的样式

下面是 GUI.TextField 控件的使用案例。

步骤1：创建项目，将其命名为GUI.TextField，保存场景。
步骤2：在Unity 3D菜单栏中执行Assets→Create→JavaScript命令，创建一个新的脚本文件。
步骤3：在Project视图中双击该脚本文件，打开脚本编辑器，输入下列语句：

```
var stringToEdit : String="Hello World";
function OnGUI(){
    stringToEdit=GUI.TextField(Rect(10, 10, 200, 20), stringToEdit, 25);
}
```

步骤4：按Ctrl+S键保存脚本。
步骤5：在Project视图中选择脚本，将其连接到Main Camera上。
步骤6：单击Play按钮进行测试，运行效果如图4.14所示，界面中出现了一个文本框，可以进行文本的输入。

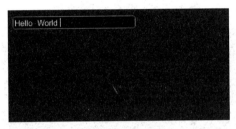

图4.14 测试效果

4.2.7 TextArea控件

TextArea控件用于创建一个多行的文本编辑区。用户可以在多行文本编辑区编辑文本内容，并且控件可以对超出控件宽度的文本内容实现换行操作。TextArea控件同样会将当前文本编辑区中的文本内容以字符串形式返回。开发人员可以通过创建String变量来接收返回值并实现相关功能，具体使用方法如下：

```
public static function TextArea(position: Rect, text: string): string;
public static function TextArea(position: Rect, text: string, maxLength: int): string;
public static function TextArea(position: Rect, text: string, style: GUIStyle): string;
public static function TextArea(position: Rect, text: string, maxLength: int, style: GUIStyle): string;
```

其中，position为显示位置，text为字符。
TextArea控件的参数如表4.5所示。

表4.5 TextArea控件的参数

参数	功能	参数	功能
position	设置控件在屏幕上的位置及大小	text	设置控件上默认显示的文本
maxLength	设置输入的字符串的最大长度	style	设置控件使用的样式

下面是 GUI.TextArea 控件的使用案例。

步骤 1：创建项目，将其命名为 GUI.TextArea，保存场景。

步骤 2：在 Unity 3D 菜单栏中执行 Assets→Create→JavaScript 命令，创建一个新的脚本文件。

步骤 3：在 Project 视图中双击该脚本文件，打开脚本编辑器，输入下列语句：

```
var stringToEdit : String="Hello World\nI've got 2 lines...";
function OnGUI(){
    stringToEdit=GUI.TextArea(Rect(10, 10, 200, 100), stringToEdit, 200);
}
```

步骤 4：按 Ctrl+S 键保存脚本。

步骤 5：在 Project 视图中选择脚本，并将其拖曳到 Hierarchy 视图中的 Main Camera 上，使脚本和摄像机产生关联。

步骤 6：单击运行按钮进行脚本测试，如图 4.15 所示。

图 4.15　测试效果

4.2.8　ScrollView 控件

当游戏界面中的内容特别多，超出了屏幕的显示范围时，就可以使用 ScrollView 控件滚动显示界面内的全部内容。ScrollView 控件用于在屏幕上创建滚动视图，通过一片小区域查看较大区域的内容。当内容区域大于查看区域时，该控件就会自动生成垂直（水平）滚动条，用户可以通过拖曳滚动条来查看所有内容。一般情况下，滚动条由两部分组成，一个是 GUI.BeginScrollView，用于开始滚动视图，另一个是 GUI.EndScrollView，用于结束滚动视图，需要滚动显示的内容就夹在其间，具体使用方法如下：

```
public static function BeginScrollView(position: Rect, scrollPosition: Vector2,
    viewRect: Rect): Vector2;
public static function BeginScrollView(position: Rect, scrollPosition: Vector2,
    viewRect:Rect, alwaysShowHorizontal: bool, alwaysShowVertical: bool,
    horizontalScrollbar: GUIStyle, verticalScrollbar: GUIStyle): Vector2;
public static function EndScrollView(): void;
```

其中，position 为显示位置，scrollPosition 用于设置滚动条的起始位置，viewRect 用于设置滚动整体显示范围，EndScrollView 用于结束滚动视图内容。

ScrollView 控件的参数如表 4.6 所示。

表 4.6　ScrollView 控件的参数

参　数	功　能	参　数	功　能
position	设置控件在屏幕上的位置及大小	ScrollPosition	用来显示滚动位置
viewRect	设置滚动整体显示范围	alwaysShowHorizontal	可选参数，总是显示水平滚动条
HorizontalScrollbar	设置用于水平滚动条的可选 GUI 样式	alwaysShowVertical	可选参数，总是显示垂直滚动条
VerticalScrollbar	设置用于垂直滚动条的可选 GUI 样式		

下面是 ScrollView 控件的使用案例。

步骤 1：创建项目，将其命名为 BeginScrollView，保存场景。

步骤 2：在 Unity 3D 菜单栏中执行 Assets→Create→JavaScript 命令，创建一个新的脚本文件。

步骤 3：在 Project 视图中双击该脚本文件，打开脚本编辑器，输入下列语句：

```
var scrollPosition:Vector2=Vector2.zero;
function OnGUI(){
    scrollPosition=GUI.BeginScrollView(Rect(10,300,100,100),
    scrollPosition, Rect(0, 0, 220, 200));
    GUI.Button(Rect(0,0,100,20), "Top-left");
    GUI.Button(Rect(120,0,100,20), "Top-right");
    GUI.Button(Rect(0,180,100,20), "Bottom-left");
    GUI.Button(Rect(120,180,100,20), "Bottom-right");
    GUI.EndScrollView();
}
```

步骤 4：按 Ctrl+S 键保存脚本。

步骤 5：在 Project 视图中选择脚本，将其连接到 Main Camera 上。

步骤 6：单击 Play 按钮进行测试，效果如图 4.16 所示。

图 4.16　测试效果

4.2.9　Slider 控件

Slider 控件包括两种，分别是水平滚动条 GUI.HorizontalSlider 和垂直滚动条 GUI.

VerticalSlider,可以根据界面布局的需要选择使用,具体使用方法如下:

```
public static function HorizontalSlider(position: Rect, value: float, leftValue:
    float, rightValue: float): float;
public static function HorizontalSlider(position: Rect, value: float, leftValue
    :float, rightValue: float, slider: GUIStyle, thumb: GUIStyle): float;
```

其中,position 为滚动条的位置,value 为可拖动滑块的显示位置,topValue 为滑块上端所处的位置,bottomValue 为滑块下端所处位置。

Slider 控件的参数如表 4.7 所示。

表 4.7 Slider 控件的参数

参 数	功 能	参 数	功 能
position	设置控件在屏幕上的位置及大小	value	设置滑动条显示的值。这决定了可拖动的滑块的位置
leftValue	设置滑块左端的值	rightValue	设置滑块右端的值
slider	设置用于显示拖曳区域的 GUI 样式	thumb	设置用于显示可拖动的滑块的 GUI 样式

下面是 Slider 控件的使用案例。

步骤 1:创建项目,将其命名为 horizontalSlider,保存场景。

步骤 2:在 Unity 3D 菜单栏中执行 Assets→Create→JavaScript 命令,创建一个新的脚本文件。

步骤 3:在 Project 视图中双击该脚本文件,打开脚本编辑器,输入下列语句:

```
var hSliderValue : float=0.0;
var vSliderValue : float=0.0;
function OnGUI(){
    hSliderValue=GUI.HorizontalSlider(Rect(25, 25, 100, 30), hSliderValue, 0.0, 10.0);
    vSliderValue=GUI.VerticalSlider(Rect(50, 50, 100, 30), vSliderValue, 10.0, 0.0);
}
```

步骤 4:按 Ctrl+S 键保存脚本。

步骤 5:在 Project 视图中选择脚本,将其连接到 Main Camera 上。

步骤 6:单击 Play 按钮进行测试,效果如图 4.17 所示。

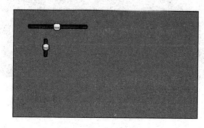

图 4.17 测试效果

4.2.10 ToolBar 控件

ToolBar 控件主要用于创建工具栏,具体使用方法如下:

```
public static function Toolbar(position:Rect, selected: int, texts: string[]): int;
public static function Toolbar(position:Rect, selected: int, images: Texture
    []): int;
public static function Toolbar(position:Rect, selected: int, content: GUIContent
    []): int;
public static function Toolbar(position:Rect, selected: int, texts: string[],
    style: GUIStyle): int;
public static function Toolbar(position:Rect, selected: int, images: Texture[],
    style: GUIStyle): int;
public static function Toolbar(position:Rect, selected: int, contents: GUIContent
    [], style:GUIStyle): int;
```

其中,position 为 ToolBar 的显示区域,selected 为选中菜单的索引号,texts 为菜单显示内容。

ToolBar 控件的参数如表 4.8 所示。

表 4.8 ToolBar 控件的参数

参数	功能	参数	功能
position	设置控件在屏幕上的位置及大小	selected	选择按钮的索引
texts	设置在工具栏按钮上显示的一组字符串	images	在工具栏按钮上显示的一组纹理
contents	在工具栏按钮上显示的一组文本、图像和工具提示	style	要使用的样式。如果省略,则使用当前 GUISkin 的按钮样式

下面是 ToolBar 控件的使用案例。

步骤 1:创建项目,将其命名为 GUI.Toolbar,保存场景。

步骤 2:在 Unity 菜单栏中执行 Assets→Create→JavaScript 命令,创建一个新的脚本文件。

步骤 3:在 Project 视图中双击该脚本文件,打开脚本编辑器,输入下列语句:

```
var toolbarInt : int=0;
var toolbarStrings : String[]=["Toolbar1", "Toolbar2", "Toolbar3"];
function OnGUI(){
    toolbarInt=GUI.Toolbar(Rect(25, 25, 250, 30), toolbarInt, toolbarStrings);
}
```

步骤 4:按 Ctrl+S 键保存脚本。

步骤 5:在 Project 视图中选择脚本,将其连接到 Main Camera 上。

步骤 6:单击 Play 按钮进行测试,效果如图 4.18 所示。

4.2.11 ToolTip 控件

ToolTip 控件主要用于显示提示信息,当鼠标移至指定位置时,会显示相应的提示信

图 4.18 测试效果

息,在使用时需要和 GUI.Content 配合,具体使用方法如下:

public static var tooltip: string

下面是 ToolTip 控件的使用案例。

步骤 1:创建项目,将其命名为 GUI.Tooltip,保存场景。

步骤 2:在 Unity 3D 菜单栏中执行 Assets→Create→JavaScript 命令,创建一个新的脚本文件。

步骤 3:在 Project 视图中双击该脚本文件,打开脚本编辑器,输入下列语句:

```
function OnGUI(){
    GUI.Box(Rect(5, 35, 210, 175), GUIContent("Box", "this box has a tooltip"));
    GUI.Button(Rect(30, 85, 100, 20), "No tooltip here");
    GUI.Button(Rect(30, 120, 100, 20),
        GUIContent("I have a tooltip", "The button overrides the box"));
    GUI.Label(Rect(10,40,100,40), GUI.tooltip);
}
```

步骤 4:按 Ctrl+S 键保存脚本。

步骤 5:在 Project 视图中选择脚本,将其连接到 Main Camera 上。

步骤 6:单击 Play 按钮进行测试,效果如图 4.19 所示。

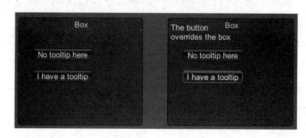

图 4.19 测试效果

4.2.12 Drag Window 控件

Drag Window 用于实现屏幕内的可拖曳窗口,具体使用方法如下:

public static function DragWindow(position: Rect): void;

其中，position 为可拖曳窗口的位置。

Drag Windows 控件的参数如表 4.9 所示。

表 4.9 Drag Window 控件的参数

参数	功能
position	设置可以拖动的窗口的一部分，这部分将被剪切到实际的窗口中

下面是 Drag Window 控件的使用案例。

步骤 1：创建项目，将其命名为 GUI.Dragwindow，保存场景。

步骤 2：在 Unity 3D 菜单栏中执行 Assets→Create→JavaScript 命令，创建一个新的脚本文件。

步骤 3：在 Project 视图中双击该脚本文件，打开脚本编辑器，输入下列语句：

```
var windowRect : Rect=Rect(20, 20, 120, 50);
function OnGUI(){
    windowRect=GUI.Window(0, windowRect, DoMyWindow, "My Window");
}
function DoMyWindow(windowID : int){
    GUI.DragWindow(Rect(0,0, 10000, 20));
}
```

步骤 4：按 Ctrl+S 键保存脚本。

步骤 5：在 Project 视图中选择脚本，并将其拖曳到 Hierarchy 视图中的 Main Camera 上，使脚本和摄像机产生关联。

步骤 6：单击 Play 按钮进行测试，效果如图 4.20 所示，当用鼠标拖动窗口时，窗口会随鼠标在屏幕内移动。

图 4.20 测试效果

4.2.13 Window 控件

通常情况下，一个游戏界面可以由很多窗口组成，在窗口中可以添加任意的功能组件，窗口的使用丰富了游戏界面。在 Unity 中添加窗口的方法如下：

```
public static function Window(id: int, clientRect: Rect, func: GUI.WindowFunction,
    text: string): Rect;
public static function Window(id: int, clientRect: Rect, func: GUI.WindowFunction,
    image:Texture): Rect;
```

```
public static function Window(id: int, clientRect: Rect, func: GUI.WindowFunction,
    content:GUIContent): Rect;
public static function Window(id: int, clientRect: Rect, func: GUI.WindowFunction,
    text: string, style: GUIStyle): Rect;
public static function Window(id: int, clientRect: Rect, func: GUI.WindowFunction,
    image: Texture, style: GUIStyle): Rect;
public static function Window(id: int, clientRect: Rect, func: GUI.WindowFunction,
    title:GUIContent, style: GUIStyle): Rect;
```

其中,id 为窗口的标号,用以标识窗口,clientRect 为窗口显示区域,func 是回调方法的名称,text 为窗口标题。

Windows 控件的参数如表 4.10 所示。

表 4.10 Window 控件方法参数

参 数	功 能	参 数	功 能
Style	设置用于窗口的可选样式。如果遗漏了,则使用当前 GUISkin 的窗口样式	id	设置窗口的 ID 号(可以是任何值,只要它是唯一的)
clientRect	设置屏幕上的矩形表示的窗口位置和大小	func	设置显示窗口内容的脚本函数
text	设置文本在窗口内呈现	image	设置在窗口中渲染的图像
content	设置在窗口内渲染的图形	style	设置窗口的样式信息
title	设置文本在窗口标题栏显示		

下面是 Window 控件的使用案例。

步骤 1:创建项目,将其命名为 window,保存场景。

步骤 2:在 Unity 3D 菜单栏中执行 Assets→Create→JavaScript 命令,创建一个新的脚本文件。

步骤 3:在 Project 视图中双击该脚本文件,打开脚本编辑器,输入下列语句:

```
var windowRect0 : Rect=Rect(20, 20, 120, 50);
var windowRect1 : Rect=Rect(20, 100, 120, 50);
function OnGUI(){
    GUI.color=Color.red;
    windowRect0=GUI.Window(0, windowRect0, DoMyWindow, "Red Window");
    GUI.color=Color.green;
    windowRect1=GUI.Window(1, windowRect1, DoMyWindow, "Green Window");
}
function DoMyWindow(windowID : int){
    if(GUI.Button(Rect(10,20,100,20), "Hello World"))
        print("Got a click in window with color "+GUI.color);
    GUI.DragWindow(Rect(0,0,10000,10000));
}
```

步骤 4:按 Ctrl+S 键保存脚本。

步骤 5：在 Project 视图中选择脚本，并将其拖曳到 Hierarchy 视图中的 Main Camera 上，使脚本和摄像机产生关联。

步骤 6：单击 Play 按钮进行测试，效果如图 4.21 所示。

图 4.21 测试效果

4.2.14 纹理贴图

纯色背景的界面会给人以单调的感觉，可以使用纹理贴图让游戏界面更加生动。纹理贴图可以想象成装修时在墙上贴壁纸，通过纹理贴图的方式可以为界面增色添彩，具体使用方法如下：

(1) 将图片导入 Unity 3D 中，执行 Assets→Import Package→Custom Package 命令找到图片位置，将图片加载进来，图片加载后，可以在 Project 视图中看见刚刚加载的资源文件。

(2) 选中图片后，将 Texture type 修改成 sprit render 格式，然后将其加载到 Hierarchy 视图中。

(3) Unity 3D 会分析图片的宽和高，然后将其加载进来，如果此时发现图片没有全屏显示或者显示的大小不合意，可以在 Inspector 视图中进行图片大小的缩放。贴图效果如图 4.22 所示。

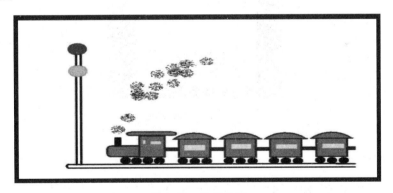

图 4.22 贴图效果

除了使用 GUITexture 方法添加贴图外，也可以使用 GUI.DrawTexture 方法绘制贴图，该方法原型如下：

```
function DrawTexture(position : Rect, image : Texture, scaleMode : ScaleMode,
    alphaBlend : boolean , imageAspect : float)
```

其中，position 为纹理贴图的位置，Image 为所贴纹理图片，scaleMode 为纹理的缩放模式，alphaBlend 为图片的混合模式，imageAspect 为图片缩放的宽高比例。加载图片资源放置在根目录 Assets 中的 Resource 文件夹下，载入资源时，将整个图片文件夹载入即可。

下面是纹理贴图的使用案例。

步骤 1：创建项目，将其命名为 texture，保存场景。

步骤 2：在 Unity 3D 菜单栏中执行 Assets→Create→JavaScript 命令，创建一个新的脚本文件。

步骤 3：在 Project 视图中双击该脚本文件，打开脚本编辑器，输入下列语句：

```
var aTexture : Texture;
function OnGUI(){
    if(!aTexture){
        Debug.LogError("Assign a Texture in the inspector.");
        return;
    }
    GUI.DrawTexture(Rect(100,10,200,200), aTexture);
}
```

步骤 4：按 Ctrl+S 键保存脚本。

步骤 5：在 Project 视图中选择脚本，并将其拖曳到 Hierarchy 视图中的 Main Camera 上，使脚本和摄像机产生关联。

步骤 6：在 Inspector 视图中添加纹理资源。

步骤 7：单击 Play 按钮进行测试，效果如图 4.23 所示。

图 4.23　贴图效果

4.2.15　Skin 控件

图形用户界面皮肤是图形用户界面样式的集合，集合内有许多控件，每个控件类型拥有很多样式定义。Skin 文件的 Inspector 面板会显示出可以影响到的所有控件，展开任何一个控件菜单会显示其可以修改的内容，其中包括字体大小、字体类型、背景等。创建一个图形用户界面皮肤，在菜单栏中执行 Assets→Create→GUI Skin 命令，创建后的 GUI Skin 如图 4.24 所示，具体参数如表 4.11 所示。

第4章 Unity 3D图形用户界面

图 4.24 GUI Skin

表 4.11 Skin 参数

参 数	含 义	功 能
Font	字体	用户图形界面中每个控件使用的全局字体
Box	盒	应用于所有盒子控件的样式
Button	按钮	应用于所有按钮控件的样式
Toggle	切换开关	应用于所有切换开关的样式
Label	标签	应用于所有标签控件的样式
Text Field	文本框	应用于所有文本框控件的样式
Text Area	文本区域	应用于所有多行文本域控件的样式
Window	窗口	应用于所有窗口控件的样式
Horizontal Slider	水平滑动条	应用于所有水平滑动条控件的样式
Horizontal Slider Thumb	水平滑块	应用于所有水平滑块控件的样式
Vertical Slider	垂直滑动条	应用于所有垂直滑动条控件的样式
Vertical Slider Thumb	垂直滑块	应用于所有垂直滑块控件的样式
Horizontal Scrollbar	水平滚动条	应用于所有水平滚动条控件的样式
Horizontal Scrollbar Thumb	水平滚动条滑块	应用于所有水平滚动条滑块控件的样式
Horizontal Scrollbar Left Button	水平滚动条左侧按钮	应用于所有水平滚动条左侧按钮控件的样式
Horizontal Scrollbar Right Button	水平滚动条右侧按钮	应用于所有水平滚动条右侧按钮控件的样式
Vertical Scrollbar	垂直滚动条	应用于所有垂直滚动条控件的样式
Vertical Scrollbar Thumb	垂直滚动条滑块	应用于所有垂直滚动条滑块控件的样式

续表

参　　数	含　义	功　　能
Vertical Scrollbar Up Button	垂直滚动条顶部按钮	应用于所有垂直滚动条顶部按钮控件的样式
Vertical Scrollbar Down Button	垂直滚动条底部按钮	应用于所有垂直滚动条底部按钮控件的样式
Custom 1-20	自定义	附加的自定义样式可以应用于任何控件
Custom Styles	自定义样式	一个带有可以应用于任何控件的自定义样式的集合
Settings	设定	所有图形用户界面的附加设定

下面是 Skin 控件的使用案例。

步骤1：创建项目，将其命名为 GUISkin，保存场景。

步骤2：加载图片资源，将图片资源放置在根目录 Assets 中的 Resource 文件夹下。

步骤3：单击 Project 视图下拉三角，创建 GUI Skin，如图 4.25 所示。

步骤4：在 Inspector 面板中修改 GUI Skin 参数，分别设置 Box、Button、Label 样式，如图 4.26 所示。

图 4.25　创建 GUI Skin

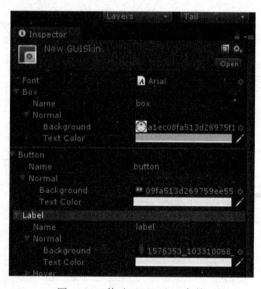

图 4.26　修改 GUI Skin 参数

步骤5：在 Unity 3D 菜单栏中执行 Assets→Create→JavaScript 命令，创建一个新的脚本文件。

步骤6：在 Project 视图中双击该脚本文件，打开脚本编辑器，输入下列语句：

```
var s1 : GUISkin[];
private var cont : int=0;
function OnGUI(){
    GUI.skin=s1[cont%s1.Length];
    if(s1.Length ==0){
        Debug.LogError("Assign at least 1 skin on the array");
```

```
            return;
    }
    GUI.Label(Rect(10, 10, 100, 20), "Hello World!");
    GUI.Box(Rect(10, 50, 50, 50), "A BOX");
    GUI.Button(Rect(10,110,70,30), "A button");
}
```

步骤 7：按 Ctrl+S 键保存脚本。

步骤 8：在 Project 视图中选择脚本，将其连接到 Main Camera 上。

步骤 9：在 Inspector 视图中添加纹理资源，并将 GUI Skin 拖动到 Main Camera 的 Inspector 视图下。

步骤 10：单击 Play 按钮进行测试，效果如图 4.27 所示。

图 4.27　测试效果图

4.2.16　Toggle 控件

Toggle 控件用于在屏幕上绘制一个开关，通过控制开关的开启与闭合来执行一些具体的操作。当用户切换开关状态时，Toggle 控件的绘制函数就会根据不同的切换动作来返回相应的布尔值。选中 Toggle 控件会返回布尔值 true，取消选中就会返回布尔值 false。具体使用方法如下，

```
public static function Toggle(position: Rect, value: bool, text: string): bool;
public static function Toggle(position: Rect, value: bool, image: Texture): bool;
public static function Toggle(position: Rect, value: bool, content: GUIContent):
    bool;
public static function Toggle(position: Rect, value: bool, text: string, style:
    GUIStyle): bool;
public static function Toggle(position: Rect, value: bool, image: Texture, style:
    GUIStyle): bool;
public static function Toggle(position: Rect, value: bool, content: GUIContent,
    style: GUIStyle): bool;
```

其中，position 为控件显示位置，value 为默认控件是开还是关，text 为控件显示的字符内容。

Toggle 控件的参数如表 4.12 所示。

表 4.12 Toggle 控件的参数

参 数	功 能	参 数	功 能
position	设置控件在屏幕上的位置及大小	text	设置控件上显示的文本
image	设置控件上显示的纹理图片	content	设置控件的文本、图片和提示
style	设置控件使用的样式	value	设置开关是开启还是关闭

下面是 GUI.Toggle 控件的使用案例。

步骤 1：创建项目，将其命名为 GUI.Toggle，保存场景。

步骤 2：在 Unity 3D 菜单栏中执行 Assets→Create→JavaScript 命令，创建一个新的脚本文件。

步骤 3：在 Project 视图中双击该脚本文件，打开脚本编辑器，输入下列语句：

```javascript
var aTexture : Texture;
private var toggleTxt : boolean=false;
private var toggleImg : boolean=false;
function OnGUI(){
    if(!aTexture){
        Debug.LogError("Please assign a texture in the inspector.");
        return;
    }
    toggleTxt=GUI.Toggle(Rect(10, 10, 100, 30), toggleTxt, "A Toggle text");
    toggleImg=GUI.Toggle(Rect(10, 50, 50, 50), toggleImg, aTexture);
}
```

步骤 4：按 Ctrl+S 键保存脚本。

步骤 5：在 Project 视图中选择脚本，将其连接到 Main Camera 上。

步骤 6：在 Inspector 视图中添加纹理资源。

步骤 7：单击 Play 按钮进行测试，效果如图 4.28 所示。

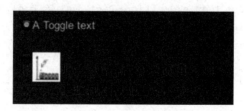

图 4.28 测试效果

4.3 UGUI 系统

UGUI 是 Unity 官方的 UI 实现方式，自从 Unity 4.6 起，Unity 官方推出了新版 UGUI 系统，新版 UGUI 系统相比于 OnGUI 系统更加人性化，而且是一个开源系统，利用游戏开发人员进行游戏界面开发。UGUI 系统有 3 个特点：灵活、快速、可视化。对于游戏开发者来说，UGUI 运行效率高，执行效果好，易于使用，方便扩展，与 Unity 3D 兼容性高。

在 UGUI 中创建的所有 UI 控件都有一个 UI 控件特有的 Rect Transform 组件。在 Unity 3D 中创建的三维物体是 Transform，而 UI 控件的 Rect Transform 组件是 UI 控件的矩形方位，其中的 PosX、PosY、PosZ 指的是 UI 控件在相应轴上的偏移量。UI 控件除了 Rect Transform 组件外，还有一个 Canvas Renderer（画布渲染）组件，如图 4.29 所示。一般不用理会它，因为它不能被点开。

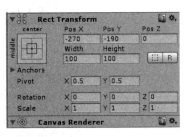

图 4.29　UGUI 特有组件

4.3.1　Canvas

Canvas 是画布，是摆放所有 UI 元素的区域，在场景中创建的所有控件都会自动变为 Canvas 游戏对象的子对象，若场景中没有画布，在创建控件时会自动创建画布。创建画布有两种方式：一是通过菜单直接创建；二是直接创建一个 UI 组件时自动创建一个容纳该组件的画布。不管用哪种方式创建画布，系统都会自动创建一个名为 EventSystem 的游戏对象，上面挂载了若干与事件监听相关的组件可供设置。

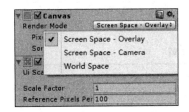

图 4.30　画布的 Render Mode 属性

在画布上有一个 Render Mode 属性，它有 3 个选项，如图 4.30 所示。它们分别对应画布的 3 种渲染模式：Screen Space-Overlay、Screen Space-Camera 和 World Space。

1. Screen Space-Overlay 渲染模式

在 Screen Space-Overlay 渲染模式下，场景中的 UI 被渲染到屏幕上，如果屏幕大小改变了或更改了分辨率，画布将自动更改大小以适配屏幕，此种模式不需要 UI 摄像机，UI 将永远出现在所有摄像机的最前面，Screen Space-Overlay 渲染模式的参数如表 4.13 所示。

表 4.13　Screen Space-Overlay 渲染模式的参数

参　　数	功　　能
Pixel Perfect	重置元素大小和坐标，使贴图的像素完美对应到屏幕像素上
Sort Order	排列顺序

2. Screen Space-Camera 渲染模式

Screen Space-Camera 渲染模式类似于 Screen Space-Overlay 渲染模式，这种渲染模式下，画布被放置在指定摄像机前的一个给定距离上，它支持在 UI 前方显示 3D 模型与粒子系统等内容，通过指定的摄像机 UI 被呈现出来，如果屏幕大小改变或更改了分辨率，画布将自动更改大小以适配屏幕，Screen Space-Camera 渲染模式的参数如表 4.14 所示。

表 4.14　Screen Space-Camera 渲染模式的参数

参　数	功　能
Pixel Perfect	重置元素大小和坐标,使贴图的像素完美对应到屏幕像素上
Render Camera	UI 绘制所对应的摄像机
Plane Distance	UI 距离摄像机镜头的距离
Sorting Layer	界面分层,执行 Edit→Project Setting→Tags and Layers→Sorting Layers 命令进行界面分层,越下方的层在界面显示时越在前面
Order Layer	界面顺序,该值越高,在界面显示时越在前面

3. World Space 渲染模式

在 World Space 渲染模式下呈现的 UI 好像是 3D 场景中的一个 Plane 对象。与前两种渲染模式不同,其屏幕的大小将取决于拍摄的角度和相机的距离。它是一个完全三维的 UI,也就是把 UI 也当成三维对象,例如摄像机离 UI 远了,其显示就会变小,近了就会变大。World Space 渲染模式的参数如表 4.15 所示。

表 4.15　World Space 渲染模式的参数

参　数	功　能
Event Camera	设置用来处理用户界面事件的摄像机
Sorting Layer	界面分层,执行 Edit→Project Setting→Tags and Layers→Sorting Layers 命令进行界面分层,越下方的层在界面显示时越在前面
Order Layer	界面顺序,该值越高,在界面显示时越在前面

4.3.2　Event System

创建 UGUI 控件后,Unity 3D 会同时创建一个叫 Event System(事件系统)的 GameObject,用于控制各类事件,如图 4.31 所示。可以看到 Unity 3D 自带了两个 Input Module,一个用于响应标准输入,另一个用于响应触摸操作。Input Module 封装了 Input 模块的调用,根据用户操作触发各 Event Trigger。

Event System 事件处理器中有 3 个组件:

(1) Event System 事件处理组件,是一种将基于输入的事件发送到应用程序中的对象,使用键盘、鼠标、触摸或自定义输入均可。

(2) Standalone Input Module(独立输入模块),用于鼠标、键盘和控制器。该模块被配置为查看 InputManager,基于输入 InputManager 管理器的状态发送事件。

(3) Touch Input Module(触控输入模块),被设计为使用在可触摸的基础设备上。

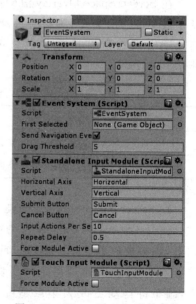

图 4.31　Event System 事件系统

4.3.3　Panel 控件

面板实际上就是一个容器,在其上可放置其他 UI 控件,当移动面板时,放在其中的 UI 控件就会跟随移动,这样可以更加合理与方便地移动与处理一组控件。拖动面板控件的 4 个角或 4 条边可以调节面板的大小。一个功能完备的 UI 界面往往会使用多个 Panel 容器控件,而且一个面板里还可套用其他面板,如图 4.32 所示。当创建一个面板时,此面板会默认包含一个 Image(Script)组件,如图 4.33 所示。其中,Source Image 用来设置面板的图像,Color 用来改变面板的颜色。

图 4.32　Panel 面板

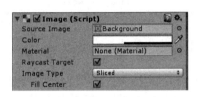

图 4.33　Image(Script)组件

4.3.4　Text 控件

在 UGUI 中创建的很多 UI 控件都有一个支持文本编辑的 Text 控件。Text 控件也称为标签,Text 区域用于输入将显示的文本。它可以设置字体、样式、字号等内容,如图 4.34 所示,具体参数如表 4.16 所示。

图 4.34　Text 控件

表 4.16　Text 控件的参数

参　　数	功　　能
Font	设置字体
Font Style	设置字体样式
Font Size	设置字体大小

续表

参　数	功　能
Line Spacing	设置行间距(多行)
Rich Text	设置富文本
Alignment	设置文本在 Text 框中的水平以及垂直方向上的对齐方式
Horizontal Overflow	设置水平方向上溢出时的处理方式。分两种：Wrap(隐藏)；Overflow(溢出)
Vertical Overflow	设置垂直方向上溢出时的处理方式。分两种：Truncate(截断)；Overflow(溢出)
Best Fit	设置当文字多时自动缩小以适应文本框的大小
Color	设置字体颜色

4.3.5　Image 控件

Image 控件除了两个公共的组件 Rect Transform 与 Canvas Renderer 外，默认的情况下就只有一个 Image 组件，如图 4.35 所示。其中，Source Image 是要显示的源图像，要想把一个图片赋给 Image，需要把图片转换成精灵格式，转化后的精灵图片就可拖放到 Image 的 Source Image 中了。转换方法为：在 Project 视图中选中要转换的图片，然后在 Inspector 属性面板中，单击 Texture Type(纹理类型)右边的下拉列表，选中 Sprite(2D and UI)并单击下方的 Apply 按钮，就可以把图片转换成精灵格式，然后就可以拖放到 Image 的 Source Image 中了。Image 控件的参数如表 4.17 所示。

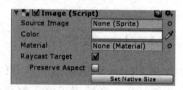

图 4.35　Image 控件

表 4.17　Image 的参数

参　数	功　能	参　数	功　能
Color	设置应用在图片上的颜色	Image Type	设置贴图类型
Material	设置应用在图片上的材质		

4.3.6　Raw Image 控件

Raw Image 控件向用户显示了一个非交互式的图像，如图 4.36 所示。它可以用于装饰、图标等。Raw Image 控件类似于 Image 控件，但是，Raw Image 控件可以显示任何纹理，而 Image 只能显示一个精灵。Raw Image 控件的参数如表 4.18 所示。

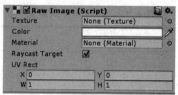

图 4.36　Raw Image 控件

表 4.18　Raw Image 控件的参数

参　　数	功　　能
Texture	设置要显示的图像纹理
Color	设置应用在图片上的颜色
Material	设置应用在图片上的材质
UV Rect	设置图像在控件矩形中的偏移和大小,范围为 0～1

4.3.7　Button 控件

除了公共的 Rect Transform 与 Canvas Renderer 两个 UI 组件外,Button 控件还默认拥有 Image 与 Button 两个组件,如图 4.37(a)所示。Image 组件里的属性与前面介绍的是一样的。Button 是一个复合控件,其中还包含一个 Text 子控件,通过此子控件可设置 Button 上显示的文字的内容、字体、文字样式、文字大小、颜色等,与前面所讲的 Text 控件是一样的。Button 控件属性如下:

(1) Interactable(是否启用交互)。如果把其后的对钩去掉,此 Button 在运行时将不可单击,即失去了交互性。

(2) Transition(过渡方式)。共有 4 个选项,如图 4.37(b)所示。默认为 Color Tint(颜色色彩)。

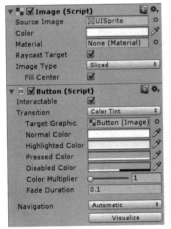
(a) Button控件的两个组件

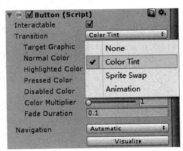
(b) Transition属性的4个选项

图 4.37　Button 控件

- None:没有过渡方式。
- Color Tint:颜色过渡,相关属性如表 4.19 所示。
- Sprite Swap:精灵交换,需要使用相同功能、不同状态的贴图,相关属性如表 4.20 所示。
- Animation:动画过渡。

表 4.19 Color Tint 的属性

属　性	功　能	属　性	功　能
Target Graphic	设置目标图像	Disabled Color	设置禁用色
Normal Color	设置正常颜色	Color Multiplier	设置颜色倍数
Highlighted Color	设置高亮色	Fade Duration	设置变化持续的时间
Pressed Color	设置单击色		

表 4.20 Sprite Swap 的属性

属　性	功　能	属　性	功　能
Target Graphic	设置目标图像	Pressed Sprite	设置单击时的贴图
Highlighted Sprite	设置鼠标经过时的贴图	Disabled Sprite	设置禁用时的贴图

4.3.8　Toggle 控件

Toggle 控件也是一个复合型控件，如图 4.38 所示。它有 Background 与 Label 两个子控件，而 Background 控件中还有一个 Checkmark 子控件。Background 是一个图像控件，而其子控件 Checkmark 也是一个图像控件，其 Label 控件是一个文本框，通过改变它们所拥有的属性值，即可改变 Toggle 的外观，如颜色、字体等。Toggle 控件的参数如表 4.21 所示。

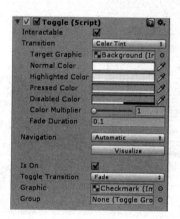

图 4.38　Toggle 控件的参数设置

表 4.21　Toggle 控件的参数

属　性	功　能
Is On	设置复选框默认是开还是关
Toggle Transition	设置渐变效果
Graphic	用于切换背景，更改为一个更合适的图像
Group	设置多选组

4.3.9 Slider 控件

在游戏的 UI 界面中会见到各种滑块,用来控制音量或者是摇杆的灵敏度。Slider 也是一个复合控件,Background 是背景,默认颜色是白色,Fill Area 是填充区域,如图 4.39 所示。

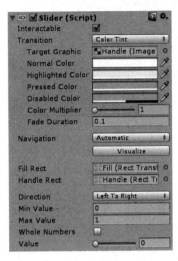

图 4.39 Slider 控件的参数设置

Slider 控件的一个需要注意的参数是 Whole Number,该参数表示滑块的值是否只可为整数,开发人员可根据需要进行设置。除此以外,Slider 控件也可以挂载脚本,用来响应事件监听。Slider 控件的参数如表 4.22 所示。

表 4.22 Slider 控件的参数

属 性	功 能	属 性	功 能
Fill Rect	设置填充矩形区域	Max Value	设置最大数值
Handle Rect	设置手柄矩形区域	Whole Numbers	设置整数数值
Direction	设置 Slider 的摆放方向	Value	设置滑块当前的数值
Min Value	设置最小数值		

4.3.10 Scrollbar 控件

Scrollbar(滚动条)控件可以垂直或水平放置,主要用于通过拖动滑块以改变目标的比例,如图 4.40 所示。它最恰当的应用是用来将一个值变为指定百分比,最大值为 1 (100%),最小值为 0(0%),拖动滑块可在 0 和 1 之间改变,例如改变滚动视野的显示区域。Scrollbar 控件的参数如表 4.23 所示。

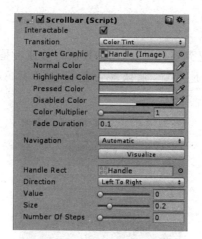

图 4.40　Scrollbar 控件的参数设置

表 4.23　Scrollbar 控件的参数

参　　数	功　　能
Handle Rect	设置最小值与最大值之间的范围，也就是整个滑条的最大可控制范围
Direction	设置滚动条的方向为从左至右、从上至下或其他的方向
Value	设置当前滚动条对应的值
Size	设置操作条矩形对应的缩放长度，即 handle 部分的大小，取值为 0～1
Numbers Of Steps	设置滚动条可滚动的位置数目
On Value Changed	设置值改变时触发消息

4.3.11　Input Field 控件

　　Input Field 也是一个复合控件，包含 Placeholder 与 Text 两个子控件，如图 4.41 所示。其中，Text 是文本控件，程序运行时用户所输入的内容就保存在 Text 控件中，Placeholder 是占位符，表示程序运行时在用户还没有输入内容时显示给用户的提示信息。Input Field 输入字段组件与其他控件一样，也有 Image(Script)组件，另外也包括 Transition 属性，其默认是 Color Tint，如图 4.42 所示，具体属性如表 4.24 所示。除此以外，它还有一个重要的 Content Type(内容类型)属性，如图 4.43 所示，其参数如表 4.25 所示。

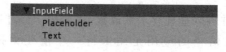

图 4.41　Input Field 组成

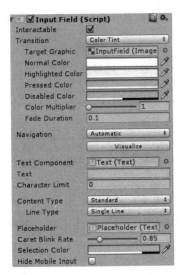 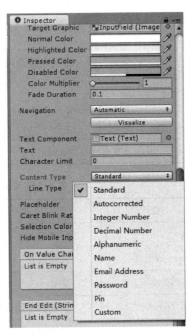

图 4.42　Input Field 控件的参数设置　　　图 4.43　Content Type 属性

表 4.24　Input Field 控件的参数

参　　数	功　　能
Interactable	设置是否启用 Input Field 组件。勾选表示输入字段可以交互，否则表示不可以交互
Transition	设置当正常显示、突出显示、按下或禁用时输入字段的转换效果
Navigation	设置导航功能
Text Component	设置此输入域的文本显示组件，用于显示用户输入的文本框
Text	设置此输入域的初始值
Character Limit	设置此输入域最大的输入字符数，0 为不限制输入字符数
Content Type	输入此输入域的内容类型，包括数字、密码等，常用的类型如下： • Standard：允许输入任何字符，只要是当前字体支持的即可。 • Autocorrected：自动校正输入的未知单词，并建议更合适的替换候选对象，除非用户明确地覆盖该操作，否则将自动替换输入的文本。 • Integer Number：只允许输入整数。 • Decimal Number：允许输入整数或小数。 • Alpha numeric：允许输入数字和字母。 • Name：允许输入英文及其他文字，当输入英文时能自动提示姓名拼写。 • Email Address：允许输入一个由最多一个@符号组成的字母数字字符串。 • Password：输入的字符被隐藏，只显示星号。 • Pin：只允许输入整数。输入的字符被隐藏，只显示星号。 • Custom：允许用户自定义行类型、输入类型、键盘类型和字符验证

参数	功能
Line Type	设置当输入的内容超过输入域边界时的换行方式： • Single Line：超过边界也不换行，继续向右延伸此行，即输入域中的内容只有一行。 • Multi Line Submit：允许文本换行。只在需要时才换行。 • Multi Line Newline：允许文本换行。用户可以按回车键来换行
Placeholder	设置此输入域的输入位控制符，对于任何带有 Text 组件的物体均可设置此项

表 4.25 Content Type 属性的参数

参数	功能	参数	功能
Standard	标准的	Name	人名
Autocorrected	自动修正	Email Address	邮箱
Integer Number	整数	Password	密码
Decimal Number	十进制小数	Pin	固定
Alphanumeric	字母数字	Custom	定制的

➢ 实践案例：游戏界面开发

案例构思

Unity 3D 新增的图形用户界面系统 UGUI 与旧版的 GUI 系统相比更加人性化，而且是一个开源的系统。本案例旨在利用 UGUI 控件开发完整的游戏界面。

案例设计

本案例基于 UGUI 技术实现一套完整的游戏界面，其中包括界面背景、文字标题、进入按钮、设置页面等内容，效果如图 4.44 所示。

图 4.44 UGUI 界面

案例实施

步骤 1：导入 Menu and Fonts 资源包,这个包包含背景图片、按钮、图标或者其他的游戏元素,如图 4.45 所示。

图 4.45　资源导入图

步骤 2：在菜单中执行 GameObject→UI→Image 命令,在场景中添加一个 Image,用来显示 Sprite texture,它继承 Canvas。同时加载 EventSystem 负责处理场景中的输入、映射和事件。

步骤 3：在项目浏览器中打开 Menu 文件,找到 menu_background 图片,把它拖到 Source Image 区域中,并调整合适大小,属性面板如图 4.46 所示,添加效果如图 4.47 所示。

图 4.46　Image 属性面板设置

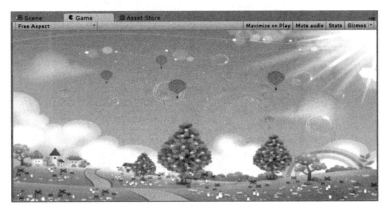

图 4.47　Image 背景图

步骤 4：按照同样的方法在 Menu 文件中搜索 header_label 图片,然后在菜单中执行 GameObject→UI→Image 命令,将 header_label 拖到 Source Image 区域中,并调整合适大小,如图 4.48 所示。

步骤 5：在菜单中执行 GameObject→UI→Button 命令,在场景中加入一个按钮,然后

图 4.48 Header_label 图

选中嵌入的 Text 元素,设置文本为 Start Game,并设定字体样式以及字体大小,如图 4.49 所示。

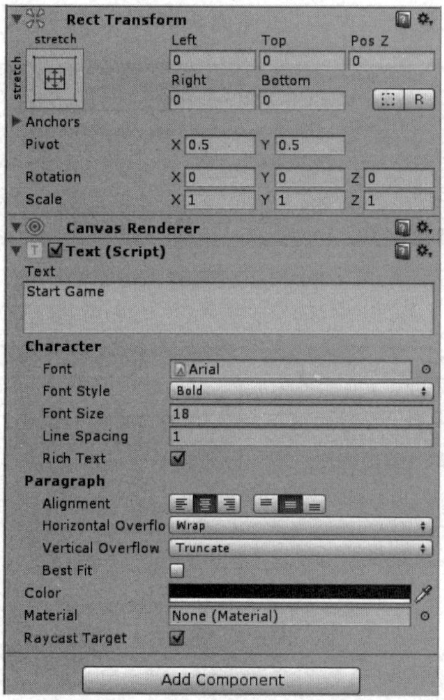

图 4.49 Text 属性面板设置

步骤 6:选中 Button,在 Inspector 面板中找到 Source Image,并赋予图片,效果如图 4.50 所示。

步骤 7:创建脚本 NewBehaviourScript,编写代码如下:

```
using UnityEngine;
using System.Collections;
```

图 4.50　Button 效果

```
public class NewBehaviourScript : MonoBehaviour {
    public void StartGame()
    {Application.LoadLevel("RocketMouse");}
}
```

步骤 8：脚本链接。创建空物体，将脚本链接到空物体上，然后在 Hierarchy 视图中选择创建好的按钮，向下滑到 On Click 列表中，单击加号，接下来拖动 Hierarchy 视图中的空物体，把它添加到 Inspector 列表中，在下拉框中把它的功能设置为 No Function，最后在打开的菜单中选择 UIManagerScript\StartGame()，如图 4.51 所示。

图 4.51　脚本链接图

步骤 9：创建一个新的 Button 控件，并将齿轮图片赋予它，如图 4.52 所示。

图 4.52　齿轮按钮图片效果

步骤10：新建C#脚本，将其命名为setting，编写代码，并链接到空物体上，代码如下：

```
using UnityEngine;
using System.Collections;
public class setting : MonoBehaviour {
    public GameObject panel;
    private bool isclick=false;
    void playRenwu(bool isnotclick) {
        panel.gameObject.SetActive(isnotclick);
    }
    public void Onclickbutton(){
        if (isclick ==false){
            isclick=true;
            playRenwu(true);
        }else {
            isclick=false;
            playRenwu(false);
        }
    }
}
```

步骤11：在菜单中执行GameObject→UI→Panel命令，赋予背景图片，并在其上添加Button控件，效果如图4.53所示。

图4.53　Button添加效果

步骤12：将创建好的panel赋予setting脚本，如图4.54所示。

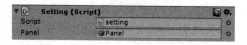

图4.54　属性面板

步骤13：修改NewBehaviourScript脚本。

```
using UnityEngine;
using System.Collections;
public class NewBehaviourScript : MonoBehaviour {
    public void StartGame()
    {Application.LoadLevel("RocketMouse");}
    public void Back()
    {Application.LoadLevel("menu");}
}
```

步骤14：隐藏panel，然后设置panel下的button脚本链接，将Back界面跳转函数赋予Button，实现界面跳转功能。

步骤15：保存场景，并执行build命令发布，最终测试效果如图4.55和图4.56所示。

图4.55　测试效果1

图4.56　测试效果2

4.4 本章小结

本章首先从整体上对图形用户界面下的各个控件进行详细讲解,然后对新版的图形用户界面UGUI进行详细讲解,新版的UGUI系统与OnGUI系统相比有了很大提升,使用起来方便,控件更加美观,最后通过一个实践案例利用UGUI控件开发了一个完整的游戏界面。

4.5 习题

1. 说明Unity 3D游戏开发引擎中有哪几种图形用户界面系统,并说明它们各自的特点。
2. 使用GUI图形系统创建Button控件,并通过单击Button控件来切换屏幕上绘制的图片。
3. 使用Toggle控件来控制屏幕中Button控件的启用与禁用。
4. 在场景中创建一个3D物体并为其挂载脚本文件,在脚本文件中使用代码实现在一定时间后销毁该脚本。
5. 使用GUI图形系统在屏幕上创建Scrollbar控件和Textarea控件,并通过Scrollbar控件控制Textarea控件中文字内容的滚动。

第 5 章

三维漫游地形系统

三维游戏世界大多能给人以沉浸感,在三维游戏世界中,通常会将很多丰富多彩的游戏元素融合在一起,比如游戏中起伏的地形、郁郁葱葱的树木、蔚蓝的天空、漂浮在天空中的朵朵祥云、凶恶的猛兽等,让玩家置身游戏世界,忘记现实。地形作为游戏场景中必不可少的元素,作用非常重要。Unity 3D 有一套功能强大的地形编辑器,支持以笔刷方式精细地雕刻出山脉、峡谷、平原、盆地等地形,同时还包含了材质纹理、动植物等功能,可以让开发者实现游戏中任何复杂的游戏地形。

5.1 地形概述

不可否认,可玩性是衡量一款游戏成功与否最主要的标准,这一点从《魔兽世界》的成功就可以看出。玩家在玩一款游戏过程中第一印象是非常重要的,第一印象决定了玩家是否想继续玩下去,在玩家玩下去的同时才能展现出游戏的可玩性,所以游戏的场景设计也是评价一款游戏的标准。场景涉及人物、地形以及各类型的建筑模型。大多数人物模型和建筑模型都是在 3ds Max、Maya 等专业的三维模型制作软件中做出来的。虽然 Unity 3D 也提供了三维建模,但还是相当简单。不过在地形方面 Unity 3D 已经相当强大,图 5.1 就是基于 Unity 3D 开发的游戏场景。本章主要讲解使用 Unity 3D 内置的资源制作游戏场景地形的方法。

图 5.1 《保岛时代》游戏场景

5.2　Unity 3D 地形系统创建流程

5.2.1　创建地形

执行菜单 GameObject→3D Object→Terrain 命令,如图 5.2 所示,窗口内会自动产生一个平面,这个平面是地形系统默认使用的基本原型。

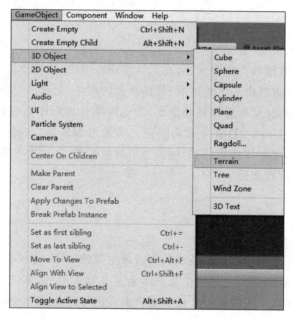

图 5.2　新建地形

在 Hierarchy 视图中选择主摄像机,可以在 Scene 视图中观察到游戏地形。如果想调节地形的显示区域,可以调整摄像机或地形的位置与角度,让地形正对着我们,如图 5.3 所示。

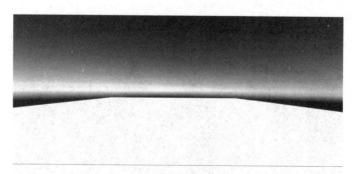

图 5.3　调整地形位置

5.2.2　地形参数

Unity 3D 创建地形时采用了默认的地形大小、宽度、厚度、图像分辨率、纹理分辨率等,这些数值是可以任意修改的，选择创建的地形，在 Inspector 视图中找到 Resolution 属性面板，如图 5.4 所示。Resolution 属性面板的参数如表 5.1 所示。

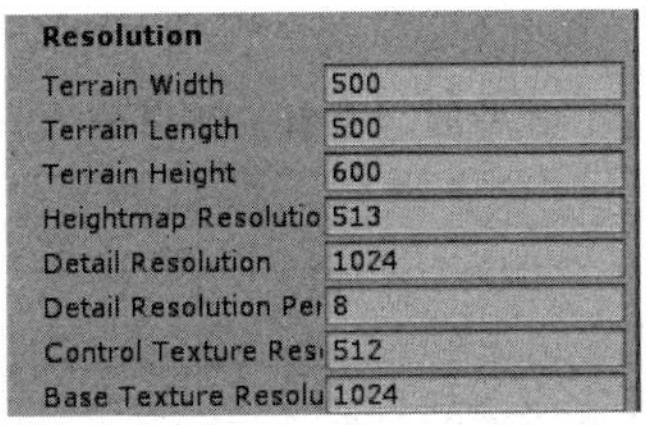

```
Resolution
Terrain Width       500
Terrain Length      500
Terrain Height      600
Heightmap Resolutio 513
Detail Resolution   1024
Detail Resolution Pe 8
Control Texture Res 512
Base Texture Resolu 1024
```

图 5.4　Resolution 属性面板

表 5.1　Resolution 属性面板的参数

参　　数	含　　义	功　　能
Terrain Width	地形宽度	全局地形总宽度
Terrain Length	地形长度	全局地形总长度
Terrain Height	地形高度	全局地形允许的最大高度
Heightmap Resolution	高度图分辨率	全局地形生成的高度图的分辨率
Detail Resolution	细节分辨率	全局地形所生成的细节贴图的分辨率
Detail Resolution Per Patch	每个子地形块的网格分辨率	全局地形中每个子地形块的网格分辨率
Control Texture Resolution	控制纹理的分辨率	把地形贴图绘制到地形上时所使用的贴图分辨率
Base Texture Resolution	基础纹理的分辨率	远处地形贴图的分辨率

5.3　使用高度图创建地形

在 Unity 3D 中编辑地形有两种方法：一种是通过地形编辑器编辑地形，另一种是通过导入一幅预先渲染好的灰度图来快速地为地形建模。地形上每个点的高度被表示为一个矩阵中的一列值。这个矩阵可以用一个被称为高度图（heightmap）的灰度图来表示。灰度图是一种使用二维图形来表示三维的高度变化的图片。近黑色的、较暗的颜色表示较低的点，接近白色的、较亮的颜色表示较高的点。通常可以用 Photoshop 或其他三维软件导出灰度图，灰度图的格式为 RAW 格式，Unity 3D 可以支持 16 位的灰度图。

Unity 提供了为地形导入、导出高度图的选项。单击 Settings tool 按钮，找到标记为 Import RAW 和 Export RAW 的按钮。这两个按钮允许从标准 RAW 格式中读出或者写入高度图，并且兼容大部分图片和地表编辑器。

➢ **实践案例：采用高度图创建地形**

案例构思

Unity 3D 中支持 RAW 格式的高度图导入，这个格式不包含诸如图像类型和大小信息的文件头，所以易被读取。RAW 格式相当于各种图片格式的"源文件"，它的转换是不可逆的。在 Photoshop 软件中可以使用滤镜功能制作高度图,本案例根据在 Photoshop 中制作好的高度图导入 Unity 3D 系统,自动生成地形。

案例设计

本案例通过 Photoshop 中制作好的高度图在 Unity 3D 中创建一个简单的地形,在地形参数列表里设置导入高度图的信息,导入的高度图地形效果如图 5.5 所示。

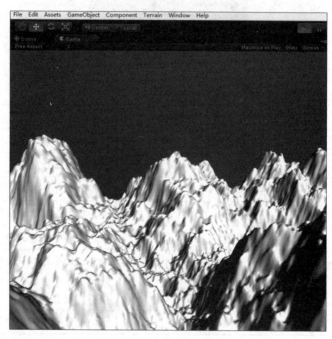

图 5.5 基于高度图创建地形

案例实施

步骤 1:创建地形。执行 GameObject→3D Object→Terrain 菜单命令。

步骤 2:在 Inspector 面板中单击 Import Raw 按钮添加地形,如图 5.6 所示。

步骤 3:设置地形参数,如图 5.7 所示,具体参数含义如表 5.2 所示。

图 5.6 地形高度图导入

图 5.7 设置导入灰度图信息

表 5.2 高度图的地形参数

参 数	含 义	功 能
Depth	深度	根据文件格式设置,可以是 8 位或 16 位
Width	宽度	设置高度图的宽
Height	高度	设置高度图的高
Byte Order	字节顺序	根据文件格式设置,可以是 Mac 或 Windows
Terrain Size	地形大小	定义地形的大小

步骤 4:创建好后,单击 Play 按钮进行测试,即可观察到基于高度图创建出来的地形效果,如图 5.5 所示。

5.4 地形编辑工具

在 Unity 3D 中,除了使用高度图来创建地形外,还可以使用笔刷绘制地形,因为 Unity 3D 为游戏开发者提供了强大的地形编辑器,通过菜单中的 GameObject→3D Object→Terrain 命令,可以为场景创建一个地形对象。初始的地表只有一个巨大的平面。Unity 3D 提供了一些工具,可以用来创建很多地表元素。游戏开发者可以通过地形编辑器来轻松实现地形以及植被的添加。地形菜单栏一共有 7 个按钮,含义分别为编辑地形高度、编辑地形特定高度、平滑过渡地形、地形贴图、添加树模型、添加草与网格模型、其他设置,如图 5.8 所示,每个按钮都可以激活相应的子菜单对地形进行操作和编辑。

图 5.8 地形编辑器

5.4.1 地形高度绘制

在地形编辑器中,前 3 个工具用来绘制地形在高度上的变化。左边第一个按钮激活 Raise/Lower Height 工具,如图 5.9 所示。当使用这个工具时,高度将随着鼠标在地形上扫过而升高;如果在一处固定鼠标,高度将逐渐增加。这类似于在图像编辑器中的喷雾器工具。如果鼠标操作时按下 Shift 键,高度将会降低。不同的刷子可以用来创建不同的效果。例如,创建丘陵地形时,可以通过 soft-edged 刷子进行高度抬升;而对于陡峭的山峰和山谷,可以使用 hard-edged 刷子进行高度削减。

左边第二个工具是 Paint Height,类似于 Raise/Lower 工具,但多了一个属性 Height,用来设置目标高度,如图 5.10 所示。当在地形对象上绘制时,此高度的上方区域会下降,下方的区域会上升。游戏开发者可以使用高度属性来手动设置高度,也可以使用在地形上 Shift+单击对鼠标位置的高度进行取样。在高度属性旁边是一个 Flatten 按钮,它简单地拉平整个地形到选定的高度,这对设置一个凸起的地平线很有用。如果要绘制的地表包含高出水平线和低于水平线的部分,例如在场景中创建高原以及添加人工元素(如道路、平台和台阶),Paint Height 都很方便。

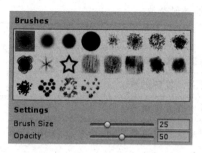
图 5.9　Raise/Lower Height/Smooth Height 工具

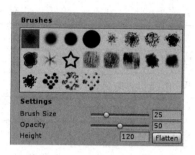
图 5.10　Paint Height 工具

左边第三个工具 Smooth Height 并不会明显地抬升或降低地形高度,但会平均化附近的区域。这缓和了地表,降低了陡峭变化,类似于图片处理中的模糊工具(blur tool)。Smooth Height 可以用于缓和地表上尖锐、粗糙的岩石。地形表面平滑工具选项设置及功能介绍如表 5.3 所示。

表 5.3　地形表面平滑工具选项

参　　数	含　　义	功　　能
Brushes	笔刷	设置笔刷的样式
Setting	设置	
Brushes Size	笔刷尺寸	设置笔刷的大小
Opacity	不透明度	设置笔刷绘制时的高度
Height	高度	设置绘制高度的数值

5.4.2　地形纹理绘制

在地形的表面上可以添加纹理图片以创造色彩和良好的细节。由于地形是如此巨大的对象,在实践中标准的做法是使用一个无空隙地(即连续地)重复的纹理,在表面上用它成片地覆盖,可以绘制不同的纹理区域以模拟不同的地面,如草地、沙漠和雪地。绘制出的纹理可以在不同的透明度下使用,这样就可以在不同地形纹理间形成渐变,效果更自然。

地形编辑器左边第四个按钮是纹理绘制工具,单击该按钮并且在菜单中执行 Add Texture 命令,可以看到一个窗口,在其中可以设置一个纹理和它的属性。添加的第一个纹理将作为背景使用而覆盖地形。如果想添加更多的纹理,可以使用刷子工具,通过设置刷子尺寸、透明度及目标强度(Target Strength)选项,实现不同纹理的贴图效果,如图 5.11 所示。地形纹理绘制工具选项如表 5.4 所示。

表 5.4　地形纹理绘制工具选项

参　　数	含　　义	功　　能
Brushs	笔刷	设置绘制地形纹理的笔刷样式
Textures	纹理	设置绘制地形纹理图片样式

续表

参　　数	含　　义	功　　能
Setting	设置	设置纹理相关参数
Brush Size	笔刷尺寸	设置绘制纹理的笔刷的大小
Opacity	不透明度	设置笔刷绘制纹理时的不透明度
Target Strength	目标强度	设置所绘制的贴图纹理产生的影响

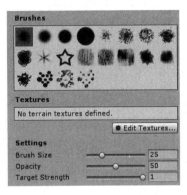

图 5.11　纹理贴图面板

5.4.3　树木绘制

Unity 3D 地形可以布置树木。可以像绘制高度图和使用纹理那样将树木绘制到地形上，但树木是固定的、从表面生长出的三维对象。Unity 3D 使用了优化（例如，对远距离树木应用广告牌效果）来保证好的渲染效果，所以一个地形可以拥有上千棵树组成的茂密森林，同时保持可接受的帧率。单击 Edit Trees 按钮并且选择 Add Tree 命令，将弹出一个窗口，从中选择一种树木资源。当一棵树被选中时，可以在地表上用绘制纹理或高度图的方式来绘制树木，按住 Shift 键可从区域中移除树木，按住 Ctrl 键则只绘制或移除当前选中的树木。树木绘制面板如图 5.12 所示。树木绘制工具选项如表 5.5 所示。

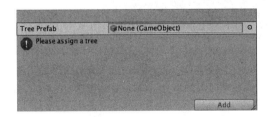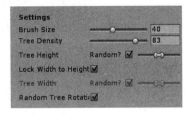

图 5.12　树木绘制面板

表 5.5　树木绘制工具选项

参　　数	含　　义	功　　能
Setting	设置	设置树木绘制相关参数
Brush Size	笔刷尺寸	设置种植树时笔刷的大小

续表

参　　数	含　　义	功　　能
Tree Density	树木密度	设置树的间距
Tree Height	树木高度	设置树的高度,勾选 Random 选项,可以出现树木高度在指定范围内随机变化的效果
Lock Width to Height	锁定树木的宽高比	锁定树木宽高比
Tree Width	树木宽度	设置树的宽度,勾选 Random 选项,可以出现树木宽度在指定范围内随机变化的效果
Random Tree Rotation	树木随机旋转	设置树木随机旋转一定的角度

5.4.4　草和其他细节

一个地形表面可以有草丛和其他小物体,比如覆盖表面的石头。草地使用二维图像进行渲染来表现草丛,而其他细节从标准网格中生成。在地形编辑器中单击 Edit Details 按钮,在出现的菜单中将看到 Add Grass Texture 和 Add Detail Mesh 选项,选择 Add Grass Texture,在出现的窗口中选择合适的草资源,如图 5.13 所示。草绘制工具选项如表 5.6 所示。

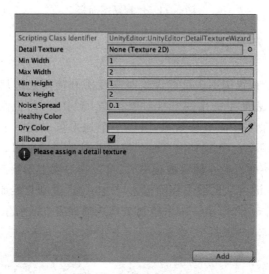

图 5.13　草绘制面板

表 5.6　草绘制工具选项

参　　数	含　　义	功　　能
Detail Texture	细节纹理	指定图片作为草的纹理
Min Width	最小宽度	设置草的最小宽度值
Max Width	最大宽度	设置草的最大宽度值
Min Height	最小高度	设置草的最小高度值
Max Height	最大高度	设置草的最大高度值

续表

参　数	含　义	功　能
Noise Spread	噪波范围	控制草产生簇的大小
Healthy Color	健康颜色	设置草的健康颜色,此颜色在噪波中心处较为明显
Dry Color	干燥颜色	设置草的干燥颜色,此颜色在噪波中心处较为明显
Billboard	广告牌	草将随着摄像机同步转动,永远面向摄像机

5.4.5 地形设置

单击地形编辑器最右边的按钮可以打开地形设置面板,如图 5.14 所示。该面板用于设置地形参数,如表 5.7 至表 5.9 所示。

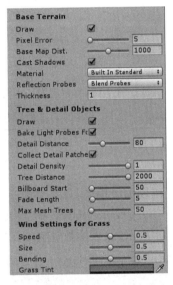

图 5.14 地形设置面板

表 5.7 基本地形参数

参　数	含　义	功　能
Draw	绘制	绘制地形
Pixel Error	像素容差	显示地形网格时允许的像素容差
Base Map Dist.	基本地图距离	设置地形高度的分辨率
Cast Shadows	投影	设置地形是否有投影
Material	材质	为地形添加材质

表 5.8 树和细节参数

参　数	含　义	功　能
Draw	绘制	设置是否渲染除地形以外的对象
Detail Distance	细节距离	设置摄像机停止对细节渲染的距离
Detail Density	细节密度	设置细节密度
Tree Distance	树木距离	设置摄像机停止对树进行渲染的距离
Billboard Start	开始广告牌	设置摄像机将树渲染为广告牌的距离
Fade Length	渐变距离	控制所有树的总量上限
Max Mesh Trees	网格渲染树木最大数量	设置使用网格形式进行渲染的树木最大数量

表 5.9 风参数

参　数	含　义	功　能
Speed	速度	风吹过草地的速度
Size	大小	同一时间受到风影响的草的数量
Bending	弯曲	设置草跟随风弯曲的强度
Grass Tint	草的色调	设置地形上的所有草和细节网格的总体渲染颜色

5.4.6 风域

地形中的草丛在运行测试时可以随风摆动,如果要实现树木的枝叶如同现实中一样随风摇摆的效果,就需要加入风域。执行 GameObject→3D Object→Wind Zone 菜单命令,创建一个风域,风域的参数如图 5.15 所示,风域参数如表 5.10 所示。

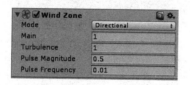

图 5.15 风域

表 5.10 风域参数

参　数	含　义	功　能
Mode	风域模式	设置风域模式：Directional 模式下整个场景中的树木都受影响,Spherical 模式下只影响球体包裹范围内的树木
Main	主风	设置主要风力,产生风压柔和变化
Turbulence	湍流	设置湍流风,产生一个瞬息万变的风压
Pulse Magnitude	波动幅度	定义风力随时间的变化
Pulse Frequency	波动频率	定义风向改变的频率

风域不仅能实现风吹树木的效果,还能模拟爆炸时树木受到波及的效果。需要注意的

是,风域只能作用于树木,对其他游戏对象没有效果。场景中不同模式下的风域参数设置如表 5.11 所示。

表 5.11　不同模式下的风域参数设置

实现的效果	参　　数			
	Main	Turbulence	Pulse Magnitude	Pulse Frequency
轻风吹效果	1	0.1	1.0 或以上	0.25
强气流效果	3	5	0.1	1.0

5.5　环境特效

一般情况下,要在游戏场景中添加雾特效和水特效较为困难,因为需要开发人员懂得着色器语言且能够熟练地使用它进行编程。Unity 3D 游戏开发引擎为了能够简单地还原真实世界中的场景,其中内置了雾特效并在标准资源包中添加了多种水特效,开发人员可以轻松地将其添加到场景中。需要注意的是,由于 Unity 5.0 以上版本在默认情况下都没有自带的天空盒,只有包,所以当需要使用天空盒资源时,需要人工导入天空盒资源包。

5.5.1　水特效

在 Project 面板中右击,执行 Import Package→Environment 命令导入环境包,在打开的窗口中选中 Water 文件夹即可,然后单击 Import 按钮导入,如图 5.16 所示。

图 5.16　导入水特效

导入完成后,找到 Water 文件夹下的 Prefab 文件夹,其中包含两种水特效的预制件,可将其直接拖曳到场景中,这两种水特效功能较为丰富,能够实现反射和折射效果,并且可以对其波浪大小、反射扭曲等参数进行修改,如图 5.17 所示。Water(Basic)文件夹下也包含两种基本水的预制件,如图 5.18 所示。基本水功能较为单一,没有反射、折射等功能,仅可以对水波纹大小与颜色进行设置，由于其功能简单，所以这两种水所消耗的计算资源很小，更适合移动平台的开发。

图 5.17　水特效设置面板

图 5.18　基本水结构目录

5.5.2　雾特效

Unity 3D 集成开发环境中的雾有 3 种模式，分别为 Linear（线性模式）、Exponential（指数模式）和 Exponential Squared（指数平方模式），如图 5.19 所示。这 3 种模式的不同之处在于雾效的衰减方式。场景中雾效开启的方式是，执行菜单栏 Window→Lighting 命令打开 Lighting 窗口，在窗口中选中 Fog 复选框，然后在其设置面板中设置雾的模式以及雾的颜色。开启雾效通常用于优化性能，开启雾效后选出的物体被遮挡，此时便可选择不渲染距离摄像机较远的物体。这种性能优化方案需要配合摄像机对象的远裁切面设置。通常先调整雾效，得到正确的视觉效果，然后调小摄像机的远裁切面，使场景中距离摄像机较远的游戏对象在雾效变淡前被裁切掉。雾效参数含义如表 5.12 所示。

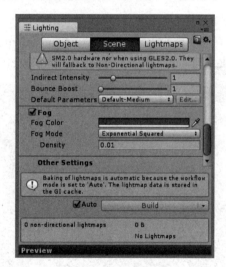

图 5.19　雾效设置面板

表 5.12　雾效参数

参　数	含　义
Fog Color	雾的颜色
Fog Mode	雾效模式
Density	雾效浓度，取值为 0~1

5.5.3 天空盒

Unity 3D 中的天空盒实际上是一种使用了特殊类型 Shader 的材质,这种类型的材质可以笼罩在整个场景之外,并根据材质中指定的纹理模拟出类似远景、天空等效果,使游戏场景看起来更加完整。目前 Unity 3D 中提供了两种天空盒供开发人员使用,其中包括六面天空盒和系统天空盒。这两种天空盒都会将游戏场景包含在其中,用来显示远处的天空、山峦等。为了在场景中添加天空盒,在 Unity 3D 软件界面中,执行菜单 Window→Lighting 命令,可以打开渲染设置窗口,如图 5.20 所示。单击 Scene 页面 Environment Lighting 模块 Skybox 后面的选项设置按钮 ⊙,出现材质选择对话框,双击即可选择不同材质的天空盒,如图 5.21 所示。

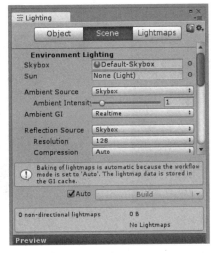

图 5.20 渲染菜单的选择

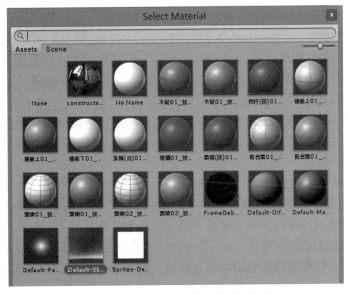

图 5.21 设置天空盒效果

➤ 综合案例：3D 游戏场景设计

案例构思

在 Unity 3D 设置中最重要的部分就是游戏场景设计，3D 游戏场景设计的主要内容包括游戏场景的规划、地形设计、山脉设计、河流山谷设计、森林设计等。针对不同的游戏采用不同的策略，根据游戏的每一个故事情节设计游戏的每个游戏场景以及场景内的各种物体造型。本案例旨在通过 3D 游戏场景设计将 Unity 3D 引擎中地形资源整合利用，开发出完整的游戏场景。

案例设计

本案例在 Unity 内创建一个 3D 游戏场景，场景内包括 Unity 3D 提供的各种地形资源，如树木、山地、草原、风域、地形纹理、水以及天空等，效果如图 5.22 和图 5.23 所示。

图 5.22　游戏场景效果图 1

图 5.23　游戏场景效果图 2

案例实施

步骤 1：选择资源加载到项目中。打开 Unity 3D，执行 Create→New Project 命令，在 Project Location 中输入创建项目的文件夹地址，或者单击后面的 Browse 按钮，然后在 Import the following packages：中选择要导入的项目文件包，每个文件包都带有一些插件功能。如果将所有的复选框都选中，会使得 Unity 3D 在开始加载的时候速度很慢，所以大多数情况下，在创建 Unity 3D 项目文件的时候，只选择需要用到的包就可以了，在这里选择 Environment 选项，如图 5.24 所示。

步骤 2：创建项目。全部设置好之后，单击 Create 按钮创建项目。此时 Unity 3D 开始加载资源，屏幕上显示加载进度条，需要耐心等待一会儿。在创建一个新项目之后，新项目的各个面板中只有 Project（项目文件栏）包含了两个文件夹，这两个文件夹里面是之前导入的项目文件包里的所有文件，如图 5.25 所示。

步骤 3：创建地形。新建项目后，在主菜单中执行 GameObject→3D Object→Terrain 选项，此时就可以看到屏幕的正中央已经出现了一个平整的片状 3D 图形，如图 5.26 所示。

步骤 4：设置地形信息。单击 Terrain 中的 Set Resolution 按钮，选择设置地形大小、高度等相关信息（在每一个地形参数的右侧直接输入数值即可修改它），地形参数包括地形的高度、长度、宽度、分辨率和高度图等，如图 5.27 所示。

图 5.24 勾选载入资源

图 5.25 资源加载存放在 Assets 中

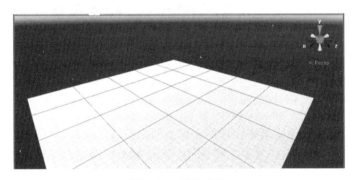
图 5.26 默认地形

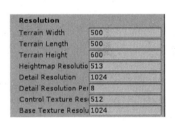
图 5.27 设置地形参数

步骤 5：更改地形属性。在场景面板中选中刚才创建的地面对象 Terrain，也可以在 Hierarchy 视图中选中 Terrain。然后，在 Inspector 属性面板中会马上发现与之对应的属性，包含 Position(坐标)、Rotation(旋转量)、Scale(缩放尺寸)以及地面对象固有的 Terrain (Script) 和 Terrain Collider，如图 5.28 所示。

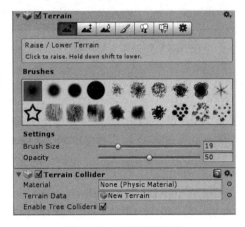
图 5.28 地形属性面板

步骤 6：绘制凸起地形。通过设置地形参数就可以对地形上的地貌进行编辑，单击平整的地形，之后在右侧的 Inspector 中的 Terrain(Script)中就可以对地貌进行编辑，在图 5.29 中可以看到，左边 3 个按钮——Raise/Lower Terrain（提高和降低高度）、Paint Target Height（绘制目标高度）以及 Smooth Height（平滑高度）可以用来修改地形的大体形状。游戏开发中主要使用属性面板中的前 3 个按钮来设置地形起伏。

步骤 7：笔刷调节。在设计山脉的过程中可能涉及不同高度、不同大小以及不同形态的高山，Unity 3D 提供了各种不同类型的笔刷，如图 5.30 所示。在每一种笔刷的下方也可以对笔刷的大小等属性进行调节。其中，笔刷面积的大小决定了笔刷所能够覆盖的区域，小的数字将会绘制较小的地形，大的数字（最大 100）将绘制较大的地形。透明度决定了笔刷绘制的地形的透明程度。

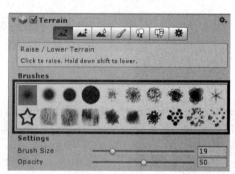

图 5.29　地形编辑器　　　　　　　　　图 5.30　笔刷类型

选择笔刷后，就可以在 Scene 视图中使用笔刷在地形上刷出凹陷与凸起效果，使用不同笔刷绘制的效果图如图 5.31 所示。（注：选择笔刷工具，按住 Shift 键加鼠标左键是降低地形高度。）

图 5.31　不同笔刷刷出的地形效果

步骤 8：第一种笔刷。在首选项中可以对地形进行山脉的设计，单击此按钮，激活提高和降低地形高度的工具，在 Scene 视图中，如果在地形上移动鼠标，会有一个蓝色的圆圈，这是笔刷的作用区域。在设计的过程中可能涉及不同高度、不同大小、不同形态的高山以及凸起。下面的各类笔刷功能将会很简单地实现这一不同的需求,同时在 Brushes 下方可以对笔刷的大小等属性进行调节,如图 5.32 所示。

步骤9：第二种笔刷。地形编辑器中的第二个按钮可以对地形高度进行设计,此时可以打开设置地形特定高度页面,如图 5.33 所示,其中的 Height 参数用于设置地形的最大高度（注意：此时用 Height 而不是 Opacity 设置最大高度）,地形设置效果如图 5.34 所示。

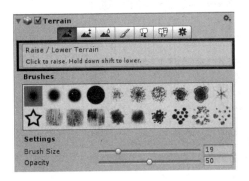

图 5.32　编辑地形高度

图 5.33　地形编辑器的第二个按钮

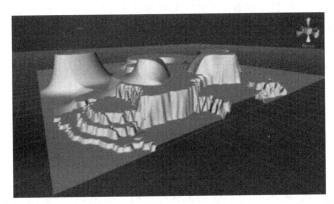

图 5.34　地形高度设计的效果图

步骤10：第三种笔刷。地形编辑器中的第三个按钮是平滑过渡地形工具。选择一个合适画笔,如图 5.35 所示。在 Scene 视图中拖动鼠标即可平滑过渡地形,可以对已经设计好的,看起来嶙峋的山脉地形进行平滑过渡处理,更加符合山脉的特征,如图 5.36 和图 5.37 所示。

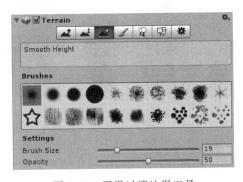

图 5.35　平滑过渡地形工具

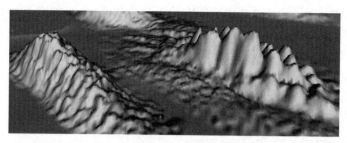

图 5.36 平滑前

图 5.37 平滑后

从图 5.36 和图 5.37 中可以看出,平滑的效果还是相当明显的,在进行了前 3 个选项的编辑之后,初始的地貌已经出现了,接下来就进行地貌材质贴图并布置一定量的花草树木。

步骤 11:凹陷地形的制作。想要制作凹陷地形,首先需要在 Paint Height 工具中抬高地形,单击 Paint Height 工具,选择 Height(Flatten),如图 5.38 所示。

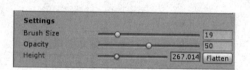

图 5.38 设置地形高度

此时,按住 Shift 键,使用前 3 个地形工具即可刷出凹陷地形,如图 5.39 所示。

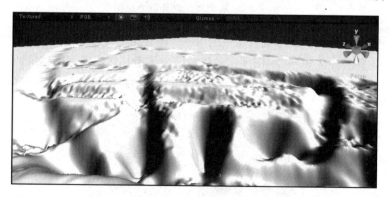

图 5.39 绘制凹陷地形

步骤 12:对地形进行相关材质的贴图。到目前为止,地形已经建好了,但是十分粗糙,默认的地形贴图是灰色的,接下来给地形添加贴图,让地形看起来更为美观。Unity 3D 提供了很多地形贴图,如果在之前创建项目时没有导入资源,此时可以在 Project 视图中右击,执行 Import Package→Environment 命令将环境资源导入项目。最后，为地形添加导入的地形贴图，单击地形贴图按钮(从左数第 4 个按钮)，在界面右下角点击 Edit Textures 中的 add Texture 选项，具体参数如表 5.13 所示。

表 5.13 地形贴图参数

参 数	功 能
Add Texture	添加地形贴图
Edit Texture	编辑地形贴图
Remove Texture	删除地形贴图

选择 Add Texture，此时弹出 Add Terrain Texture 界面，选择 Select 选项，将预先载入的纹理作为地形贴图纹理，然后单击 Add 按钮，右侧的 Inspector 属性面板选择就会出现材质的缩略图，如图 5.40 和图 5.41 所示，贴图后地形就会被纹理自动全部覆盖，如图 5.42 所示。

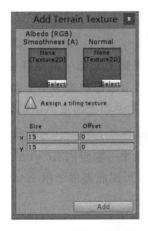 

图 5.40 选择地形贴图　　　　　图 5.41 添加地形贴图

图 5.42 贴图后的效果

为了模拟更加真实的效果，在场景中可以选择继续添加纹理图片，此时可以选择不同的笔刷对场景中不同的地点进行纹理变换，如图 5.43 所示。

图 5.43　设置不同贴图

步骤 13：添加树木。在地形编辑器中单击第五个按钮，执行 Edit→Remove tree types →Add tree 命令，即可完成树木的添加，如图 5.44 所示，具体参数如表 5.14 所示。

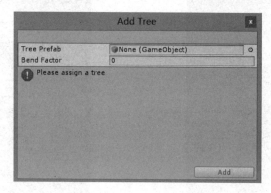

图 5.44　添加树木模型界面

表 5.14　树木参数

参　　数	功　　能
Add Tree	添加树模型
Edit Tree	编辑树模型
Remove Tree	删除树模型

根据地形环境特点，选择合适的树木种类，单击 Add 按钮完成添加，右侧的 Inspector 面板中会出现所选树的图形，同时在下方的 Settings 中也会有关于树模型属性的设置，例如笔刷大小、树的密度、树的高度、树的随机颜色变化等，如图 5.45 所示。在这里就可以以笔刷形式把树"画"在地形上，如图 5.46 所示。

步骤 14：加入一些花草以及岩石。草和岩石的添加方法与树木非常相似，如图 5.47 所示，具体参数如表 5.15 所示。首先在地形编辑器中选择第六个按钮（添加草与网格模型）可以设置草的最大高度、草的最小高度、密度以及间隔颜色等。

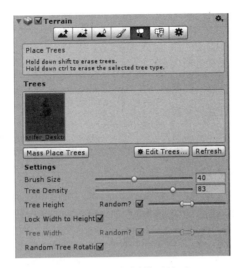

图 5.45 添加树模型界面

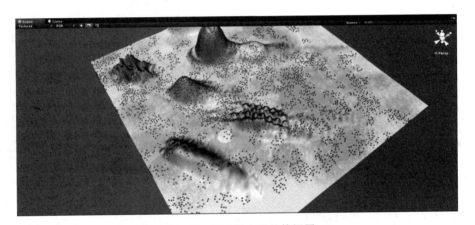

图 5.46 放置树木后的俯视图

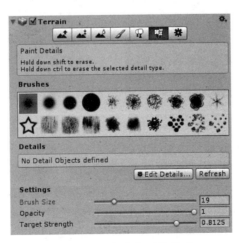

图 5.47 添加草与网格模型

表 5.15 草与网格模型参数

参　　数	功　　能	参　　数	功　　能
Brush Size	设置笔刷大小	Add Detail Mesh	添加自定义网格模型
Opacity	设置绘制高度	Edit	编辑现有模型
Target Strength	设置绘制密度	Remove	删除模型
Add Grass Texture	添加草的贴图		

选择 Edit→Remove Detail meshes 中的 Add Grass Texture 选项，就可以弹出添加草的对话框，如图 5.48 所示。单击 Add 按钮之后右侧 Inspector 面板中的 Details 就会出现 Grass 选项，在 Brush 中选择合适的笔刷类型，在地形中就可以画出草地。

步骤 15：其他设置，如图 5.49 所示。

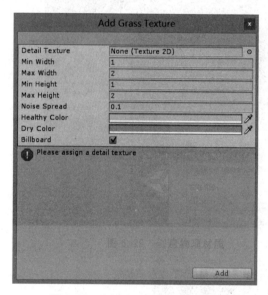
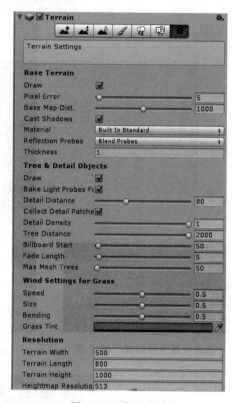

图 5.48　Add Grass Texture 页面　　　　图 5.49　设置选项

做到这一步，一个简单的地形已经建立起来了，现在模型还是略显单调，为了让地形更加丰富一点，加一个湖也是很重要的，接下来在场景中添加些水资源。

步骤 16：水的添加。在 Unity 3D 中已经内嵌了水的资源包，所以首先要找到水的资源包。在 Project 文件夹里找到 Water 文件夹，具体路径为 Assets/Standard Assets/water (pro only/basic/Water/Water4/Water4Example(Advanced))。有两种添加水资源的方式，第一种方法是直接将 Water4Example(Advanced) 文件拖入 Scene 场景中，第二种方法是将水资源拖曳到 Hierarchy 视图中，在 Hierarchy 视图中就可以看到 Water4Example

（Advanced），单击就可以找到 Scene 中的水模型，运用快捷键 W（移动）和 R（缩放）在场景中正确地放置水，如图 5.50 所示。

图 5.50　将水资源拖曳到场景中

步骤 17：为场景添加光影效果。为了让场景更加逼真，还可以为场景添加光照阴影效果。具体的做法如下：选中光照对象 Directional light，在它的属性面板中找到 Shadow Type（阴影模式），默认的是 No Shadows（没有阴影），可以将它改成 Soft Shadows（软渲染阴影）或 Hard Shadows（硬件渲染阴影）。Soft Shadows 以消耗 CPU 的计算为代价来产生阴影效果，这种模式运行速度较慢，但对于机器配置比较落后的使用者是唯一的选择。Hard Shadows 可利用新一代 GPU 的显卡加速功能进行阴影效果的渲染处理，其运行速度比较快，渲染效果也比较理想。无论选择哪一个选项，动画场景的物体都会相对于阳光产生阴影效果。

步骤 18：单击 Play 按钮测试场景，如图 5.51 所示。

图 5.51　地形测试效果

步骤 19：第一人称漫游操作。到现在为止，游戏场景布置工作已经基本完成了，接下来需要设计并创建独特的角色来充满世界，这样玩家可以控制一个真实的角色，玩家角色是玩家用和游戏进行交互的化身，增加了游戏的趣味性。通常角色会分为 3 类：第一人称、第三人称和隐含角色。Unity 3D 支持这些类型，在 Unity 3D 中，角色是通过 Character Controller 定义的。为场景中添加第一人称角色非常简单，摄像机就像角色的眼睛一样在世界中漫游。

（1）确定建立项目时已载入 Character Controller 资源，如果在创建项目时没有载入资源，执行 Assets→Import Package→Characters 命令即可。

（2）出现如下对话框，单击 Import 按钮，如图 5.52 所示。

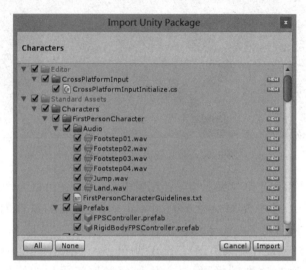

图 5.52　选择载入的资源

（3）在资源面板中搜索 FPSController，在搜索导航栏中输入 f，此时可以在资源面板中看见预置的 First Person Controller。

（4）将 Project 面板中的 FPSController 拖到 Scene 视图中（FPSController 要高于地面）。

（5）FPSController 自带摄像机，此时可以将场景中的主摄像机（Main Camera）删除。

步骤 20：单击 Play 按钮，测试效果。可以在平面上通过 W、A、S、D 键以及上下左右方向键控制前进、后退、左右旋转、鼠标也可以通过旋转确定移动方向。接下来，将第一人称视角应用到已经建立好的游戏场景中，实现第一人称漫游，效果如图 5.53 和图 5.54 所示。

图 5.53　第一人称视角在场景中漫游的效果 1

图 5.54　第一人称视角在场景中漫游的效果 2

可以看到整个地形已经被包含在一个完整的天空盒子之中,到此整个场景已经完成,如图 5.55 和图 5.56 所示。

图 5.55　完成后的地形场景

图 5.56　近距离地形效果

5.6　本章小结

本章主要对 Unity 3D 地形系统的创建方式、相关参数设定和绘制步骤做了简单介绍,阐述了目前 Unity 3D 在游戏开发方面常用的游戏地形制作元素,最后通过一个实践案例将 Unity 3D 地形元素融为一体,制作了一个完整的三维游戏场景。

5.7　习题

1．设计并实现一个具有山脉、沟壑以及树林的地形。
2．树木和花草的布置是否使用的是同一个地形工具?
3．制作一张高度图,将其导入 Unity 3D 游戏引擎中,利用该高度图制作出凹凸不平的地形。
4．简述 Terrain 组件工具栏中 Raise/Lower Terrain 按钮和 Paint Height 按钮的区别。
5．Unity 3D 中添加环境特效的方法是什么?

第 6 章

物理引擎

早期的游戏并没有强调物理引擎的应用,当时无论是哪一种游戏,都是用极为简单的计算方式做出相应的运算就算完成物理表现,如超级玛丽和音速小子等游戏,较为常见的物理处理是在跳跃之后再次落到地上,并没有特别注重物理表现效果。

当游戏进入三维时代后,物理表现效果的技术演变开始加速,三维呈现方式拓宽了游戏的种类与可能性,越来越好的物理表现效果需求在短时间内大幅提升。如何制作出逼真的物理互动效果,而又不需要花费大量时间去撰写物理公式,是物理引擎重点要解决的问题。

在 Unity 3D 内的 Physics Engine 引擎设计中,使用硬件加速的物理处理器 PhysX 专门负责物理方面的运算。因此,Unity 3D 的物理引擎速度较快,还可以减轻 CPU 的负担,现在很多游戏及开发引擎都选择 Physics Engine 来处理物理部分。

6.1 物理引擎概述

在 Unity 3D 中,物理引擎是游戏设计中最为重要的步骤,主要包含刚体、碰撞、物理材质以及关节运动等。

游戏中物理引擎的作用是模拟当有外力作用到对象上时对象间的相互影响,比如赛车游戏中,驾驶员驾驶赛车和墙体发生碰撞,进而出现被反弹的效果。物理引擎在这里用来模拟真实的碰撞后效果。通过物理引擎,实现这些物体之间相互影响的效果是相当简单的。

6.2 刚体

Unity 3D 中的 Rigidbody(刚体)可以为游戏对象赋予物理属性,使游戏对象在物理系统的控制下接受推力与扭力,从而实现现实世界中的运动效果。在游戏制作过程中,只有为游戏对象添加了刚体组件,才能使其受到重力影响。

刚体是物理引擎中最基本的组件。在物理学中,刚体是一个理想模型。通常把在外力作用下,物体的形状和大小(尺寸)保持不变,而且内部各部分相对位置保持恒定(没有形变)的理想物理模型称为刚体。在一个物理引擎中,刚体是非常重要的组件,通过刚体组件可以给物体添加一些常见的物理属性,如质量、摩擦力、碰撞参数等。通过这些属性可以模拟该物体在 3D 世界内的一切虚拟行为,当物体添加了刚体组件后,它将感应物理引擎中的一切物理效果。Unity 3D 提供了多个实现接口,开发者可以通过更改这些参数来控制物体的各种物理状态。刚体在各种物理状态影响下运动,刚体的属性包含 Mass(质量)、Drag(阻力)、

Angular Drag(角阻力)、Use Gravity(是否使用重力)、Is Kinematic(是否受物理影响)、Collision Detection(碰撞检测)等。

6.2.1 刚体添加方法

如图 6.1 所示,在 Unity 3D 中创建并选择一个游戏对象,执行菜单栏中的 Component→Physics→Rigidbody 命令为游戏对象添加刚体组件。

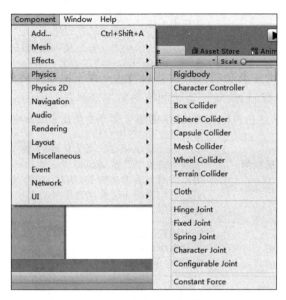

图 6.1 添加刚体组件

6.2.2 刚体选项设置

如图 6.2 所示,游戏对象一旦被赋予刚体属性后,其 Inspector 属性面板会显示相应的属性参数与功能选项,具体内容如表 6.1 所示。

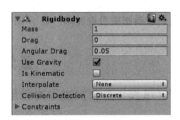

图 6.2 刚体组件参数设置

表 6.1 刚体组件参数

参 数	含 义	功 能
Mass	质量	物体的质量(任意单位)。建议一个物体的质量不要与其他物体相差 100 倍
Drag	阻力	当受力移动时物体受到的空气阻力。0 表示没有空气阻力,极大时使物体立即停止运动

续表

参　数	含　义	功　能
Angular Drag	角阻力	当受扭力旋转时物体受到的空气阻力。0表示没有空气阻力，极大时使物体立即停止旋转
Use Gravity	使用重力	该物体是否受重力影响，若激活，则物体受重力影响
Is Kinematic	是否是运动学	游戏对象是否遵循运动学物理定律，若激活，该物体不再受物理引擎驱动，而只能通过变换来操作。适用于模拟运动的平台或者模拟由铰链关节连接的刚体
Interpolate	插值	物体运动插值模式。当发现刚体运动时抖动，可以尝试下面的选项：None(无)，不应用插值；Interpolate(内插值)，基于上一帧变换来平滑本帧变换；Extrapolate(外插值)，基于下一帧变换来平滑本帧变换
Collision Detection	碰撞检测	碰撞检测模式。用于避免高速物体穿过其他物体却未触发碰撞。碰撞模式包括Discrete(不连续)、Continuous(连续)、Continuous Dynamic(动态连续)3种。其中，Discrete模式用来检测与场景中其他碰撞器或其他物体的碰撞；Continuous模式用来检测与动态碰撞器(刚体)的碰撞；Continuous Dynamic模式用来检测与连续模式和连续动态模式的物体的碰撞，适用于高速物体
Constraints	约束	对刚体运动的约束。其中，Freeze Position(冻结位置)表示刚体在世界中沿所选X、Y、Z轴的移动将无效，Freeze Rotation(冻结旋转)表示刚体在世界中沿所选的X、Y、Z轴的旋转将无效

> **实践案例：刚体测试**

案例构思

刚体使物体像现实方式一样运动，任何物体想要受重力影响，都必须包含一个刚体组件。利用刚体类游戏组件，遵循万有引力定律，在重力作用下，物体会自由落下。刚体组件还会影响到物体发生碰撞时产生的效果，使物体的运动遵循惯性定律，使其发生碰撞时在运动冲量作用下产生速度。本案例旨在利用刚体测试重力效果以及碰撞后的交互效果。

案例设计

本案例在Unity 3D内创建一个简单的三维场景，场景内放有Cube和Plane，Plane用于充当地面，Cube用于刚体重力测试，然后通过Ctrl+D键再复制出两个Cube以测试刚体间相互碰撞的效果，如图6.3所示。

图6.3　刚体碰撞测试效果

案例实施

步骤1:新建项目,将场景命名为Rigidbody。

步骤2:创建游戏对象。执行GameObject→3D Object→Plane命令,此时在Scene视图中出现了一个平面,在右侧的Inspector面板中设置平面位置(0,0,-5),如图6.4所示。

步骤3:创建游戏对象。在菜单栏中执行GameObject→Create Other→Cube命令,在右侧的Inspector面板中设置立方体的位置(0,5,0),按F2键可将其重新命名,如图6.5所示。

图6.4 创建平面

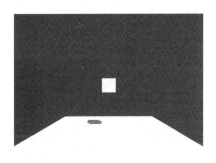

图6.5 创建立方体

步骤4:美化场景。采用纹理贴图的方法将地面和立方体都贴上纹理。首先,将资源图片放置在项目的根目录Assets下,Unity 3D会自动加载资源。然后分别选中立方体和平面,将对应的资源图片分别拖到立方体和平面上即可,效果如图6.6所示。

步骤5:为立方体添加刚体属性。选中立方体,然后执行菜单栏中的Component→Physics→Rigidbody命令,当右侧的Inspector面板中出现了Rigidbody属性面板时,即为立方体添加了刚体属性,如图6.7所示。

图6.6 添加材质后的效果 　　图6.7 刚体属性面板

步骤6:单击Play按钮进行测试,发现置于半空中的立方体由于受到重力作用做自由落体运动,掉落到平面上,效果如图6.8和图6.9所示。

步骤7:复制游戏对象。在Hierarchy视图中,选中Cube1后按Ctrl+D键复制立方体Cube2并将其摆放于场景中,在Inspector面板中设置新复制的立方体的位置属性(0.4,0.5,0),按此方法再复制一个立方体Cube3斜放于Cube2上,设置Cube3的位置为(0,1.5,0)。

步骤8:执行菜单栏的Component→Physics→Rigidbody命令为每一个立方体添加刚体属性。

图 6.8　自由落体运动前的效果

图 6.9　自由落体运动后的效果

步骤 9：单击 Play 按钮测试一下，发现最上方立方体进行自由落体运动，撞击到地面，盒子发生倒塌，效果如图 6.10 和图 6.11 所示。

图 6.10　测试前的效果

图 6.11　测试后的效果

步骤 10：创建 JavaScript 脚本文件，输入下列代码：

```
var speed=10;
function OnMouseDrag(){
    transform.position +=Vector3.right * Time.deltaTime * Input.GetAxis("Mouse X") * speed;
    transform.position +=Vector3.up * Time.deltaTime * Input.GetAxis("Mouse Y") * speed;
}
```

步骤 11：将脚本分别连接到 3 个立方体上。
步骤 12：单击 Play 按钮测试，效果如图 6.12 和图 6.13 所示。

图 6.12　刚体拖曳效果 1

图 6.13　刚体拖曳效果 2

6.3 碰撞体

在游戏制作过程中,游戏对象要根据游戏的需要进行物理属性的交互。因此,Unity 3D 的物理组件为游戏开发者提供了碰撞体组件。碰撞体是物理组件的一类,它与刚体一起促使碰撞发生。碰撞体是简单形状,如方块、球形或者胶囊形,在 Unity 3D 中每当一个 GameObjects 被创建时,它会自动分配一个合适的碰撞器。一个立方体会得到一个 Box Collider(立方体碰撞体),一个球体会得到一个 Sphere Collider(球体碰撞体),一个胶囊体会得到一个 Capsule Collider(胶囊体碰撞体)等。

6.3.1 碰撞体添加方法

在 Unity 3D 的物理组件使用过程中,碰撞体需要与刚体一起添加到游戏对象上才能触发碰撞。值得注意的是,刚体一定要绑定在被碰撞的对象上才能产生碰撞效果,而碰撞体则不一定要绑定刚体。碰撞体的添加方法是:首先选中游戏对象,执行菜单栏中的 Component→Physics 命令,此时可以为游戏对象添加不同类型的碰撞体,如图 6.14 所示。

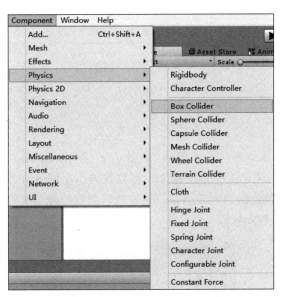

图 6.14　添加碰撞体

6.3.2 碰撞体选项设置

Unity 3D 为游戏开发者提供了多种类型的碰撞体资源,如图 6.15 所示。当游戏对象中的 Rigidbody 碰撞体组件被添加后,其属性面板中会显示相应的属性设置选项,每种碰撞体的资源类型稍有不同,具体如下。

1. Box Collider

Box Collider 是最基本的碰撞体,Box Collider 是一个立方体外形的基本碰撞体,一般游戏对象往往具有 Box Collider 属性，如墙壁、门、墙以及平台等，也可以用于布娃娃的角色躯干或者汽车等交通工具的外壳，当然最适合用在盒子或是箱子上。图 6.16 所示是 Box Collider，游戏对象一旦添加了 Box Collider 属性，则在 Inspector 面板中就会出现对应的 Box Collider 属性参数设置，具体参数如表 6.2 所示。

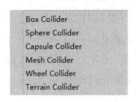

图 6.15 碰撞体资源类型

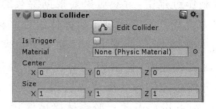

图 6.16 Box Collider 参数设置

表 6.2 Box Collider 组件参数

参　数	含　义	功　能
Is Trigger	触发器	勾选该项，则该碰撞体可用于触发事件，并将被物理引擎所忽略
Material	材质	为碰撞体设置不同类型的材质
Center	中心	碰撞体在对象局部坐标中的位置
Size	大小	碰撞体在 X、Y、Z 方向上的大小

如果 Is Trigger 选项被勾选，该对象一旦发生碰撞动作，则会产生 3 个碰撞信息并发送给脚本参数，分别是 OnTriggerEnter、OnTriggerExit、OnTriggerStay。Physics Material 定义了物理材质，包括冰、金属、塑料、木头等。

2. Sphere Collider

Sphere Collider 是球体形状的碰撞体，如图 6.17 所示，Sphere Collider 是一个基于球体的基本碰撞体，Sphere Collider 的三维大小可以按同一比例调节，但不能单独调节某个坐标轴方向的大小，具体参数如表 6.3 所示。当游戏对象的物理形状是球体时，则使用球体碰撞体，如落石、乒乓球等游戏对象。

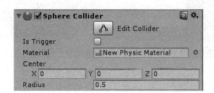

图 6.17 Sphere Collider 参数设置

表 6.3 Sphere Collider 组件参数

参　数	含　义	功　能
Is Trigger	触发器	勾选该项，则该碰撞体可用于触发事件，并将被物理引擎所忽略
Material	材质	用于为碰撞体设置不同的材质
Center	中心	设置碰撞体在对象局部坐标中的位置
Radius	半径	设置球形碰撞体的大小

3. Capsule Collider

Capsule Collider 由一个圆柱体盒两个半球组合而成,Capsule Collider 的半径和高度都可以单独调节,可用在角色控制器或与其他不规则形状的碰撞结合来使用,通常添加至 Character 或 NPC 等对象的碰撞属性,如图 6.18 所示,具体参数如表 6.4 所示。

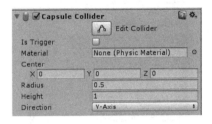

图 6.18 Capsule Collider 参数设置

表 6.4 Capsule Collider 组件参数

选项英文名称	选项中文名称	功 能 详 解
Is Trigger	触发器	勾选该项,则该碰撞体可用于触发事件,并将被物理引擎所忽略
Material	材质	用于为碰撞体设置不同的材质
Center	中心	设置碰撞体在对象局部坐标中的位置
Radius	半径	设置碰撞体的大小
Height	高度	控制碰撞体中圆柱的高度
Direction	方向	设置在对象的局部坐标中胶囊体的纵向所对应的坐标轴,默认是 Y 轴

4. Mesh Collider

Mesh Collider(网格碰撞体)根据 Mesh 形状产生碰撞体,比起 Box Collider、Sphere Collider 和 Capsule Collider,Mesh Collider 更加精确,但会占用更多的系统资源。专门用于复杂网格所生成的模型,如图 6.19 所示,具体参数如表 6.5 所示。

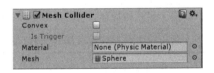

图 6.19 Mesh Collider 参数设置

表 6.5 Mesh Collider 组件参数

参　数	含　义	功　能
Convex	凸起	勾选该项,则 Mesh Collider 将会与其他的 Mesh Collider 发生碰撞
Material	材质	用于为碰撞体设置不同的材质
Mesh	网格	获取游戏对象的网格并将其作为碰撞体

5. Wheel Collider

Wheel Collider(车轮碰撞体)是一种针对地面车辆的特殊碰撞体,自带碰撞侦测、轮胎物理现象和轮胎模型,专门用于处理轮胎,如图 6.20 所示,具体参数如表 6.6 所示。

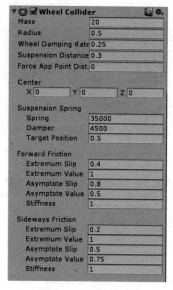

图 6.20 Wheel Collider 参数设置

表 6.6 Wheel Collider 组件参数

参 数	含 义	功 能
Mass	质量	用于设置 Wheel Collider 的质量
Radius	半径	用于设置碰撞体的半径大小
Wheel Damping Rate	车轮减震率	用于设置碰撞体的减震率
Suspension Distance	悬挂距离	该项用于设置碰撞体悬挂的最大伸长距离,按照局部坐标来计算,悬挂总是通过其局部坐标的 Y 轴延伸向下
Center	中心	用于设置碰撞体在对象局部坐标的中心
Suspension Spring	悬挂弹簧	用于设置碰撞体通过添加弹簧和阻尼外力使得悬挂达到目标位置
Forward Friction	向前摩擦力	当轮胎向前滚动时的摩擦力属性
Sideways Friction	侧向摩擦力	当轮胎侧向滚动时的摩擦力属性

6.4 触发器

在 Unity 3D 中,检测碰撞发生的方式有两种,一种是利用碰撞体,另一种则是利用触发器(Trigger)。触发器用来触发事件。在很多游戏引擎或工具中都有触发器。例如,在角色扮演游戏里,玩家走到一个地方会发生出现 Boss 的事件,就可以用触发器来实现。当绑定了碰撞体的游戏对象进入触发器区域时,会运行触发器对象上的 OnTriggerEnter 函数,同时需要在检视面板中的碰撞体组件中勾选 IsTrigger 复选框,如图 6.21 所示。

触发信息检测使用以下 3 个函数:

(1) MonoBehaviour. OnTriggerEnter (Collider collider),当进入触发器时触发。

(2) MonoBehaviour. OnTriggerExit (Collider collider),当退出触发器时触发。

(3) MonoBehaviour. OnTriggerStay (Collider collider),当逗留在触发器中时触发。

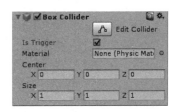

图 6.21　勾选触发器复选框

Unity 3D 中的碰撞体和触发器的区别在于:碰撞体是触发器的载体,而触发器只是碰撞体的一个属性,如果既要检测到物体的接触又不想让碰撞检测影响物体移动,或者要检测一个物体是否经过空间中的某个区域,这时就可以用到触发器。例如,碰撞体适合模拟汽车被撞飞、皮球掉在地上又弹起的效果,而触发器适合模拟人站在靠近门的位置时门自动打开的效果。

➢ 实践案例:碰撞消失的立方体

案例构思

碰撞体需要和刚体一起来使碰撞发生,如果两个刚体撞在一起,物理引擎不会计算碰撞,除非它们包含一个碰撞体组件。没有碰撞体的刚体会在物理模拟中相互穿透。本案例旨在通过小球碰撞后产生消失的动作确认碰撞的发生。

案例设计

本案例在 Unity 3D 内创建一个简单的三维场景,场景内放有 Sphere 和 Plane,Plane 用于充当地面,Sphere 用于做碰撞测试,当人物与 Sphere 距离足够近时发生碰撞,小球消失,如图 6.22 所示。

图 6.22　创建三维场景

案例实施

步骤 1:创建一个平面(0,0,0)和一个小球(0,1,0),使小球置于平面上方,如图 6.22 所示。

步骤2：执行 Assets→Import Package→Customer Package 命令添加第一人称资源，如图6.23所示。

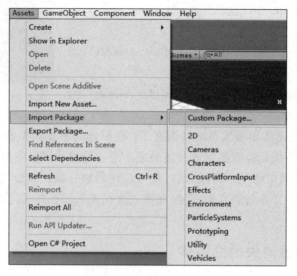

图6.23　添加第一人称资源

步骤3：选中第一人称资源后单击 Import 按钮导入，如图6.24所示。

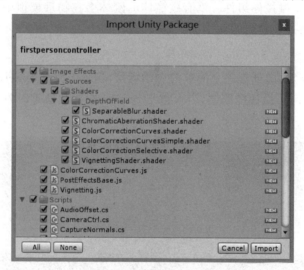

图6.24　导入第一人称资源

步骤4：在 Project 视图中搜索 first person controller，将其添加到 Hierarchy 视图中，并摆放到平面上合适的位置，如图6.25所示。

步骤5：因为第一人称资源自带摄像机，因此需要关掉场景中的摄像机。

步骤6：选中 Cube，为 Cube 对象添加 Box Collider，并勾选 Is Trigger 属性，如图6.26所示。

步骤7：编写脚本 Colliders.cs，代码如下。

图 6.25 摆放第一人称资源

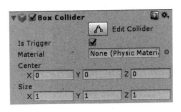

图 6.26 添加触发器

```
using UnityEngine;
using System.Collections;
public class Colliders : MonoBehaviour {
    void OnTriggerEnter(Collider other){
        if(other.tag =="Pickup"){
            Destroy(other.gameObject);
        }
    }
}
```

步骤 8：将 Colliders 脚本链接到 first person controller 上。

步骤 9：为 Cube 添加标签 Pickup。

步骤 10：单击 Play 按钮运行测试，可以发现，当人物靠近立方体小盒后，小盒即刻消失，运行效果如图 6.27 和图 6.28 所示。

图 6.27 发生碰撞前

图 6.28 发生碰撞后小盒消失

6.5 物理材质

物理材质是指物体表面材质,用于调整碰撞之后的物理效果。Unity 3D 提供了一些物理材质资源,通过资源添加方法可以添加到当前项目中。标准资源包提供了 5 种物理材质:弹性材质(Bouncy)、冰材质(Ice)、金属材质(Metal)、橡胶材质(Rubber)和木头材质(Wood)。在菜单中执行 Assets→Create→Physics Material 便可将物理材质应用在需要的地方,如图 6.29 所示。

执行创建物理材质的命令后,在对应的 Inspector 面板上的物理材质设置界面如图 6.30 所示,物理材质属性如表 6.7 所示。

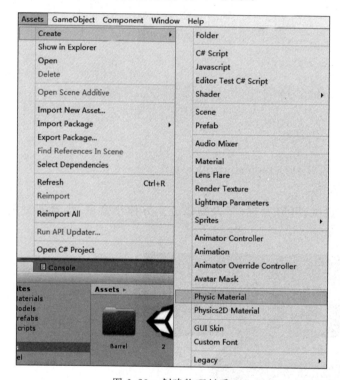

图 6.29 创建物理材质

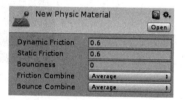

图 6.30 物理材质属性面板

表 6.7 物理材质的参数

参 数	含 义	功 能
Dynamic Friction	动态摩擦力	当物体移动时的摩擦力,通常为 0~1,值为 0 时效果像冰,而值为 1 时物体运动将很快停止
Static Friction	静态摩擦力	当物体在表面静止时的摩擦力,通常为 0~1。值为 0 时效果像冰,值为 1 时使物体移动十分困难
Bounciness	弹力	值为 0 时不发生反弹,值为 1 时反弹不损耗任何能量
Friction Combine Mode	摩擦力组合方式	定义两个碰撞物体的摩擦力如何相互作用
Bounce Combine	反弹组合	定义两个相互碰撞的物体的相互反弹模式

续表

参　数	含　义	功　能
Friction Direction 2	摩擦力方向2	方向分为X轴、Y轴、Z轴
Dynamic Friction 2	动态摩擦力2	动摩擦系数，它的摩擦方向根据Friction Direction 2确定
Static Friction 2	静态摩擦力2	静摩擦系数，它的摩擦方向根据Friction Direction 2确定

➢ 实践案例：弹跳的小球

案例构思

物理材质就是指定了物理特效的一种特殊材质，其中包括物体的弹性和摩擦因数等，本案例旨在通过小球弹跳测试物理材质的效果。

案例设计

本案例在Unity 3D内创建一个简单的三维场景，场景内放有Sphere和Plane，Plane用于充当地面，Sphere用于物理材质的弹跳测试。当小球被赋予bouncy材质后，即可在平面上反复跳动。

案例实施

步骤1：创建一个平面(0,0,0)和一个小球(0,5,0)，使小球置于平面上方，如图6.31所示。

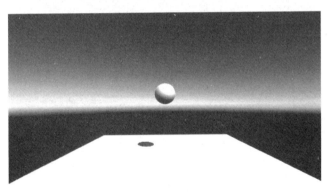

图6.31　游戏物体摆放

步骤2：为平面和小球添加贴图，如图6.32所示。

步骤3：执行菜单栏中的Component→Physics→Rigidbody命令为小球添加刚体。

步骤4：执行菜单栏中的Assets→Create→Physic Material命令，然后将其从Project视图中拖到小球上。

步骤5：选择新创建的物理材质，为其添加bounciness(弹跳)属性，并应用到小球上，如图6.33所示。

步骤6：单击Play按钮进行测试，小球在地面上可以产生弹跳的效果，如图6.34和图6.35所示。

图 6.32 贴图后的效果

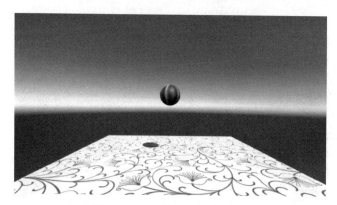

图 6.33 为物理材质添加弹跳属性

图 6.34 小球弹跳效果测试 1

图 6.35 小球弹跳效果测试 2

6.6 力

力一般是在物体之间的作用过程中表现出来的,在物理学中力是非常重要的元素。力的种类有很多,刚体组件因为受到力的作用而进行加速或抛物线运动。Unity 3D 中通过 rigidbody.AddForce(x,y,z)方法添加力的作用,该方法的参数是施加力的方向,参数大小代表了力的大小。

➤ 实践案例:力的添加

案例构思

现实世界中的物体都受到力的作用,所以才会有千变万化的物理现象。游戏中物体受力时只是现象的模拟,而不是真的受到力的作用,也就是感觉好像真的受到了力的作用,而实际上只不过是执行力的函数而已。本案例旨在通过对小球施加力的作用产生与盒子碰撞的效果。

案例设计

本案例在 Unity 3D 内创建一个简单的 3D 场景,场景内放有 1 个 Sphere,1 个 Plane 和 3 个 Cube,Plane 用于充当地面,Sphere 和 Cube 用于做力的测试,初始场景中 Cube 处于静止状态,通过 Sphere 瞬间施加一个力,使 Cube 运动。

案例实施

步骤 1:创建游戏对象。执行 GameObject→3D Object→Plane 命令,此时在 Scene 视图中出现了一个平面,在右侧的 Inspector 面板中设置平面位置(0,0,−5)。

步骤 2:创建游戏对象。执行菜单栏中的 GameObject→3D Object→Cube 命令,创建 3 个立方体盒子,在右侧的 Inspector 面板中分别设置 3 个立方体盒子的位置(0,0.5,−5),(0.5,1.5,−5)(0.5,2.5,−5),如图 6.36 所示。

图 6.36 Cube 摆放效果

步骤 3:创建游戏对象。执行菜单栏中的 GameObject→3D Object→Sphere 命令,在 Inspector 面板中设置球体位置属性(−1,0.5,−7),如图 6.37 所示。

步骤 4:美化场景。为球体、立方体及地面贴材质,如图 6.38 所示。

图 6.37 Sphere 摆放效果

图 6.38 材质贴图效果

步骤 5：选中球体，执行菜单栏中的 Component→Physics→Rigidbody 命令，为球体和立方体添加刚体属性。

步骤 6：创建 JavaScript 脚本，双击将其打开，输入下列代码。

```
var addForceObj :GameObject ;
function Start(){
    addForceObj=GameObject.Find("Sphere");
}
function OnGUI(){
    if(GUILayout.Button("force",GUILayout.Height(50)))
        addForceObj.rigidbody.AddForce(500,0,1000);
}
```

步骤 7：保存脚本并将其链接到球体上。

步骤 8：单击 Play 按钮进行测试，当点击 force 按钮时，小球会受到力的作用向前运动，并与立方体发生碰撞，效果如图 6.39 所示。

  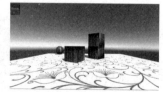

图 6.39 测试效果

6.7 角色控制器

在 Unity 3D 中，游戏开发者可以通过角色控制器来控制角色的移动，角色控制器允许游戏开发者在受制于碰撞的情况下发生移动，而不用处理刚体。角色控制器不会受到力的影响，在游戏制作过程中，游戏开发者通常在任务模型上添加角色控制器组件进行模型的模拟运动。

6.7.1 添加角色控制器

Unity 3D 中的角色控制器用于第一人称以及第三人称游戏主角的控制操作，角色控制器的添加方法如图 6.40 所示。选择要实现控制的游戏对象，执行菜单栏中的 Component→Physics→Character Controller 命令，即可为该游戏对象添加角色控制器组件。

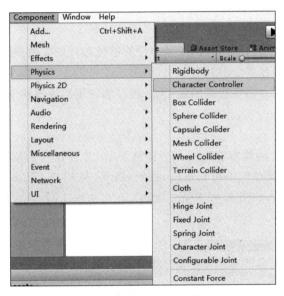

图 6.40　添加角色控制器组件

6.7.2 角色控制器选项设置

Unity 3D 中的角色控制器组件被添加到角色上之后，其属性面板会显示相应的属性参数，如图 6.41 所示，其参数如表 6.8 所示。

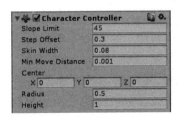

图 6.41　角色控制器参数设置

表 6.8 角色控制器参数

参　数	含　义	功　能
Slope Limit	坡度限制	设置被控制的角色对象爬坡的高度
Step Offset	台阶高度	设置所控制角色对象可以迈上的最大台阶高度值
Skin Width	皮肤厚度	决定两个碰撞体碰撞后相互渗透的程度
Min Move Distance	最小移动距离	设置角色对象最小移动值
Center	中心	设置胶囊碰撞体在世界坐标中的位置
Radius	半径	设置胶囊碰撞体的横截面半径
Height	高度	设置胶囊碰撞体的高度

6.8 关节

在 Unity 3D 中，物理引擎内置的关节组件能够使游戏对象模拟具有关节形式的连带运动。关节对象可以添加至多个游戏对象中，添加了关节的游戏对象将通过关节连接在一起并具有连带的物理效果。需要注意的是，关节组件的使用必须依赖刚体组件。

6.8.1 铰链关节

Unity 3D 中的两个刚体能够组成一个铰链关节，并且铰链关节能够对刚体进行约束。具体使用时，首先执行菜单栏中的 Component→Physics→Hinge Joint 命令，为指定的游戏对象添加铰链关节组件，如图 6.42 所示。然后，在相应的 Inspector 属性面板中设置属性，如表 6.9 所示。

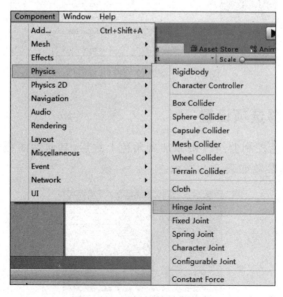

图 6.42 添加铰链关节组件

表 6.9 铰链关节组件参数

参　　数	含　　义	功　　能
Connected Body	连接刚体	指定关节要连接的刚体
Anchor	锚点	设置应用于局部坐标的刚体所围绕的摆动点
Axis	轴	定义应用于局部坐标的刚体摆动的方向
Use Spring	使用弹簧	使刚体与其连接的主体物形成特定高度
Spring	弹簧	用于勾选使用弹簧选项后的参数设定
Use Motor	使用马达	使对象发生旋转运动
Motor	马达	用于勾选使用马达选项后的参数设定
Use Limits	使用限制	限制铰链的角度
Limits	限制	用于勾选使用限制选项后的参数设定
Break Force	断开力	设置断开铰链关节所需的力
Break Torque	断开转矩	设置断开铰链关节所需的转矩

6.8.2 固定关节

在 Unity 3D 中，用于约束指定游戏对象对另一个游戏对象运动的组件叫作固定关节组件，其类似于父子级的关系。具体使用时，首先执行菜单栏中的 Component→Physics→Fixed Joint 命令，为指定游戏对象添加固定关节组件。当固定关节组件被添加到游戏对象后，在相应的 Inspector 属性面板中设置相关属性，如表 6.10 所示。

表 6.10 固定关节组件参数

参　　数	含　　义	功　　能
Connected Body	连接刚体	为指定关节设定要连接的刚体
Break Force	断开力	设置断开固定关节所需的力
Break Torque	断开力矩	设置断开固定关节所需的转矩

6.8.3 弹簧关节

在 Unity 3D 中，将两个刚体连接在一起并使其如同弹簧一般运动的关节组件叫弹簧关节。具体使用时，首先执行菜单栏中的 Component→Physics→Spring Joint 命令，为指定的游戏对象添加弹簧关节组件。然后，在相应的 Inspector 属性面板中设置相关属性，如表 6.11 所示。

表 6.11 弹簧关节组件参数

参　　数	含　　义	功　　能
Connected Body	连接刚体	为指定关节设定要连接的刚体
Anchor	锚点	设置应用于局部坐标的刚体所围绕的摆动点

续表

参　数	含　义	功　能
Spring	弹簧	设置弹簧的强度
Damper	阻尼	设置弹簧的阻尼值
Min Distance	最小距离	设置弹簧启用的最小距离数值
Max Distance	最大距离	设置弹簧启用的最大距离数值
Break Force	断开力	设置断开弹簧关节所需的力度
Break Torque	断开转矩	设置断开弹簧关节所需的转矩

6.8.4　角色关节

在 Unity 3D 中,主要用于表现布偶效果的关节组件叫作角色关节。具体使用时,首先执行菜单栏中的 Component→Physics→Character Joint 命令,为指定的游戏对象添加角色关节组件。然后,在相应的 Inspector 属性面板中设置相关属性,如表 6.12 所示。

表 6.12　角色关节组件参数

参　数	含　义	功　能
Connected Body	连接刚体	为指定关节设定要连接的刚体
Anchor	锚点	设置应用于局部坐标的刚体所围绕的摆动点
Axis	扭动轴	角色关节的扭动轴
Swing Axis	摆动轴	角色关节的摆动轴
Low Twist Limit	扭曲下限	设置角色关节扭曲的下限
High Twist Limit	扭曲上限	设置角色关节扭曲的上限
Swing 1 Limit	摆动限制 1	设置摆动限制
Swing 2 Limit	摆动限制 2	设置摆动限制
Break Force	断开力	设置断开角色关节所需的力
Break Torque	断开转矩	设置断开角色关节所需的转矩

6.8.5　可配置关节

Unity 3D 为游戏开发者提供了一种用户自定义的关节形式,其使用方法较其他关节组件烦琐和复杂,可调节的参数很多。具体使用时,首先执行菜单栏中的 Component→Physics→Configurable Joint 命令,为指定游戏对象添加可配置关节组件。然后,在相应的 Inspector 属性面板中设置相关属性,如表 6.13 所示。

表 6.13 可配置关节组件参数

参　　数	含　　义	功　　能
Connected Body	连接刚体	为指定关节设定要连接的刚体
Anchor	锚点	设置关节的中心点
Axis	主轴	设置关节的局部旋转轴
Secondary Axis	副轴	设置角色关节的摆动轴
X Motion	X 轴移动	设置游戏对象基于 X 轴的移动方式
Y Motion	Y 轴移动	设置游戏对象基于 Y 轴的移动方式
Z Motion	Z 轴移动	设置游戏对象基于 Z 轴的移动方式
Angular X Motion	X 轴旋转	设置游戏对象基于 X 轴的旋转方式
Angular Y Motion	Y 轴旋转	设置游戏对象基于 Y 轴的旋转方式
Angular Z Motion	Z 轴旋转	设置游戏对象基于 Z 轴的旋转方式
Linear Limit	线性限制	以其关节原点为起点的距离对齐运动边界进行限制的设置
Low Angular X Limit	X 轴旋转下限	设置基于 X 轴关节初始旋转差值的旋转约束下限
High Angular X Limit	X 轴旋转上限	设置基于 X 轴关节初始旋转差值的旋转约束上限
Angular Y Limit	Y 轴旋转限制	设置基于 Y 轴关节初始旋转差值的旋转约束
Angular Z Limit	Z 轴旋转限制	设置基于 Z 轴关节初始旋转差值的旋转约束
Target Position	目标位置	设置关节应达到的目标位置
Target Velocity	目标速度	设置关节应达到的目标速度
X Drive	X 轴驱动	设置对象沿局部坐标系 X 轴的运动形式
Y Drive	Y 轴驱动	设置对象沿局部坐标系 Y 轴的运动形式
Z Drive	Z 轴驱动	设置对象沿局部坐标系 Z 轴的运动形式
Target Rotation	目标旋转	设置关节旋转到目标的角度值
Target Angular Velocity	目标旋转角速度	设置关节旋转到目标的角速度值
Rotation Drive Mode X&YZ	旋转驱动模式	通过 X&YZ 轴驱动或插值驱动对象自身的旋转进行控制
Angular X Drive	X 轴角驱动	设置关节围绕 X 轴进行旋转的方式
Angular YZ Drive	YZ 轴角驱动	设置关节绕 Y、Z 轴进行旋转的方式
Slerp Drive	球面线性插值驱动	设定关节围绕局部所有的坐标轴进行旋转的方式
Projection Mode	投影模式	设置对象远离其限制位置时使其返回的模式
Projection Distance	投影距离	在对象与其刚体链接的角度差超过投影距离时使其回到适当的位置
Projection Angle	投影角度	在对象与其刚体链接的角度差超过投影角度时使其回到适当的位置

续表

参　数	含　义	功　能
Configured In World Space	在世界坐标系中配置	将目标相关数值都置于世界坐标中进行计算
Swap Bodies	交换刚体功能	将两个刚体进行交换
Break Force	断开力	设置断开关节所需的作用力
Break Torque	断开转矩	设置断开关节所需的转矩
Enable Collision	激活碰撞	激活碰撞属性

6.9 布料

布料是 Unity 3D 中的一种特殊组件，它可以随意变换成各种形状，例如桌布、旗帜、窗帘等。布料系统包括交互布料与蒙皮布料两种形式。

6.9.1 添加布料系统

Unity 3D 中的布料系统为游戏开发者提供了强大的交互功能。在 Unity 5.x 中，布料系统为游戏开发者提供了一个更快、更稳定的角色布料解决方法。具体使用时，执行菜单栏中的 Component→Physics→Cloth 命令，为指定游戏对象添加布料组件，如图 6.43 所示。

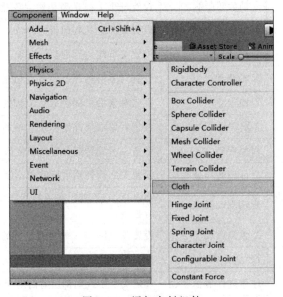

图 6.43　添加布料组件

6.9.2 布料系统属性设置

当布料组件被添加到游戏对象后，在相应的 Inspector 属性面板中设置相关属性，如表 6.14 所示。

表 6.14 布料组件参数

参　　数	含　　义	功　　能
Stretching Stiffness	拉伸刚度	设定布料的抗拉伸程度
Bending Stiffness	弯曲刚度	设定布料的抗弯曲程度
Use Tethers	使用约束	开启约束功能
Use Gravity	使用重力	开启重力对布料的影响
Damping	阻尼	设置布料运动时的阻尼
External Acceleration	外部加速度	设置布料上的外部加速度(常数)
Random Acceleration	随机加速度	设置布料上的外部加速度(随机数)
World Velocity Scale	世界速度比例	设置角色在世界空间的运动速度对于布料顶点的影响程度,数值越大的布料对角色在世界空间运动的反应就越剧烈,此参数也决定了蒙皮布料的空气阻力
World Acceleration Scale	世界加速度比例	设置角色在世界空间的运动加速度对于布料顶点的影响程度,数值越大的布料对角色在世界空间运动的反应就越剧烈。如果布料显得比较生硬,可以尝试增大此值;如果布料显得不稳定,可以减小此值
Friction	摩擦力	设置布料的摩擦力值
Collision Mass Scale	大规模碰撞	设置增加的碰撞粒子质量的多少
Use Continuous Collision	使用持续碰撞	减少直接穿透碰撞的概率
Use Virtual Particles	使用虚拟粒子	为提高稳定性而增加虚拟粒子
Solver Frequency	求解频率	设置每秒的求解频率

6.10　射线

　　射线是三维世界中一个点向一个方向发射的一条无终点的线,在发射轨迹中与其他物体发生碰撞时,它将停止发射。射线应用范围比较广,广泛应用于路径搜寻、AI 逻辑和命令判断中。例如,自动巡逻的敌人在视野前方发现玩家的时候会向玩家发起攻击,这时候就需要使用射线了。

> **实践案例:拾取物体**

　　案例构思
　　本案例旨在通过在场景中拾取 Cube 对象,实现射线功能。

　　案例设计
　　本案例在 Unity 3D 内创建一个简单的三维场景,场景内放有 Cube 和 Plane,Plane 用于充当地面,Cube 用于做拾取物体测试,当单击 Cube 时,它会发出一条射线,同时在 Console 面板中出现 pick up 字样。

案例实施

步骤1：创建一个平面(0,0,0)和一个小球(0,1,0)，使小球置于平面上方，如图6.44所示。

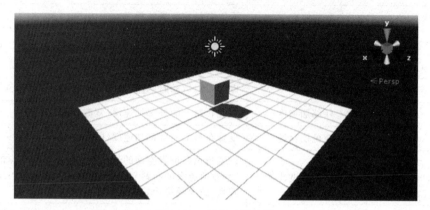

图6.44 创建三维场景

步骤2：创建C♯脚本，将其命名为RayTest，输入如下代码。

```
using UnityEngine;
using System.Collections;
public class RayTest : MonoBehaviour {
    void Update(){
        if(Input.GetMouseButton(0)){
            //从摄像机到单击处发出射线
            Ray ray=Camera.main.ScreenPointToRay(Input.mousePosition);
            RaycastHit hitInfo;
            if(Physics.Raycast(ray,out hitInfo)){
                //画出射线,只有在 Scene 视图中才能看到
                Debug.DrawLine(ray.origin,hitInfo.point);
                GameObject gameObj=hitInfo.collider.gameObject;
                Debug.Log("click object name is "+gameObj.name);
                //当射线碰撞目标的标签是 Pickup 时,执行拾取操作
                if(gameObj.tag =="Pickup"){
                    Debug.Log("pick up!");
                }
            }
        }
    }
}
```

上述代码中，首先创建一个Ray对象，从摄像机发出到单击处的射线。Debug.DrawLine函数将射线可视化。接下来进行判断，如果鼠标单击的物体标签是Pickup，则在控制面板中输出pick up字样。

步骤3：将脚本链接到主摄像机上。

步骤4：为Cube添加Pickup标签。

步骤5：运行测试,效果如图6.45所示。

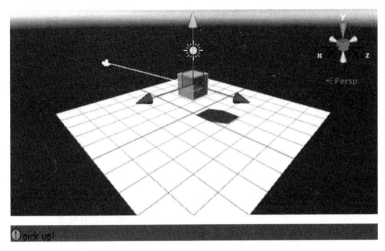

图 6.45 射线测试效果图

6.11 物理管理器

Unity 3D 集成开发环境作为一个优秀的游戏开发平台,提供了出色的管理模式,即物理管理器(Physics Manager)。物理管理器管理项目中物理效果的参数,如物体的重力、反弹力、速度和角速度等。在 Unity 3D 中执行 Edit→Project Settings→Physics 命令可以打开物理管理器,如图 6.46 所示,可以根据需要通过调整物理管理器中的参数来改变游戏中的物理效果,具体参数如表 6.15 所示。

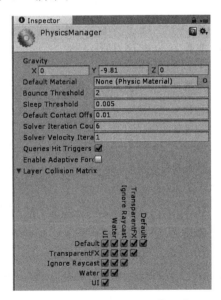

图 6.46 Unity 3D 物理管理器

表 6.15　物理管理器组件参数

参　数	含　义	功　能
Gravity	重力	应用于所有刚体，一般仅在 Y 轴起作用
Default Material	默认物理材质	如果一个碰撞体没有设置物理材质，将采用默认材质
Bounce Threshold	反弹阈值	如果两个碰撞体的相对速度低于该值，则不会反弹
Sleep Velocity	休眠速度	低于该速度的物体将进入休眠
Sleep Angular Velocity	休眠角速度	低于该角速度的物体将进入休眠
Max Angular Velocity	最大角速度	用于限制刚体角速度，避免旋转时数值不稳定
Min Penetration For Penalty	最小穿透力	设置在碰撞检测器将两个物体分开前，它们可以穿透多少距离
Solver Iteration Count	迭代次数	决定了关节和连接的计算精度
Raycasts Hit Triggers	射线检测命中触发器	如果启用此功能，在射线检测时命中碰撞体会返回一个命中消息；如果关闭此功能，则不返回命中消息
Layer Collision Matrix	层碰撞矩阵	定义层碰撞检测系统的行为

➢ 综合案例：迷宫夺宝

案例构思

迷宫夺宝类游戏是常见的游戏类型，玩家在限定的时间内，在迷宫中寻找宝箱从而达到通关的目的。本项目旨在通过场景虚拟漫游，寻找迷宫中潜藏的宝箱，当靠近宝箱时收集它，实现碰撞检测功能。

案例设计

本案例在 Unity 3D 内创建一个三维迷宫场景，场景内分散着若干个宝箱，游戏玩家需要在规定的时间内找到宝箱，靠近并收集它，最终通关。

项目实施

1. 搭建迷宫场景

步骤 1：创建新项目，并将场景命名为 migong。

步骤 2：创建游戏对象。执行菜单栏中的 GameObject→3D Object→Plane 命令，创建平面，并赋予材质。执行 GameObject→3D Object →Cube 命令创建若干个盒子，构成迷宫场景，如图 6.47 所示。

步骤 3：导入模型资源。从 Unity 3D 商店中选择 3D 模型资源并加载到场景中，将其命名为 treasure，如图 6.48 所示。

步骤 4：将模型资源导入到 Hierarchy 视图中，如图 6.49 所示。

步骤 5：执行 Assets→Import Package→Custom Package 命令添加第一人称资源，如图 6.50 所示。

步骤 6：选中第一人称资源后单击 Import 按钮导入该资源，如图 6.51 所示。

图 6.47 迷宫场景顶视图

 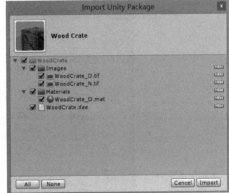

图 6.48 加载 3D 模型资源

图 6.49 场景效果图

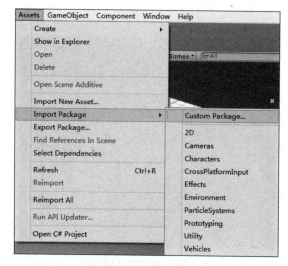

图 6.50 添加资源

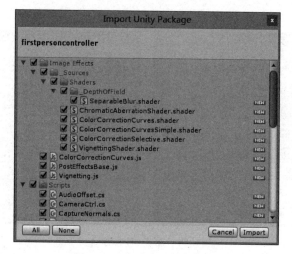

图 6.51 导入第一人称资源

步骤 7：在 Project 视图中搜索 first person controller，将其添加到 Hierarchy 视图中，并摆放到平面上合适的位置，如图 6.52 所示。

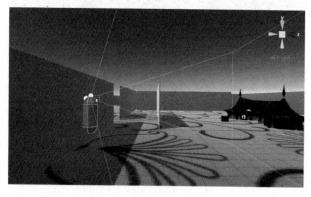

图 6.52 摆放第一人称资源

步骤8：因为第一人称资源自带摄像机，因此需要关掉场景中的摄像机。

2. 添加触发器

步骤9：选中 treasure，为 treasure 对象添加 Box Collider，并勾选 Is Trigger 属性，如图 6.53 所示。

步骤10：编写脚本 Triggers.cs，代码如下。

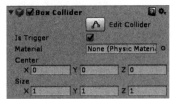

图 6.53　添加触发器

```
using UnityEngine;
using System.Collections;
public class Triggers : MonoBehaviour {
    void OnTriggerEnter(Collider other){
        if(other.tag =="Pickup"){
            Destroy(other.gameObject);
        }
    }
}
```

步骤11：将 Triggers 脚本链接到 first person controller 上。

步骤12：为 treasure 添加标签 Pickup。

3. 添加计数功能

步骤13：修改脚本。

```
using UnityEngine;
using System.Collections;
public class Triggers : MonoBehaviour {
    public static int temp_Num=0;
    void OnTriggerEnter(Collider other){
        if(other.tag =="Pickup"){
            temp_Num++;
            Destroy(other.gameObject);
        }
    }
    void OnGUI(){
        if(temp_Num ==5)
        if(GUI.Button(new Rect(Screen.width / 2f, Screen.height / 2f, 100, 50),
        "play again")){
            temp_Num=0;
            Application.LoadLevel("migong");
        }
    }
}
```

步骤14：将场景添加到 Build Settings 中，如图 6.54 所示。

4. 添加计时功能

步骤15：完善代码，如下所示。

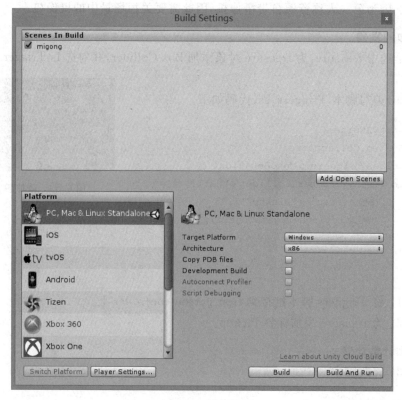

图 6.54　项目发布图

```
using UnityEngine;
using System.Collections;
public class Triggers : MonoBehaviour {
    public static int temp_Num=0;
    public int parachuteNum;
    int timer;
    int time_T;
    bool isWin=false;
    bool isLose=false;
    void Start(){
        Time.timeScale=1;
        GameObject[]objs=GameObject.FindGameObjectsWithTag("Pickup");
        parachuteNum=objs.Length;
        time_T=(int)Time.time;
    }
    void Update(){
        timer=20-(int)Time.time+time_T;
        if(temp_Num ==parachuteNum && timer !=0){
            isWin=true;
        }
        if(timer ==0 && temp_Num !=parachuteNum){
```

```
            isLose=true;
        }
    }
    void OnTriggerEnter(Collider other){
        if(other.tag =="Pickup"){
            temp_Num++;
            Destroy(other.gameObject);
        }
    }
    void OnGUI(){
        GUI.Label(new Rect(0, 0, 100, 50), timer.ToString());
        if(isWin ==true || isLose ==true){
            Time.timeScale=0;
            if(GUI.Button(new Rect(Screen.width /.2f, Screen.height / 2f, 100, 50),
            "play again")){
                isWin=false;
                isLose=false;
                temp_Num=0;
                Application.LoadLevel("migong");
            }
        }
    }
}
```

步骤16：单击 Play 按钮进行测试，效果如图 6.55 和图 6.56 所示。

图 6.55　项目测试效果 1

图 6.56　项目测试效果 2

6.12 本章小结

本章主要对 Unity 3D 物理引擎的使用方法做了介绍,阐述了目前 Unity 3D 在游戏开发方面常用的物理元素的使用方法:刚体的添加、物理管理器的使用、碰撞的添加,最终通过一个完整的实践案例讲解了利用 Unity 3D 物理引擎设计游戏的方法。

6.13 习题

1. 说明 Rigidbody 组件中 Is Kinematic 参数在什么情况下使用。
2. 编写一个脚本对刚体的几种常用方法进行测试。
3. 了解 Unity 3D 游戏引擎自带的碰撞体,并导入一个模型为其添加合适的碰撞体。
4. 在场景中新建物理材质,实现小球从高空落下后可弹起的功能。
5. 根据角色控制器的相关知识,实现第一人称角色爬上山坡的功能。

Chapter 1

第 7 章

模型与动画

本章对 Unity 3D 开发中的三维模型以及 Unity 3D 中的新版 Mecanim 动画系统进行介绍。通过本章的学习,读者可以掌握三维模型的发布与导入方法,并且能够熟练使用 Unity 3D 的 Mecanim 动画系统制作出真实连贯的角色动画,为以后的三维游戏开发打下基础。

7.1 三维模型概述

三维模型是用三维建模软件建造的立体模型,也是构成 Unity 3D 场景的基础元素。Unity 3D 几乎支持所有主流格式的三维模型,如 FBX 文件和 OBJ 文件等。开发者可以将三维建模软件导出的模型文件添加到项目资源文件夹中,Unity 3D 会将其显示在 Assets 面板中。

7.1.1 主流三维建模软件简介

首先介绍当今主流的三维建模软件,这些软件广泛应用于模型制作、工业设计、建筑设计、三维动画等领域,每款软件都有自己独特的功能和专有的文件格式。正因为能够利用这些软件来完成建模工作,Unity 3D 才可以展现出丰富的游戏场景以及真实的角色动画。下面介绍 3 种主流的三维建模软件。

1. Autodesk 3D Studio Max

Autodesk 3D Studio Max 简称 3ds Max,是 Autodesk 公司开发的基于 PC 系统的三维动画渲染和制作软件。3ds Max 可谓是最全面的三维建模,有着良好的技术支持和社区支持,是一款主流且功能全面的三维建模工具软件,如图 7.1 所示。

2. Autodesk Maya

Autodesk Maya 是 Autodesk 公司旗下的著名三维建模和动画软件。Maya 2008 可以大大提高电影、电视、游戏等领域开发、设计、创作的工作流效率,同时改善了多边形建模,通过新的算法提高了性能,多线程支持可以充分利用多核心处理器的优势,新的 HLSL 着色工具和硬件着色 API 则可以大大增强新一代主机游戏的视觉效果,另外,它在角色建立和动画方面也更具弹性,如图 7.2 所示。

图 7.1 3ds Max 软件

3. Cinema 4D

Cinema 4D 的字面意思是 4D 电影，不过其本身还是 3D 的表现软件，由德国 Maxon Computer 公司开发，以极高的运算速度和强大的渲染插件著称，很多模块的功能代表同类软件中的科技进步成果，并且在用其描绘的各类电影中表现突出，随着其技术越来越成熟，Cinema 4D 受到越来越多的电影公司的重视，如图 7.3 所示。

图 7.2 Maya 软件

图 7.3 Cinema 4D 软件

7.1.2 三维模型导入 Unity 3D

将三维模型导入 Unity 3D 是游戏开发的第一步。下面以 3ds Max 为例，演示从三维建模软件中将模型导入 Unity 3D 的过程，具体步骤如下。

步骤 1：在 3ds Max 中创建房子模型，如图 7.4 所示。

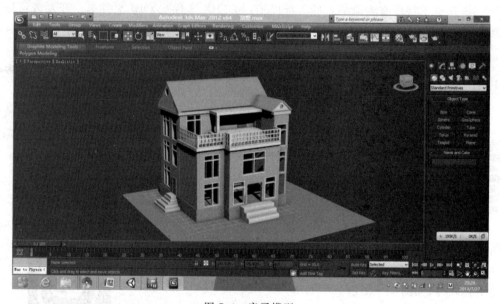

图 7.4 房子模型

步骤 2：执行 Export→Export 命令导出 fbx 模型，如图 7.5 所示。
步骤 3：设置保存路径以及文件名，如图 7.6 所示。
步骤 4：选择默认设置选项，单击 OK 按钮，如图 7.7 所示。
步骤 5：再次单击 OK 按钮，即可生成 fbx 文件，如图 7.8 所示。
步骤 6：创建一个 Unity 3D 新项目。
步骤 7：将生成的 fbx 文件导入 Project 视图，如图 7.9 所示。

第7章 模型与动画

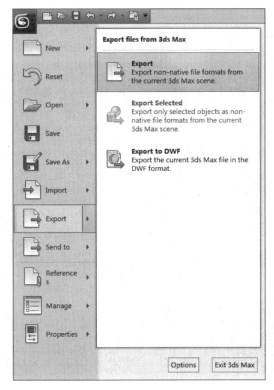

图 7.5 导出 fbx 模型

图 7.6 设置保存路径和名称

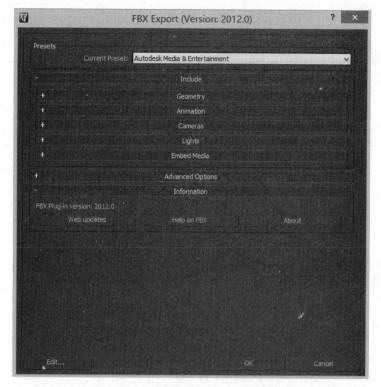

图 7.7 导出设置选项

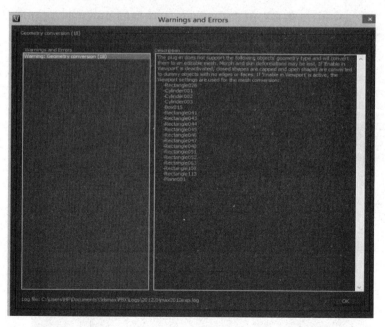

图 7.8 生成 fbx 文件

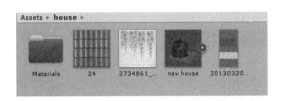

图 7.9　将资源导入 Project 视图

步骤 8：将模型拖入 Scene 视图中，如图 7.10 所示。

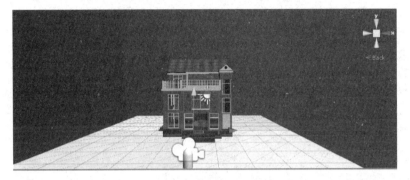

图 7.10　将模型拖入 Scene 视图中

步骤 9：创建地面并为地面贴上大理石材质，如图 7.11 所示。

图 7.11　地面贴图

步骤 10：创建一个开关门。执行 GameObject→3D Object→Cube 命令创建一个立方体，将其命名为 door。

步骤 11：为门赋予材质，如图 7.12 所示。

图 7.12　为门赋予材质

7.2 Mecanim 动画系统

Mecanim 动画系统是 Unity 公司推出的全新动画系统,具有重定向、可融合等诸多新特性,可以帮助程序设计人员通过和美工人员的配合快速设计出角色动画,其主界面如图 7.13 所示。Unity 公司计划采用 Mecanim 动画系统逐步替换直至完全取代旧版动画系统。

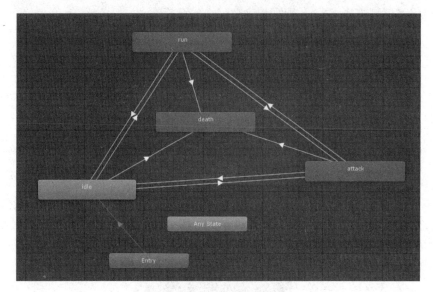

图 7.13　Mecanim 动画系统

Unity 5.x 版本针对 Mecanim 动画系统的底层代码进行了升级优化,提升了动画制作的效果。Mecanim 动画系统提供了 5 个主要功能:

(1) 通过不同的逻辑连接方式控制不同的身体部位运动的能力。

(2) 将动画之间的复杂交互作用可视化地表现出来,是一个可视化的编程工具。

(3) 针对人形角色的简单工作流以及动画的创建能力进行制作。

(4) 具有能把动画从一个角色模型直接应用到另一个角色模型上的 Retargeting(动画重定向)功能。

(5) 具有针对 Animation Clips 动画片段的简单工作流,针对动画片段以及它们之间的过渡和交互过程的预览能力,从而使设计师在编写游戏逻辑代码前就可以预览动画效果,可以使设计师能更快、更独立地完成工作。

7.3 人形角色动画

Mecanim 动画系统适合人形角色动画的制作,人形骨架是在游戏中普遍采用的一种骨架结构。Unity 3D 为其提供了一个特殊的工作流和一整套扩展的工具集。由于人形骨架在骨骼结构上的相似性,用户可以将动画效果从一个人形骨架映射到另一个人形骨架,从而实现动画重定向功能。除了极少数情况之外,人物模型均具有相同的基本结构,即头部、躯干、四肢等。Mecanim 动画系统正是利用这一点来简化骨架绑定和动画控制过程。创建模型动画的一个基本步骤就是建立一个从 Mecanim 动画系统的简化人形骨架到用户实际提供的骨架的映射,这种映射关系称为 Avatar,如图 7.14 所示。

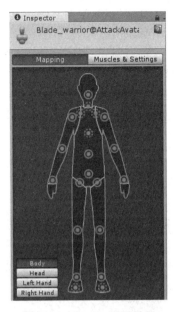

图 7.14 Avatar 配置界面

7.3.1 创建 Avatar

在导入一个角色动画模型之后,可以在 Import Settings 面板中的 Rig 选项下指定角色动画模型的动画类型,包括 Legacy、Generic 以及 Humanoid 3 种模式,如图 7.15 所示。

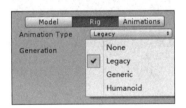

图 7.15 Rig 选项

1. Legacy 和 Generic

Unity 3D 的 Mecanim 动画系统为非人形动画提供了两个选项:Legacy(旧版动画类型)和 Generic(一般动画类型)。旧版动画使用 Unity 4.0 版本文前推出的动画系统。一般动画仍可由 Mecanim 系统导入,但无法使用人形动画的专有功能。

非人形动画的使用方法是:在 Assets 文件夹中选中模型文件,在 Inspector 视图中的 Import Settings 属性面板中选择 Rig 标签页,单击 Animation Type 选项右侧的列表框,选择 Generic 或 Legacy 动画类型即可。

2. Humanoid

要使用 Humanoid(人形动画),单击 Animation Type 右侧的下拉列表,选择 Humanoid,然

后单击 Apply 按钮，Mecanim 动画系统会自动将用户所提供的骨架结构与系统内部自带的简易骨架进行匹配，如果匹配成功，Avatar Definition 下的 Configure 复选框会被选中，同时在 Assets 文件夹中，一个 Avatar 子资源会被添加到模型资源中。

7.3.2　配置 Avatar

Unity 3D 中的 Avatar 是 Mecanim 动画系统中极为重要的模块，正确地设置 Avatar 非常重要。不管 Avatar 的自动创建过程是否成功，用户都需要到 Configure Avatar 界面中确认 Avatar 的有效性，即确认用户提供的骨骼结构与 Mecanim 预定义的骨骼结构已经正确地匹配起来，并已经处于 T 形姿态，如图 7.16 所示。

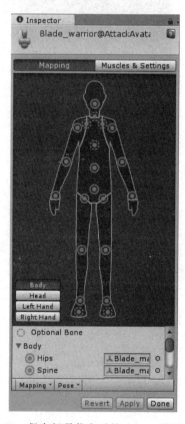

图 7.16　保存场景信息后的 Avatar 配置面板

单击 Configure 按钮后，编辑器会要求保存当前场景，因为在 Configure 模式下，可以看到 Scene 视图（而不是 Game 视图）中显示出当前选中模型的骨骼、肌肉、动画信息以及相关参数。在这个视图中，实线圆圈表示的是 Avatar 必须匹配的，而虚线圆圈表示的是可选匹配的。

7.3.3　人形动画重定向

在 Mecanim 动画系统中，人形动画的重定向功能是非常强大的，因为这意味着用户只要通过很简单的操作就可以将一组动画应用到各种各样的人形角色上。由于动画重定向功能只能应用到人形模型上，所以为了保证应用后的动画效果，必须正确地配置 Avatar。动画重定向的最终效果如图 7.17 所示。

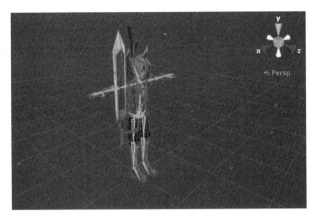

图 7.17　动画重定向的最终完成效果

7.4　角色动画在游戏中的应用

7.4.1　Animator 组件

　　Animator 组件是关联角色及其行为的纽带,每一个含有 Avatar 的角色动画模型都需要一个 Animator 组件。Animator 组件引用了 Animator Controller 用于为角色设置行为,具体参数如表 7.1 所示。

表 7.1　Animator 组件参数

参　　数	含　　义	功　　能
Controller	控制器	关联到角色的 Animator 控制器
Avatar	骨架结构的映射	定义 Mecanim 动画系统的简化人形骨架结构到该角色的骨架结构的映射
Apply Root Motion	应用 Root Motion 选项	设置使用动画本身还是使用脚本来控制角色的位置
Animate Physics	动画的物理选项	设置动画是否与物理属性交互
Culling Mode	动画的裁剪模式	设置动画是否裁剪以及裁剪模式

7.4.2　Animator Controller

　　Animator Controller 可以从 Project 视图创建一个动画控制器(执行 Create→Animator Controller 命令),同时会在 Assets 文件夹内生成一个后缀名为 .Controller 的文件。当设置好运动状态机后,就可以在 Hierarchy 视图中将该 Animator Controller 拖入含有 Avatar 的角色模型 Animator 组件中。通过动画控制器视图(执行 Window→Animator Controller 命令)可以查看和设置角色行为,值得注意的是,Animator Controller 窗口总是显示最近被选中的后缀为 .Controller 的资源的状态机,与当前载入的场景无关。

7.4.3　Animator 动画状态机

一个角色常常拥有多个可以在游戏中不同状态下调用的不同动作。例如，一个角色可以在等待时呼吸或摇头，在得到命令时行走，从一个平台掉落时惊慌地伸手。当这些动画回放时，使用脚本控制角色的动作是一个复杂的工作。Mecanim 动画系统借助动画状态机可以很简单地控制和序列化角色动画。

状态机对于动画的重要性在于它们可以很简单地通过较少的代码完成设计和更新。每个状态都有一个当前状态机在那个状态下将要播放的动作集合。这使动画师和设计师不必使用代码定义可能的角色动画和动作序列。

Mecanim 动画状态机提供了一种可以预览某个独立角色的所有相关动画剪辑集合的方式，并且允许在游戏中通过不同的事件触发不同的动作。动画状态机可以通过动画状态机窗口进行设置，如图 7.18 所示。

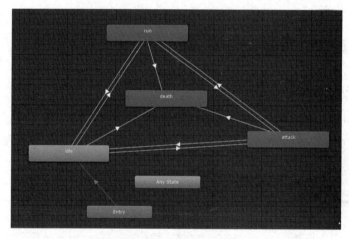

图 7.18　动画状态机

动画状态机之间的箭头标示两个动画之间的连接，右击一个动画状态单元，在快捷菜单中执行 Make Transition 命令创建动画过渡条件，然后单击另一个动画状态单元，完成动画过渡条件的连接。

过渡条件用于实现各个动画片段之间的逻辑，开发人员通过控制过渡条件可以实现对动画的控制。要对过渡条件进行控制，就需要设置过渡条件参数，Mecanim 动画系统支持的过渡条件参数有 Float、Int、Bool 和 Trigger 4 种。

下面介绍创建过渡条件参数的方法。在动画状态机左侧的 Parameters 面板中单击右上方的"＋"可选择添加合适的参数类型（Float、Int、Bool 和 Trigger 任选其一），然后输入想要添加的参数过渡条件（如 idle、run、attack、death 等），如图 7.19 所示，最后在 Inspector 属性编辑器 Conditions 列表中单击"＋"创建参数，并选择所需的参数即可，如图 7.20 所示。

➢ 实践案例：模型动画

案例构思

模型动画是常见的游戏动画类型，玩家通过特定的操作对模型进行动作指定，从而完成

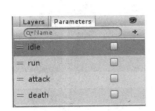
图 7.19　添加参数

图 7.20　Conditions 列表

交互功能。本案例旨在通过模型动画的制作,让读者了解骨骼绑定后的 fbx 模型动画在 Unity 3D 软件中的使用方法。

案例设计

本案例在 Unity 3D 内导入一个绑定好骨骼动画的第三人称人物模型,人物身上绑定了若干个动作,通过代码实现键盘与模型动画的交互功能,如图 7.21 至图 7.24 所示。

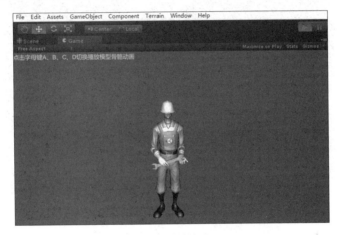
图 7.21　按 A 键

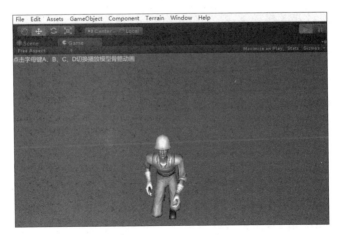
图 7.22　按 B 键

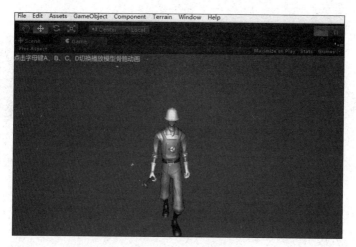

图 7.23 按 C 键

图 7.24 按 D 键

案例实施

步骤 1：创建项目并保存场景。

步骤 2：执行 Assets→Import Package→Characters 命令载入人物资源。

步骤 3：将模型添加到 Scene 视图中，按 F2 键将其重新命名为 Constructor，调整好位置，如图 7.25 所示。

步骤 4：在右侧的 Inspector 面板中设置动画动作，如图 7.26 所示。

其中有关的参数功能如下：

- Animation：默认动画。
- Size：动画数量。
- Play Automatically：是否自动播放动画。
- Animate Physics：是否接收物理碰撞。
- Culling Type：动画裁剪模式。

步骤 5：创建 JavaScript 脚本，并将其连接到摄像机上。

图 7.25 将第三人称人物模型加入场景

图 7.26 设置动画动作

```
var obj: GameObject=null;
function Start(){
    obj=GameObject.Find("Constructor");
    obj.animation.wrapMode=WrapMode.Loop;     //设置动画播放类型为循环
}
function Update(){                            //按键后播放不同动画
    if(Input.GetKeyDown(KeyCode.A))
    {obj.animation.Play("idle");}
    if(Input.GetKeyDown(KeyCode.B))
    {obj.animation.Play("run");}
    if(Input.GetKeyDown(KeyCode.C))
    {obj.animation.Play("walk");}
    if(Input.GetKeyDown(KeyCode.D))
    {obj.animation.Play("jump_pose");}
}
function OnGUI()                              //显示提示信息
{GUILayout.Label("按字母键 A、B、C、D 切换播放模型骨骼动画");}
```

步骤 6：单击 Play 按钮测试，可以通过键盘 A、B、C、D 键控制人物动作。

7.5 本章小结

本章介绍了当今流行的三维建模软件,重点介绍 Unity 3D 中的 Mecanim 动画系统及其各个功能模块与组件的使用方法,并且通过一个具体实例将 Mecanim 动画系统的各项功能进行综合应用。通过本章学习,读者应该能够对 Unity 3D 中的模型有更深入的理解,并能够在游戏开发中使用 Mecanim 动画系统开发动画。

7.6 习题

1. 简述将三维模型导入 Unity 3D 的流程。
2. 导入一个人物角色模型,并进行相关配置。
3. 设计一个简单的动画,实现人物奔跑和静止动作切换的效果。
4. 简述什么是 Avatar,其作用是什么。
5. 简述什么是动画控制器、动画状态机和过渡条件。

第 8 章

导 航 系 统

Navigation(导航)是用于实现动态物体自动寻路的一种技术,它将游戏场景中复杂的结构关系简化为带有一定信息的网格,并在这些网格的基础上通过一系列相应的计算来实现自动寻路。本章主要讲解在创建好的三维场景中烘焙导航网格、创建导航代理以实现让角色绕过重重障碍最终到达终点的功能。

8.1 Unity 3D 导航系统

过去,游戏开发者必须自己打造寻路系统,特别是在基于节点的寻路系统中,必须手动地在 AI 使用的点之间进行导航,因此基于节点系统的寻路非常烦琐。Unity 3D 不仅具有导航功能,还使用了导航网格(navigation meshes),这比手动放置节点更有效率而且更流畅。更重要的是,还可以一键重新计算整个导航网格,彻底摆脱了手动修改导航节点的复杂方法。

8.1.1 设置 NavMesh

NavMesh 的设置方法很简单,在 Hierarchy 视图中选中场景中除了目标和主角以外的游戏对象,在 Inspector 视图中单击 Static 下拉列表,在其中勾选 Navigation Static 即可,如图 8.1 所示。

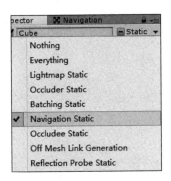

图 8.1 设置 NavMesh

8.1.2 烘焙

执行菜单 Window→Navation 命令,打开导航窗口,单击右下角的 Bake(烘焙)按钮即可,烘焙后的场景如图 8.2 所示。

接下来详细看看 Navigation 面板,它有 Object、Bake、Areas 这 3 个标签页。其中,Object 标签页如图 8.3 所示,该标签页可以设置游戏对象的参数,如表 8.1 所示。当选取游戏对象后,可以在此标签页中设置导航相关参数。

图 8.2 场景烘焙后的效果

图 8.3 Navigation 面板

表 8.1 Object 标签页中的参数

参　　数	功　　能
Navigation Static	勾选后表示该对象参与导航网格的烘焙
Generate OffMeshLinks	勾选后可在导航网格中跳跃(Jump)和下落(Drop)
Navigation Area	导航区域

Bake 标签页如图 8.4 所示,是 Navigation 面板最重要的标签页,在该标签页下可以设置导航代理相关参数以及烘焙相关参数,参数说明如表 8.2 所示。

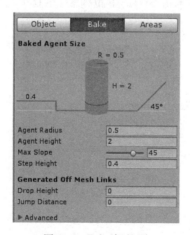

图 8.4 Bake 标签页

表 8.2　Bake 标签页参数

参　　数	功　　能
Agent Radius	设置具有代表性的物体半径,半径越小,生成的网格面积越大
Agent Height	设置具有代表性的物体的高度
Max Slope	设置斜坡的坡度
Step Height	设置台阶高度
Drop Height	设置允许最大的下落距离
Jump Distance	设置允许最大的跳跃距离
Manual Voxel Size	设置是否手动调整烘焙尺寸
Voxel Size	设置烘焙的单元尺寸,控制烘焙的精度
Min Region Area	设置最小区域
Height Mesh	设置当地形有落差时是否生成精确而不是近似的烘焙效果

8.1.3　设置导航代理

导航代理(Navigation Agent)可以理解为去寻路的主体。在导航网格生成之后,给游戏对象添加了一个 Nav Mesh Agent 组件,如图 8.5 所示。Nav Mesh Agent 面板中各导航代理参数含义如表 8.3 所示。

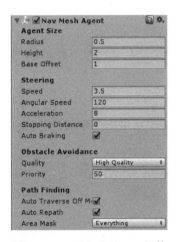

图 8.5　Nav Mesh Agent 组件

表 8.3　Nav Mesh Agent 面板属性参数

属性分区	参　数	功　　能
Agent Size	Radius	设置导航代理的半径
	Height	设置导航代理的高度
	Base Offset	设置圆柱体相对于本地坐标的偏移

续表

属性分区	参数	功能
Steering	Speed	设置最大移动速度
	Angular Speed	设置最大角速度
	Acceleration	设置最大加速度
	Stopping Distance	设置离目标距离还有多远时停止
	Auto Braking	激活时,到达目标位置前将减速
Obstacle Avoidance	Quality	设置躲避障碍物的质量,如果设置为0则不躲避其他导航代理
	Priority	设置自身的导航优先级,范围是0~99,值越小,优先级越大
Path Finding	Auto Traverse Off Mesh Link	设置是否采用默认方式经过链接路径
	Auto Repath	设置当现有的路径变为无效时是否尝试获取一个新的路径
	Area Mask	设置此导航代理可以行走哪些区域类型

➢ 实践案例：自动寻路

案例构思

使用 Unity 3D 开发游戏,自动寻路可以有很多种实现方式。A 星寻路是一种比较传统的人工智能算法,在游戏开发中比较常用。另外,Unity 3D 官方内置的寻路插件 Navmesh 也可以实现自动寻路功能。本案例旨在通过一个简单的三维场景漫游实现 Navmesh 自动寻路插件的使用。

案例设计

本案例在 Unity 3D 内创建一个简单的三维场景,场景内有各种障碍,通过 Navmesh 插件可以自动寻找到目标位置。

案例实施

步骤1：新建三维场景,将其命名为 Navigation。其中,胶囊体作为动态移动的对象,球体作为导航的目标,如图8.6所示。

步骤2：选中场景中所有除了 sphere、cylinder 摄像机以及直线光以外的所有物体,单击 Inspector 面板中右上角的 Navigation Static,使这些物体成为静态物体,并设置成 Navigation Static 类型,如图8.7所示。

步骤3：执行菜单栏中的 Window→Navigation 命令,Navigation 面板如图8.8所示。

步骤4：单击该面板右下角的 Bake 按钮,即可生成导航网格,图8.9为已生成的导航网格。

步骤5：下面就可以让一个胶囊体根据一个导航网格运动到目标 Sphere 位置。执行 Component → Navigation→ Nav Mesh Agent 为该胶囊体挂载一个 Nav Mesh Agent,如图8.10所示。

第8章 导航系统

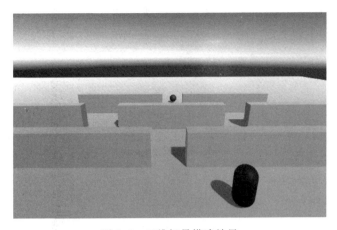

图 8.6　三维场景搭建效果

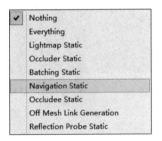

图 8.7　添加 NavMesh

图 8.8　Navigation 面板

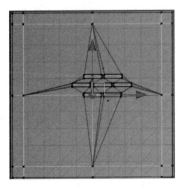

图 8.9　烘焙后的场景

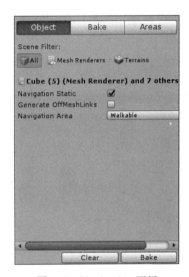

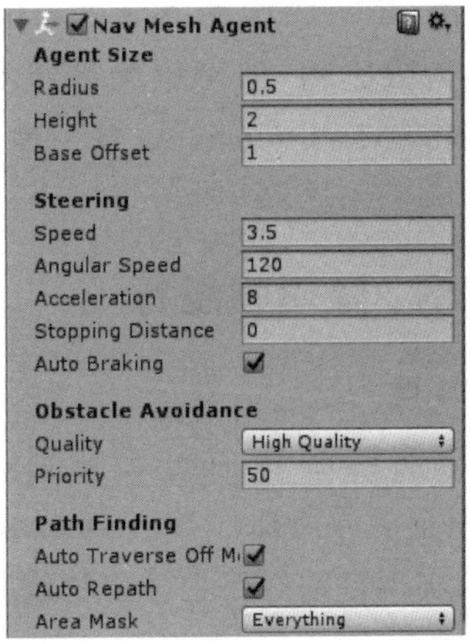

图 8.10　挂载 Nav Mesh Agent

步骤6：最后写一个脚本就可以实现自动寻路了。创建C#脚本，将其命名为DemoNavigation，脚本如下：

```
using UnityEngine;
using System.Collections;
public class DemoNavigation : MonoBehaviour {
    public Transform target;
    void Start(){
        if(target !=null)
        { this.gameObject .GetComponent < NavMeshAgent > ().destination = target.position ; }
    }
}
```

步骤7：脚本新建完成后挂载到胶囊体上，然后将Sphere赋予胶囊体的Navigation脚本，运行场景，如图8.11和图8.12所示，胶囊体会运动到Sphere的位置。

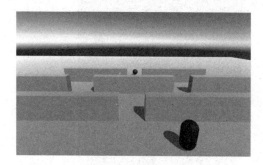
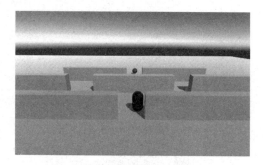

图8.11　运行测试前　　　　　　　图8.12　胶囊体开始向球体运动

8.2　障碍物

一般来说，不可攀爬的Nav Mesh都被视为障碍物（Nav Mesh Obstacle），也可以直接将物体设为障碍物，即可以为游戏对象添加Nav Mesh Obstacle组件。有别于普通的Nav Mesh，Nav Mesh Obstacle是一种不需要烘焙的障碍物，形状可以选择为立方体或胶囊体。

➤ 实践案例：障碍物绕行

案例构思

在自动寻路过程中，往往会遇到障碍物，在寻路过程中遇到障碍物要怎样解决呢？Unity官方内置的寻路插件Navmesh完美地解决了这个问题。本案例通过一个简单的有障碍的场景，实现自动寻路中障碍物绕行功能。

案例设计

本案例在Unity 3D内创建一个有障碍的场景，场景内有一个Cube用来充当障碍物，通过 Navmesh 插件实现主角遇到障碍物时自动绕行效果。

案例实施

步骤 1：执行 File→Save Scene as 命令，将 Navigation 场景另存为 Obstacle 场景，如图 8.13 所示。

步骤 2：执行 GameObject→3D Object→Cube 命令新建一个障碍物，将其放置在主角的前方，并赋予黑色材质，如图 8.14 所示。

图 8.13　将场景另存为一个新场景　　　　图 8.14　新建障碍物

步骤 3：执行 Component→Navigation→Nav Mesh Obstacle 命令添加 Nav Mesh Obstacle 组件，如图 8.15 所示。

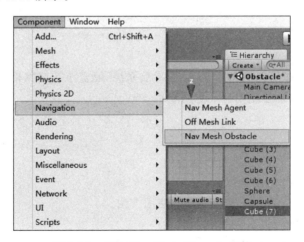

图 8.15　添加 Nav Mesh Obstacle 组件

步骤 4：单击 Play 按钮进行测试，可以发现主角会绕过黑色立方体并到达终点，效果如图 8.16 和图 8.17 所示。

图 8.16　主角绕过障碍物

图 8.17　主角到达终点

8.3　本章小结

本章主要介绍了如何使用 Unity 3D 的导航系统，涵盖了导航网格、导航代理、障碍物等知识点，通过实例可以学会使用自动寻路组件 Nav。

8.4　习题

1. 简述 Nav Mesh 的设置方法。
2. 简述 Nav Mesh Agent 属性参数的使用方法。
3. 简述寻路过程中的路网烘焙过程。
4. 对于寻路过程中的障碍物绕行应该怎样处理？
5. Nav Mesh Agent 移动到给定目标点需要利用哪个函数？该函数有几个参数？其含义分别是什么？

第 9 章

游 戏 特 效

Unity 3D 粒子系统(particle system)可以创建游戏场景中的火焰、气流、烟雾和大气效果等。粒子系统的原理是：将若干粒子组合在一起，通过改变粒子的属性来模拟火焰、爆炸、水滴、雾等自然效果。Unity 3D 提供了一套完整的粒子系统，包括粒子发射器、粒子渲染器等。本章通过项目实例讲解 Unity 3D 粒子系统在游戏特效中的应用。

9.1 粒子系统

9.1.1 粒子系统概述

粒子系统是 Reeves 在 1983 年提出的，迄今被认为是模拟不规则模糊物体最为成功的一种图形生成算法，近年来人们不断应用粒子系统绘制各种自然景物。粒子系统由大量不规则粒子构成，可以逼真地模拟真实世界中烟雾、流水、火焰等自然现象，因此成为模拟自然特效的常见方法。粒子基本上是在三维空间中渲染的二维图像，它的基本思想是：将许多简单形状的粒子作为基本元素聚集起来，形成一个不规则的模糊物体，从而构成一个封闭的系统——粒子系统。

一个粒子系统由 3 个独立部分组成：粒子发射器、粒子动画器和粒子渲染器。通常执行菜单 GameObject→Particle System 命令添加粒子系统，如图 9.1 所示。

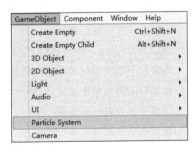

图 9.1 添加粒子系统

9.1.2 粒子系统属性

Shuriken 粒子系统是继 Unity 3.5 版本之后推出的新版粒子系统，它采用了模块化管理，个性化的粒子模块配合粒子曲线编辑器，使用户更容易创作出各种复杂的粒子效果。粒子系统的属性面板上有很多参数，游戏开发过程中可以根据粒子系统的设计要求进行相应的参数调整，如图9.2所示。

1. Particle System 通用属性

该模块为固有模块，不可删除或者禁用。该模块定义了粒子初始化时的持续时间、循环方式、发射速度、大小等一系列基本的参数，如图9.3所示，具体参数如表9.1所示。

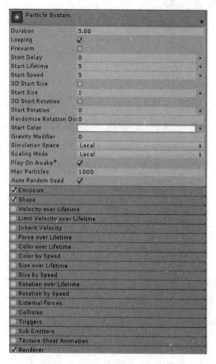

图9.2　粒子系统属性面板

图9.3　粒子系统通用属性模块

表9.1　通用属性参数

参　　数	含　义	功　　能
Duration	持续时间	设置粒子系统发射粒子的持续时间
Looping	循环	设置粒子系统是否循环
Prewarm	预热系统	设置当looping系统开启时，粒子系统在游戏开始时已经发射粒子
Start Delay	初始延迟	设置粒子系统发射粒子之前的延迟（在Prewarm启用时不能使用）
Start Lifetime	初始生命	设置粒子的初始生命值，以秒为单位
Start Speed	初始速度	设置粒子发射时的速度
Start Size	初始大小	设置粒子发射时的大小
Start Rotation	初始旋转值	设置粒子发射时的旋转值
Start Color	初始颜色	设置粒子发射时的颜色
Gravity Modifier	重力修改器	设置粒子在发射时受到重力影响
Inherit Velocity	继承速度	设置移动中的粒子继承粒子系统的移动速度
Simulation Space	模拟空间	设置粒子系统位于自身坐标系还是世界坐标系
Play On Awake	唤醒时播放	设置粒子系统被创建时是否自动播放粒子特效
Max Particles	最大粒子数	设置粒子发射的最大数量

2. Particle System 其他属性

1) Emission(发射模块)

发射模块用于控制粒子发射时的速率,可以在某个时间生成大量粒子,在模拟爆炸时非常有效,如图9.4所示,具体参数如表9.2所示。

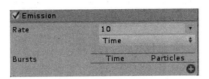

图9.4　发射模块

表9.2　发射模块参数

参　数	功　能
Rate	设置速率,每秒或每米的粒子发射数量
Bursts	设置突发,在粒子系统生存期间爆发,用＋或－调节爆发数量

2) Shape(形状模块)

形状模块用于定义发射器的形状,包括球形、半球体、圆锥、盒子等模型,并且可以提供沿形状表面法线或随机方向的初始力,控制粒子的发射位置以及方向,如图9.5所示,具体参数如表9.3所示。

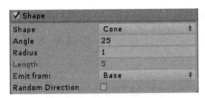 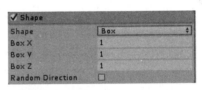

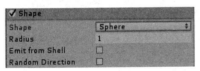 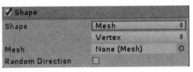

图9.5　形状模块

表9.3　形状模块参数

参　数	功　能
Shape	设置形状,可以是球形,半球体,圆锥,盒子等
Angle	设置圆锥的角度。如果是0,粒子将沿一个方向发射
Radius	设置发射形状的半径大小
Emit from Shell	设置从外壳发射。如果设置为不可用,粒子将从球体内部发射
Random Direction	设置随机方向,粒子将沿随机方向或沿表面法线发射
Box X	设置立方体X轴的缩放值

续表

参　数	功　能
Box Y	设置立方体 Y 轴的缩放值
Box Z	设置立方体 Z 轴的缩放值
Mesh	设置网格，选择一个面作为发射面

3) Velocity Over Lifetime(生命周期速度模块)

该模块控制着生命周期内每一个粒子的速度，对有物理行为的粒子效果更明显，但对于那些有简单视觉行为效果的粒子(如烟雾飘散效果)以及与物理世界几乎没有互动行为的粒子，此模块的作用并不明显，如图 9.6 所示，具体参数如表 9.4 所示。

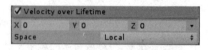

图 9.6　生命周期速度模块

表 9.4　生命周期速度模块参数

参　数	功　能
X,Y,Z	设置使用常量曲线还是在曲线中随机控制粒子的运动
Space	设置速度值在局部坐标系还是世界坐标系

4) Limit Velocity Over Lifetime(生命周期限制速度模块)

该模块控制粒子在生命周期内的速度限制以及速度衰减，可以模拟类似拖动的效果。若粒子的速度超过限定值，则粒子速度会被锁定到该限定值，如图 9.7 所示，具体参数如表 9.5 所示。

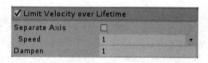

图 9.7　系统生命周期限制速度模块

表 9.5　生命周期限制速度模块参数

参　数	功　能
Separate Axis	设置分离轴，用于每个坐标轴单独控制
Speed	设置速度，用常量或曲线指定
Dampen	设置阻尼，取值范围为 0~1，值的大小决定速度被减慢的程度

5) Force Over Lifetime(生命周期受力模块)

生命周期受力模块主要用于控制粒子在生命周期内的受力情况，如图 9.8 所示，具体参数如表 9.6 所示。

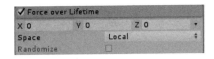

图 9.8 生命周期受力模块

表 9.6 生命周期受力模块参数

参　数	功　能
X,Y,Z	设置作用于粒子上面的力
Space	设置局部坐标系或世界坐标系
Randomize	设置随机化每帧作用在粒子上面的力

6) Color Over Lifetime(生命周期颜色模块)

生命周期颜色模块主要用于控制粒子在生命周期内的颜色变化,如图 9.9 所示,具体参数如表 9.7 所示。

图 9.9 生命周期颜色模块

表 9.7 生命周期颜色控制模块参数

参　数	功　能
Color	设置颜色,控制每个粒子在其生命周期的颜色

7) Color By Speed(颜色的速度控制模块)

颜色的速度控制模块可让每个粒子的颜色根据自身的速度变化而变化,如图 9.10 所示,具体参数如表 9.8 所示。

图 9.10 颜色的速度控制模块

表 9.8 颜色的速度控制模块参数

参　数	功　能
Color	设置颜色,控制每个粒子在其生命周期颜色受速度影响产生的变化
Speed Range	设置速度范围

8) Size Over Lifetime(生命周期大小模块)

生命周期大小模块控制每个粒子在其生命周期内的大小变化,如图 9.11 所示,具体参数如表 9.9 所示。

图 9.11 生命周期大小模块

表 9.9 生命周期大小模块参数

参　数	功　能
Size	设置大小，控制每个粒子在其生命周期内的大小

9) Size By Speed(大小的速度控制模块)

大小的速度控制模块可让每个粒子的大小根据自身的速度变化而变化，如图 9.12 所示，具体参数如表 9.10 所示。

图 9.12 大小的速度控制模块

表 9.10 大小的速度控制模块参数

参　数	功　能	参　数	功　能
Size	设置速度	Speed Range	设置速度范围

10) Rotation Over Lifetime(生命周期旋转模块)

生命周期旋转模块以度为单位指定值，控制每个粒子在生命周期内的旋转速度变化，如图 9.13 所示，具体参数如表 9.11 所示。

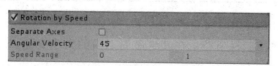

图 9.13 生命周期旋转模块

表 9.11 生命周期模块参数

参　数	功　能
Angular Velocity	控制每个粒子在其生命周期内的旋转速度，可以使用常量控制、曲线控制或曲线随机控制

11) Rotation by Speed(旋转速度控制模块)

旋转速度控制模块可让每个粒子的旋转速度根据自身速度的变化而变化，如图 9.14 所示，具体参数如表 9.12 所示。

图 9.14 旋转速度控制模块

表9.12 旋转速度控制模块参数

参　　数	功　　能
Angular Velocity	重新测量粒子的速度,使用曲线表示各种速度
Speed Range	定义旋转速度范围

12) External Force(外部作用力模块)

外部作用力模块可控制风域的倍增系数,如图9.15所示,具体参数如表9.13所示。

图9.15　外部作用力模块

表9.13　外部作用力模块参数

参　　数	功　　能
Multiplier	倍增系数

13) Collision(碰撞模块)

碰撞模块可为每个粒子建立碰撞效果,目前只支持平面碰撞,该碰撞对于简单的碰撞检测效率非常高,如图9.16所示,具体参数如表9.14所示。

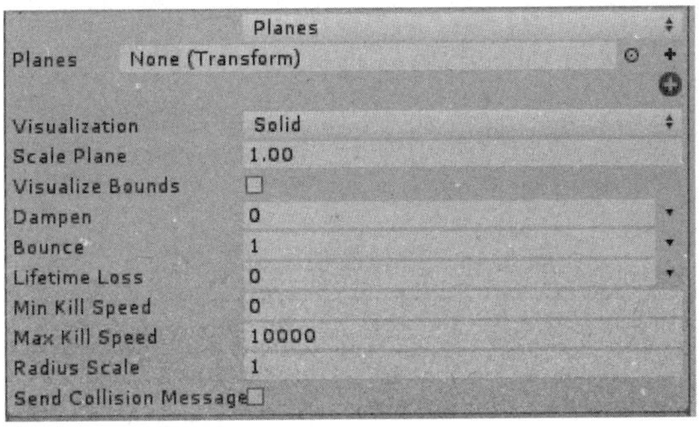

图9.16　碰撞模块

表9.14　碰撞模块参数

参　　数	功　　能
Planes	平面
Scale Plane	缩放平面
Dampen	阻尼,取值为0~1,当粒子碰撞时,阻尼将减慢速度。除非设置为1.0,任何粒子都会在碰撞后变慢
Bounce	反弹,取值为0~1。设置当粒子碰撞时的反弹速度
Lifetime Loss	生命减弱,取值为0~1。设置初始生命每次碰撞减弱的比例
Min Kill Speed	最小消亡速度,速度过低则删除
Particle Radius	粒子碰撞的半径

14）Sub Emitters（子发射器模块）

子发射器模块可使粒子在出生、消亡、碰撞 3 个时刻生成其他的粒子，如图 9.17 所示，具体参数如表 9.15 所示。

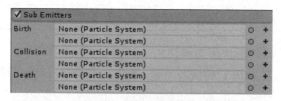

图 9.17 子发射器模块

表 9.15 子发射器模块参数

参　　数	功　　能
Birth	出生，在每个粒子出生的时候生成其他粒子系统
Collision	碰撞，在每个粒子碰撞的时候生成其他粒子系统
Death	死亡，在每个粒子死亡的时候生成其他粒子系统

15）Texture Sheet Animation（纹理层动画模块）

纹理层动画模块可使粒子在其生命周期内的 UV 坐标产生变化，生成粒子的 UV 动画。可以将纹理划分成网格，在每一格存放动画的一帧。同时也可以将纹理划分为几行，每一行是一个独立的动画。需要注意的是，动画所使用的纹理在渲染器模块下的 Material 属性中指定，如图 9.18 所示，具体参数如表 9.16 所示。

图 9.18 纹理层动画模块

表 9.16 纹理层动画模块参数

参　　数	功　　能
Tiles	平铺，定义纹理的平铺方式
Animation	动画，指定动画类型为整个表格或单行
Frame over Time	时间帧，在整个表格上控制 UV 动画
Cycles	周期，指定动画速度

16）Renderer（渲染器模块）

渲染器模块显示粒子系统渲染相关的属性，如图 9.19 所示，具体参数如表 9.17 所示。

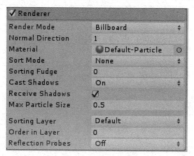

图 9.19 渲染器模块

表 9.17　渲染器模块参数

参　　数	功　　能
Render Mode	渲染模式
Normal Direction	法线方向
Material	材质选择
Sort Mode	排序模式，渲染顺序可以设定为 By Distance、Youngest First 或 Oldest First
Sorting Fudge	排序校正，使用这个参数将影响渲染顺序
Cast Shadows	设置粒子能否投射阴影
Receive Shadows	设置粒子能否接受阴影
Max Particle Size	设置最大粒子大小，有效值为 0~1

➢ 实践案例：尾焰制作

案例构思

人们经常会从电视中看见火箭升空时火箭助推器中燃料燃烧产生巨大尾焰的效果，另外，科幻电影中也常常加入一些火焰特效或爆炸效果以增强观看者的视听感受。本案例基于 Unity 3D 粒子系统制作火箭的尾焰。

案例设计

仔细观察火箭尾焰的形状，它类似焊枪喷出的火焰，但是更粗壮，喷射效果更加猛烈。在设计火箭尾焰时，颜色采用红黄相间的形式以达到逼真的效果，如图 9.20 所示。

图 9.20　火箭喷射尾焰测试效果

案例实施

步骤 1：创建粒子系统，执行 GameObject→Particle System 命令。

步骤 2：修改粒子系统基本属性参数，如图 9.21 所示。

- 设置 Start Lifetime 为 2，减少粒子的存活时间。

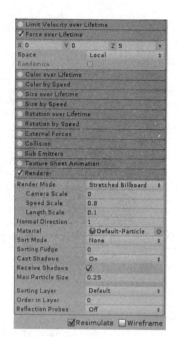

图 9.21 粒子属性

- 设置 Start Speed 为 0.1,降低粒子运动速度。
- 设置 Start Size 为 0.6,减小粒子大小。
- 设置 Start Color 为红黄相间的颜色,让粒子富于变化。
- 设置 Max Particle 为 200,减少粒子的最大数量。

步骤 3:发射频率设置。将 Rate 设置为 100,增大发射频率。

步骤 4:发射器形状设置。将 Shape 设为 Cone 模式,改变粒子发射器形状,并设置 Radius 为 0.5。

步骤 5:粒子受力设置。设置 Z 轴数值为 5,使粒子统一受到一个沿 Z 轴的力的作用。

步骤 6:渲染设置。选择一个火焰材质(或采用默认材质)。

步骤 7:单击 play 按钮测试尾焰,如图 9.22 所示。

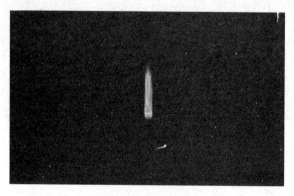

图 9.22 尾焰测试效果

步骤 8:导入火箭模型,如图 9.23 所示。

图 9.23　导入火箭模型

步骤 9：复制一个尾焰。

步骤 10：调整位置，将尾焰与火箭模型结合起来。

步骤 11：单击 Play 按钮测试效果，如图 9.20 所示。

➢ 实践案例：礼花模拟

案例构思

在节日可以看到形状各异的烟花，最常见的是爆炸后呈圆形的礼花，以象征团圆吉祥。本案例基于粒子系统构建礼花模型，通过瞬时改变粒子系统颜色以及位置变化来模拟礼花燃放时的效果。

案例设计

本案例选取最常见的礼花作为基本形状，礼花在爆炸过程中颜色要瞬时变化，这样制作出来的礼花更加真实，贴近自然生活。礼花粒子设计如图 9.24 所示。

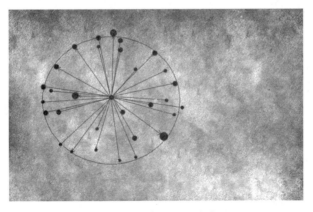

图 9.24　礼花粒子设计

案例实施

步骤 1：执行 GameObject→Particle System 命令加入粒子系统，此时在游戏视图中出现了连续不断的粒子。

步骤 2：修改粒子系统基本属性参数，如图 9.25 所示。

图 9.25　设置粒子属性

- 设置 Duration 为 0.1，降低粒子发射器发射粒子的持续时间。
- 设置 Start Lifetime 为 3，降低粒子的存活时间。
- 设置 Start Speed 为 10，增加粒子运动速度。
- 设置 Start Size 为 3，增大粒子大小。
- 设置 Start Color 为深黄色和浅黄色相间的颜色，让粒子富于变化。
- 设置 Max Particle 为 500，减少粒子的最大数量。

步骤 3：发射频率设置。将 Bursts 设置为

Time 0.0——Particles 30；

Time 0.10——Particles 30；

Time 0.0——Particles 30。

使粒子有爆炸效果。

步骤 4：发射器形状设置。将 Shape 设为 Sphere 模式，改变粒子发射器形状。

步骤 5：粒子颜色变化设置。为粒子颜色设置一个变化区域，使得礼花粒子在运动过程中颜色不断变化。

步骤 6：渲染设置。选择一个合适的礼花材质。

步骤 7：单击 Play 按钮测试礼花效果，如图 9.26 所示。

➢ 实践案例：火炬模拟

案例构思

我们经常在各种运动会上看见运动员手举火炬在运动场上奔跑的场景，火炬象征着光明、活力。本案例基于粒子系统构建一个燃烧的火炬。

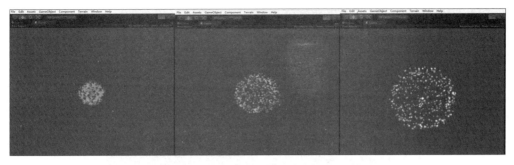

图 9.26 测试效果

案例设计

绘制出火炬的大致形状,如图 9.27 所示。

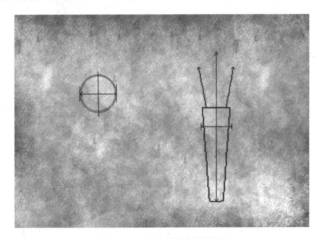

图 9.27 火炬设计效果图

案例实施

步骤 1:导入 3ds Max 火炬模型,如图 9.28 所示。

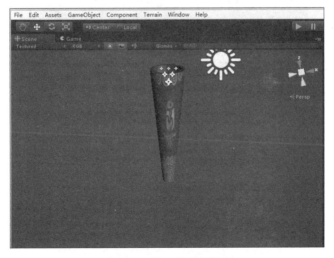

图 9.28 导入的火炬模型

步骤2：修改粒子系统基本属性参数，如图9.29所示。

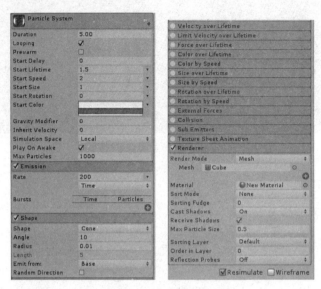

图9.29　粒子系统参数

- 设置 Start Lifetime 为 1.5，降低粒子的存活时间。
- 设置 Start Speed 为 2，降低粒子运动速度。
- 设置 Start Color 为黄色和红色相间的颜色，让粒子富于变化。

步骤3：发射频率设置。将 Rate 设置为 200，增大发射频率。
步骤4：发射器形状设置。将 Shape 设为 Cone 模式，改变粒子半径为 0.01。
步骤5：渲染设置。选择一个合适的火炬材质。
步骤6：调整位置，将火炬和粒子有机统一起来。
步骤7：单击 Play 按钮测试，如图9.30所示。

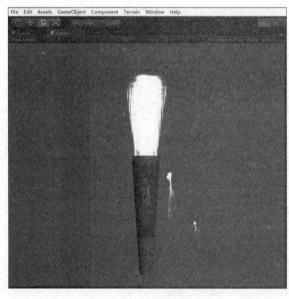

图9.30　火炬测试效果

➢ 实践案例：喷泉模拟

案例构思

喷泉的模拟是粒子系统的典型应用，与山、植物、云等自然景物的模拟相比，喷泉的模拟更显困难，因为喷泉涌动的形态千变万化，具有不规则的几何外形，很难用传统的三维建模方法来描述。由于构成喷泉的水珠具有产生、发展和消亡的自然过程，因此可以根据喷泉水珠的产生、变化和消亡来刻画喷泉水流运动的不规则变化。

案例设计

喷泉可以看作是由无数个水滴构成的，这里用粒子系统来模拟喷泉，根据其运动模型（平抛运动）来模拟每个粒子的喷射效果，无数个粒子沿不同方向的运动就形成了喷泉。

1. 喷泉形状

大量的粒子按照各自的初始方向有规律地运动形成了人们所看到的喷泉。根据实际生活经验将喷泉设计成水滴粒子以一定倾斜角度向各个方向发射，在运动过程中受重力作用自然下落，如图 9.31 所示。

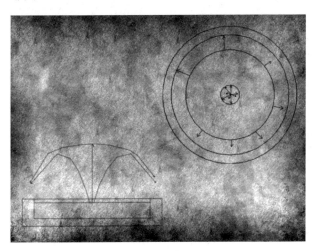

图 9.31 喷泉形状

2. 运动模型

喷泉粒子在空中要受到多个力的作用，有竖直向下的重力，还有风力等其他外力。这些力组成的力场会对喷泉粒子产生重要的影响。在本案例中对力场进行了简化，仅考虑重力作用，而忽略风力等其他外力作用。这样做能够保证喷泉系统渲染的实时性。综合重力、环境等各个因素对粒子做受力分析，在对其运动原理有一定的理解后，建立物理模型。喷泉粒子的运动本质上是斜抛运动，即粒子的初速度与水平方向有一定的夹角，如图 9.32 所示。

案例实施

步骤 1：创建粒子，执行 GameObject→Create Other→Particle System 命令。

步骤 2：修改粒子系统基本属性参数，如图 9.33 所示。

- 设置 Start Size 为 0.3，减小粒子大小。

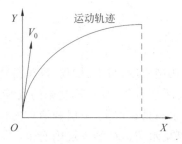

图 9.32　粒子运动模型

图 9.33　粒子属性设置

- 设置 Start Color 为蓝白相间的颜色,让水滴粒子富于变化。
- 设置 Max Particle 为 5000,增大粒子的最大数量。

步骤 3：发射频率设置。将 Rate 设置为 1000,增大发射频率。

步骤 4：发射器形状设置。将 Shape 设为 Cone 模式。

步骤 5：设置粒子速度随生命周期的变化。设置 Z 轴数值为 5,使粒子统一受到一个沿着 Z 轴的力的作用。

步骤 6：渲染设置。选择一个合适的水滴材质(也可以采用默认材质)。

步骤 7：单击 Play 按钮进行测试,如图 9.34 所示。

步骤 8：载入水资源包,执行 Assets→Import Package→Environment 命令。

步骤 9：选择需要导入的资源,单击 Import 按钮,如图 9.35 所示。

步骤 10：将载入的水资源拖到喷泉水池内。

步骤 11：单击 Play 按钮进行测试,效果如图 9.36 所示。

第9章 游戏特效

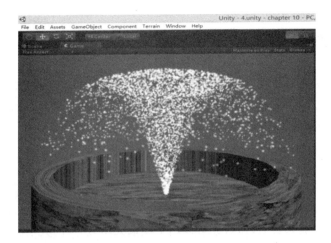

图 9.34 测试效果

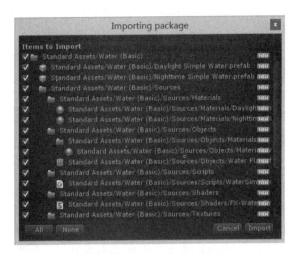

图 9.35 选择导入资源

图 9.36 测试效果图

9.2 光影特效

游戏开发过程中可以使用复杂的光影效果来增加场景的真实性与美感。本节主要介绍 Unity 3D 游戏引擎中光照系统的使用,其中包括各种形式的光源、法线贴图以及光照烘焙等技术,这些能够实现真实的游戏环境效果。

9.2.1 光照基础

对于每一个场景,灯光都是非常重要的部分。网格和纹理定义了场景的形状和外观,而灯光定义了场景的颜色和氛围。灯光将给游戏带来个性和味道,用灯光来照亮场景和对象可以创造完美的视觉效果。另外,灯光可以用来模拟太阳、燃烧的火柴、手电筒、枪火光或爆炸等效果。

Unity 3D 游戏开发引擎中内置了 4 种形式的光源,分别为点光源、定向光源、聚光灯和区域光源。执行菜单中的 GameObject→Light 命令即可查看到这 4 种不同形式的光源,单击即可添加光源。定向光源(平行光)被放置在无穷远的地方,影响场景的所有物体,就像太阳。点光源从一个位置向四面八方发出光线,就像一盏灯。聚光灯的灯光从一点发出,沿锥形范围照射,就像一辆汽车的车头灯。

选中场景中的光源,在其 Inspector 视图中就会出现灯光面板,如图 9.37 所示。在灯光面板中可以修改光源的位置、光照强度、光照范围等参数。

1. 点光源

点光源(Point Light)是一个可以向四周发射光线的点,类似于现实世界中的灯泡,如图 9.38 所示。点光源的添加可以通过执行菜单栏中的 GameObject→Light→Point Light 命令完成,添加完成后如图 9.39 所示。点光源可以移动,场景中的球体就是点光源的作用范围,光照强度从中心向外递减,球面处的光照强度基本为 0。点光源的属性面板如图 9.40 所示,具体参数如表 9.18 所示。

图 9.37 灯光面板

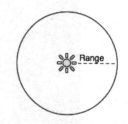

图 9.38 点光源示意图

第9章 游戏特效

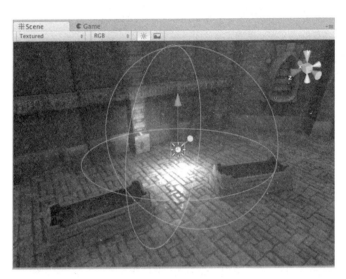

图 9.39 点光源效果图

图 9.40 点光源属性设置

表 9.18 点光源参数

参　数	含　义	功　能
Type	类型	光照类型：Directional（定向光源）、Point（点光源）、Spot（聚光灯）。当前为点光源
Range	范围	光从物体的中心发射能到达的距离
Color	颜色	光线的颜色
Intensity	强度	光线的明亮程度
Cookie	光罩纹理图	为灯光附加一个纹理。该纹理的 alpha 通道将被作为蒙板，使光线在不同的地方有不同的亮度
Shadow Type	阴影类型	由灯光所投射的阴影，有软阴影和硬阴影两种类型
Draw Halo	绘制光晕	若选中此复选框，光线就具有一定半径范围的球形光晕
Flare	耀斑	在光的位置渲染出耀斑
Render Mode	渲染模式	Auto（自动）、Important（重要）、Not Important（不重要）
Culling Mask	消隐遮罩	有选择地使组对象不受光的效果影响
Lightmapping	光照贴图模式	Realtime Only（仅实时计算）、Auto（自动）、Baked Only（仅烘焙）

2. 定向光源

定向光源发出的光线是平行的，从无限远处投射光线到场景中，类似于太阳，适用于户外照明，如图 9.41 所示。定向光源的添加可以通过执行菜单栏中的 GameObject→Light→Directional Light 命令完成，具体参数如图 9.42 所示。定向光源在场景中如果发生位置变化，它的光照效果不会发生任何改变，可以把它放到场景中的任意地方。如果旋转定向光源，那么它产生的光线照射方向就会随之发生变化。定向光源会影响场景中的对象的所有表面，它在图形处理器中是最不耗费资源的，并且支持阴影效果。其参数如表9.19所示。

图9.41 定向光源示意图

图9.42 定向光源属性设置

表9.19 定向光源参数

参 数	含 义	功 能
Type	类型	光照类型：Directional(定向光源)、Point(点光源)、Spot(聚光灯)。当前为点光源
Color	颜色	光线的颜色
Intensity	强度	光线的明亮程度
Cookie	光罩纹理图	为灯光附加一个纹理。该纹理的alpha通道将被作为蒙板，使光线在不同的地方有不同的亮度
Cookie Size	光罩纹理图大小	缩放光罩纹理图投影
Shadow Type	阴影类型	由灯光投射形成的阴影，有软阴影和硬阴影两种类型
Draw Halo	绘制光晕	如果勾选此项，光线就具有一定半径范围的球形光晕
Flare	耀斑	在光的位置渲染出来
Render Mode	渲染模式	Auto(自动)、Important(重要)、Not Important(不重要)
Culling Mask	消隐遮罩	消隐遮罩，有选择地使组对象不受光的效果影响
Lightmapping	光照贴图模式	Realtime Only(仅实时计算)、Auto(自动)、Baked Only(仅烘焙)

3. 聚光灯

聚光灯只在一个方向上沿圆锥体范围发射光线，如图9.43所示。聚光灯光源的添加可以通过执行菜单栏中的GameObject→Light→Spot Light命令完成，如图9.44所示。具体属性如图9.45和表9.20所示。聚光灯可以移动，在场景中由细线围成的锥体就是聚光灯光源的作用范围，光照强度从锥体顶部向下递减，锥体底部的光照强度基本为0。聚光灯同样也可以带有光罩纹理图，这可以很好地创建光芒透过窗户的效果，如图9.44所示。

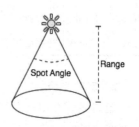

图9.43 聚光灯示意图

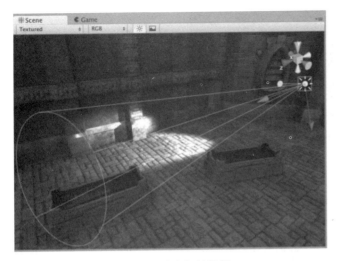

图 9.44 聚光灯效果图

图 9.45 聚光灯属性

表 9.20 聚光灯参数

参 数	含 义	功 能
Type	类型	光照类型：Directional(定向光源)、Point(点光源)、Spot(聚光灯)。当前为点光源
Range	范围	光从物体的中心发射能到达的距离
Spot Angle	聚光灯角度	灯光的聚光角度
Color	颜色	光线的颜色
Intensity	强度	光线的明亮程度
Cookie	光罩纹理图	为灯光附加一个纹理。该纹理的 alpha 通道将被作为蒙板，使光线在不同的地方有不同的亮度
Shadow Type	阴影类型	由灯光投射的阴影，有软阴影和硬阴影两种类型
Draw Halo	绘制光晕	如果勾选此项，光线就具有一定半径范围的球形光晕
Flare	耀斑	在光的位置渲染出来
Render Mode	渲染模式	Auto(自动)、Important(重要)、Not Important(不重要)
Culling Mask	消隐遮罩	有选择地使组对象不受光的效果影响
Lightmapping	光照贴图模式	Realtime Only(仅实时计算)、Auto(自动)、Baked Only(仅烘焙)

4. 区域光

区域光在空间中以一个矩形展现，光从矩形一侧照向另一侧的过程中会衰减。因为区域光非常占用CPU，所以是唯一必须提前烘焙的光源类型。区域光适合用来模拟街灯，它可以从不同角度照射物体，所以明暗变化更柔和。

执行 GameObject→Create Other→Area Light 命令，即可在当前场景中创建一个区域光光源，在游戏对象列表中选中创建的区域光，在属性面板中可以看到区域光的具体属性，如图 9.46 所示，具体参数如表 9.21 所示。

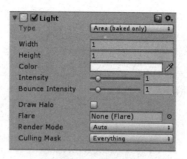

图 9.46 区域光属性面板

表 9.21 区域光的参数

参　数	含　义	功　能
Type	类型	当前灯光对象的类型
Directional	定向光源	灯光放在无穷远处，影响场景里的所有物体
Point	点光源	灯光从其所在的位置向各个方向发出光线，影响其范围内的所有对象
Spot	聚光灯	按照聚光灯的角度和范围定义一个圆锥区域，只有在这个区域内的对象才会受到光线照射
Area	区域光	只在自定义的区域内发出光线
Spot Angle	聚光灯角度	聚光灯的角度
Color	颜色	光线的颜色
Intensity	强度	光线的明亮程度，默认值为 1
Width	宽度	设置区域光范围的宽度，默认值为 1
Height	高度	设置区域光范围的高度，默认值为 1

9.2.2 阴影

1. 开启光的阴影

Unity 3D 中受到光源照射的物体会投射阴影（shadow）到物体的其他部分或其他物体上。选中 Light，在 Inspector 面板中可以通过 Shadow Type 设置阴影，有 3 个选项：No Shadows（无阴影）、Hard Shadows（硬边缘阴影）和 Soft Shadows（软边缘阴影）。其中，No Shadows 不产生阴影；Hard Shadows 产生边界明显的阴影，甚至是锯齿，没有 Soft Shadows 效果好，但是运行效率高，并且效果也是可以接受的。Strength 决定了阴影的明暗程度，Resolution（分辨率）是用来设置阴影边缘的，如果想要比较清晰的边缘，需要设置较高分辨率。

2. 阴影种类

Lightmapping 有 3 种选择：Realtime Only、Baked Only、Auto。

- Realtime Only：所有场景物体的光照都实时计算，实时光照的系统开销比较大。
- Baked Only：只显示被烘焙过的场景的光照效果。可以选择一些静态物体进行烘焙,这里的静态物体是指在游戏过程中不会动的物体,因此可以在游戏运行前就先把光照效果做好,生成光照贴图,在游戏运行的时候直接把光照贴图显示出来就可以了,不用实时计算光照效果,用空间(贴图的存储空间)换取了时间(实时光照的计算时间)。

- Auto:是上述两者的结合,如果选择这个模式,那么被烘焙过的部分就用光照贴图直接显示,没有被烘焙过的地方就实时计算。

烘焙是一种离线计算,它采用光线追踪算法来模拟现实世界中光的物理特性,如反射、折射及衰减,光无法到达的地方皆为阴影;实时阴影是一种更加精简的模拟,它忽略了光的众多物理特性,利用数学方法人为地制造阴影。烘焙阴影是光线追踪算法的自然产物,准确无误,真实过渡,但由于其计算量巨大,阻碍了它在游戏中的实时运用。不能实时运用并不代表光线追踪不能应用到游戏中,实际上游戏中存在大量静止的物体,如场景中的地形、房屋等,在灯光不变的情况下,这些物体产生的阴影也是固定不变的。

➢ 实践案例:光照过滤

案例构思

为了给同一游戏场景下的不同物体添加不同的光照效果,Unity 3D 为游戏开发者提供了光照过滤功能。本案例旨在通过对光照过滤功能的讲解帮助读者更好地掌握 Unity 3D 光照技术,实现三维游戏场景光照效果。

案例设计

本案例设计一个简单的三维场景,场景中分别摆放一个球体和一个立方体,通过设置物体的不同层级,并设置光照的 Culling Mask(消隐遮罩)属性,让光只照射某一层中的物体,形成光照过滤,效果如图 9.47 所示。

图 9.47 光照过滤效果

案例实施

步骤1:创建一个新场景,将其命名为 Light。
步骤2:执行 GameObject→3D Object→Cube 命令创建一个立方体。
步骤3:执行 GameObject→3D Object→Sphere 命令创建一个球体。

步骤4：执行GameObject→Light→Directional Light命令创建一个平行光源，场景效果如图9.48所示。

图9.48　场景效果　　　　　　　　　　图9.49　Add Layer选项

步骤5：在游戏组成对象列表中任意选择一个游戏对象，然后在属性面板的Layer(层)选项列表中选择Add Layer选项，如图9.49所示。进入添加层的设置界面，在里面添加Sphere层和Cube层，如图9.50所示。

步骤6：在游戏对象列表中选中Cube，然后在属性面板的Layer(层)选项列表中选择刚刚添加的Cube层，这样就将立方体放入了Cube层中。

步骤7：在游戏对象列表中选中Sphere，然后在属性面板的Layer(层)选项列表中选择刚刚添加的Sphere层，这样就将球体放入了Cube层中。

步骤8：在游戏对象列表中选择Directional Light，在属性面板的Culling Mask(消隐遮罩)选项列表中选择对应的层，如图9.51所示。单击Play按钮进行测试，可以看到光照只影响对应层中的物体，实现了光照过滤的效果。

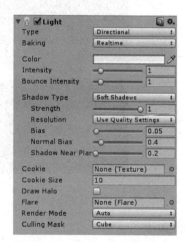

图9.50　添加层　　　　　　　　　　图9.51　Culling Mask设置

9.3 音乐特效

在视频游戏中,音频也很重要。大多数游戏都会播放背景音乐和音效,因此 Unity 3D 也提供了音频功能以便在游戏中播放背景音乐和音效。音频的播放可以分为两种,一种为游戏音乐,另一种为游戏音效。前者是较长的音乐,如游戏背景音乐。后者是较短的声音,如枪声、打怪物时的"砰砰"声。Unity 3D 可以导入和播放各种不同的音频文件格式,调整声音的音量甚至处理场景中特定位置的音效。

9.3.1 导入音效

在播放音效之前,要将音效文件导入到 Unity 3D 项目中。Unity 3D 支持不同类型的音频格式,选择音频格式最主要的考虑因素是它们所应用的压缩算法。压缩减小了文件的大小,但是会导致一些文件信息丢失,音频压缩可以丢弃那些不重要的信息,以便压缩后的声音听起来还不错,然而,压缩会导致微小的质量损耗,因此需要根据实际情况选择音频文件。通常 Unity 3D 在导入音频后会对其进行压缩,所以通常选择 WAV 和 AIFF 文件格式。Unity 3D 支持的主要音频文件格式如表 9.22 所示。

表 9.22 Unity 3D 支持的音频文件格式

文件类型	适 用 情 况
WAV	Windows 默认的音频格式,未压缩的声音文件。适用于较短的音乐文件,可用作游戏打斗音效
AIFF	Mac 默认的音频格式,未压缩的声音文件。适用于较短的音乐文件,可用作游戏打斗音效
MP3	压缩的声音文件,适用于较长的音乐文件,可用作游戏背景音乐
OGG	压缩的声音文件,适用于较长的音乐文件,可用作游戏背景音乐

在收集好音频文件后,需要将其导入到 Unity 3D 中,导入音频文件和导入其他资源的实际机制一样简单,从文件在计算机中的位置将其拖曳到 Unity 3D 中的 Project 视图中即可,如图 9.52 所示。

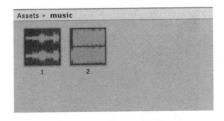

图 9.52 导入音频文件

9.3.2 播放音效

音效的播放涉及两个元素:声音源(Audio Source)和音频侦听器(Audio Listener),这两个元素都是某个具体游戏对象的组件属性,例如 Main Camera 对象默认情况下具有

Audio Listener 属性。

1. 音频侦听器

音频侦听器在游戏场景中是不可或缺的，它在场景中类似于麦克风设备，从场景中任何给定的音频源接受输入，并通过计算机的扬声器播放声音。一般情况下将其挂载到摄像机上，执行 Component→Audio→Audio Listener 命令可添加音频侦听器，如图 9.53 所示。

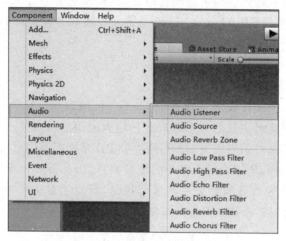

图 9.53 音频侦听器

2. 音频源

在游戏场景中播放音乐就需要用到音频源（Audio Source）。其播放的是音频剪辑（Audio Clip），音频可以是 2D 的，也可以是 3D 的。若音频剪辑是 3D 的，声音会随着音频侦听器与音频源之间距离的增大而衰减。执行 Component→Audio→Audio Source 命令添加音频源，如图 9.54 所示。参数如表 9.23 至表 9.25 所示。

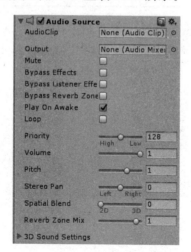

图 9.54 音频源

表 9.23 音频源参数

参 数	含 义	功 能
AudioClip	音频剪辑	将要播放的声音片段
Output	输出	音频剪辑通过音频混合器输出
Mute	静音	如果勾选此选项,那么音频在播放时没有声音
Bypass Effects	忽视效果	用来快速打开或关闭所有特效
Bypass Listener Effect	忽视侦听器效果	用来快速打开或关闭侦听器特效
Bypass Reverb Zone	忽视混响区	用来快速打开或关闭混响区
Play On Awake	唤醒时播放	如果启用,声音在场景启动时就会播放;如果禁用,声音需要在脚本中通过 Play 命令播放。
Loop	循环	循环播放音频
Priority	优先权	确定场景中所有并存的音频源的优先权
Volume	音量	音频侦听器监听到的音量
Pitch	音调	改变音调值,可以加速或减速播放音频剪辑
Spatial Blend	空间混合	通过三维空间化计算来确定音频源受影响的程度

表 9.24 3D 音效参数

参 数	含 义	功 能
Doppler Level	多普勒级别	决定多普勒效应应用到这个声音信号源的级别
Volume Rolloff	音量衰减模式	设置音量衰减模式
Logarithmic Rolloff	对数衰减	当远离对象时,声音显著下降
Linear Rolloff	线性衰减	越是远离声音源,则可以听见的声音越小
Custom Rolloff	自定义衰减	根据设置的衰减图形来控制声音源的声音变化
Pan Level	平衡调整级别	设置 3D 引擎用于声源的幅度
Spread	扩散	设置 3D 立体声或者多声道音响在扬声器空间的传播速度
Max Distance	最大距离	声音停止衰减距离

表 9.25 2D 音效参数

参 数	含 义	功 能
Pan 2D	2D 平衡调整	影响引擎在声音源上的变化

➤ 实践案例:背景音乐播放

案例构思

游戏音乐不仅提供一个游戏背景,还是游戏中一项不可或缺的勾勒故事线的手段。游戏音乐是通过声音的方式来帮助游戏提升玩家游戏感受的,所以游戏音乐的类型会随着游戏风格的改变而作出相应调整。本案例旨在通过代码实现背景音乐的播放、暂停和停止功能。

案例设计

本案例由一个简单的三维场景和 UI 界面混合而成,该 UI 界面有 3 个按钮,分别控制声音的播放、暂停和停止,效果如图 9.55 所示。

图 9.55　案例运行效果图

案例实施

步骤 1:创建场景,将其命名为 audio,保存场景。

步骤 2:在 Project 视图中新建 3 个文件夹,命名为 Audio、Script、Texture,分别用于存放音频文件、脚本文件和纹理贴图文件。

步骤 3:将音频资源直接拖曳到 Project 视图中的 Audio 文件夹下,载入声音资源 1.mp4。

步骤 4:执行 GameObject→UI→Panel 命令,在场景中创建用于存放背景图片的面板,如图 9.56 所示。

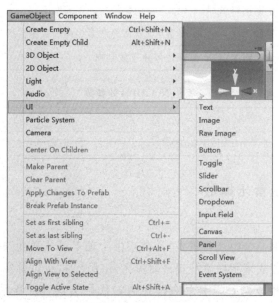

图 9.56　创建 Panel

步骤5：选中背景图片，在Inspector属性面板中将其属性变为Sprite精灵，如图9.57所示。

图9.57 制作精灵

步骤6：添加背景图片。选中Panel，在其Inspector属性面板中SourceImage处选择背景图片，完成背景图片的添加，如图9.58所示。

图9.58 背景贴图

步骤7：执行GameObject→UI→Button命令，创建3个按钮，选择其子对象Text，在其属性面板中将Text文本修改为"播放""暂停""停止"，如图9.59所示。

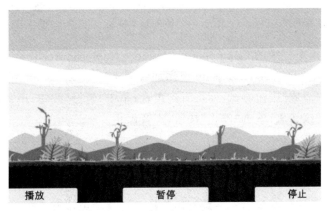

图9.59 Button效果

步骤8：创建C#脚本，将其命名为AudioSetting，输入下列代码。

```csharp
using UnityEngine;
using System.Collections;
using UnityEngine.UI;
public class AudioSetting : MonoBehaviour {
    AudioSource musics;
    //用于初始化
    void Start(){
        musics=this.GetComponent<AudioSource>();
    }
    public void pressbofang(){
        if(!musics.isPlaying)
            musics.Play();
    }
    public void presszanting(){
        if(musics.isPlaying)
            musics.Pause();
    }
    public void presstingzhi(){
        if(musics.isPlaying)
            musics.Stop();
    }
}
```

步骤9：将脚本连接到Main Camera上。

步骤10：选中"播放"按钮，单击On Click下的"+"图标，并将Main Camera拖曳到左侧栏中，在右边的方法列表里找到pressbofang方法，如图9.60所示。

步骤11：按照上述方法为"暂停"和"停止"按钮链接脚本，如图9.61和图9.62所示。

图9.60　播放脚本链接

图9.61　暂停脚本链接

图9.62　停止脚本链接

步骤12：执行菜单栏中的Component→Audio→Audio Source命令为Main Camera添加Audio Source属性，同时在AudioClip里添加音频文件1.mp4。

步骤13：单击"播放"按钮测试，即可听到声音；单击"暂停"按钮，声音暂停播放；再单击"播放"按钮，声音继续播放；单击"停止"按钮，声音停止。

➢ 综合案例：万圣节的尖叫

案例构思

本案例以粒子系统为背景制作一段万圣节粒子特效动画。万圣夜（Halloween意为"万圣节（诸圣节）的前夜"），中文常称为万圣节前夕，在每年的10月31日，是西方世界的传统节日。

案例设计

整个万圣节动画中充满阴森恐怖的气氛,漆黑的夜晚中弥漫着由粒子系统构成的烟雾,恐怖的鬼脸悬挂在天空中,不时发出可怕的笑声,蝙蝠在夜晚抖动着翅膀,如图 9.63 所示。

图 9.63 鬼脸设计效果图

案例实施

步骤 1:资源加载。加载图片以及声音资源,如图 9.64 所示。

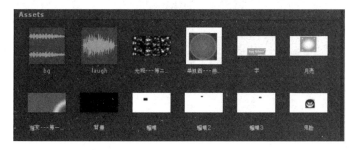

图 9.64 资源加载效果图

步骤 2:修改 Main Camera 属性。将 Clear Flags 由默认的 Sky Box 修改为 Solid Color,实现天空背景漆黑一片的效果,如图 9.65 所示。

图 9.65 修改 Camera 属性

步骤 3:修改图片属性。选中图片,修改右侧 inspector 属性,将其变为 sprite(精灵),如图 9.66 所示。

步骤 4:布置场景。将资源图片拖入 Hierarchy 视图,如图 9.67 所示。

步骤 5:实现蝙蝠抖动效果。创建 C♯脚本,编写代码,链接到蝙蝠身上。

```
using UnityEngine;
using System.Collections;
public class bianfu : MonoBehaviour {
```

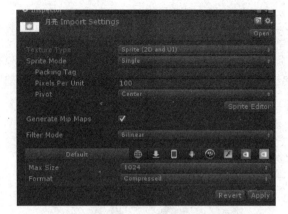

图 9.66　修改图片属性

图 9.67　场景布置效果

```
Vector3 origPos;
Vector3 pos;
float elapse;
public float interval=0.05f;
public float range=0.05f;
//用于初始化
void Start(){
    origPos=transform.position;
}
//每帧更新一次
void Update(){
    elapse +=Time.deltaTime;
    if(elapse>interval){
        pos.x=origPos.x+Random.Range(-range,range);
        pos.y=origPos.y+Random.Range(-range,range);
        transform.position=pos;
        elapse=0.0f;
    }
}
```

步骤6：创建粒子系统，修改位置参数，如图9.68所示。

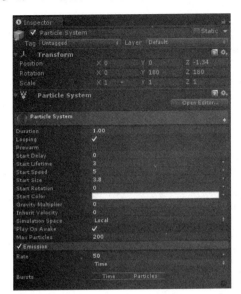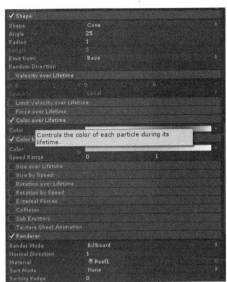

图9.68 粒子系统属性参数

步骤7：添加音效。在Audio Source上挂载bg音乐，再挂载到Main Camera上。执行Component→Audio Source命令，将笑声音效挂载到鬼脸上。

步骤8：淡入淡出效果，创建C#脚本，挂鬼脸身上。

```
using UnityEngine;
using System.Collections;
public class danru : MonoBehaviour {
    public float duration=5.0f;
    float elapse;
    //Use this for initialization
    void Start(){
    }
    void setAlpha(float a){
        var sp=GetComponent<SpriteRenderer>();
        var c=sp.color;
        c.a=a;
        sp.color=c;
    }
    void Update(){
        if(elapse<duration){
            elapse+=Time.deltaTime;
            setAlpha(elapse/duration);
        }
    }
}
```

步骤9：创建C#脚本，链接到Main Camera上，属性赋值参数如图9.69所示。

```csharp
using UnityEngine;
using System.Collections;
public class control : MonoBehaviour {
    float []timearray=new float[]{4,6,8,10,12};
    int index;
    public GameObject particle;
    public GameObject bat;
    public GameObject word;
    public GameObject face;
    bool canClick;
    void Start(){
        particle.SetActive(false);
        bat.SetActive(false);
        face.SetActive(false);
        word.SetActive(false);
    }
    void Update(){
        if (index < timearray.Length && Time.realtimeSinceStartup >= timearray[index]){
            OnTime(index);
            index++;
        }
        if(canClick && Input.GetMouseButton(0)){
            word.SetActive(true);
        }
    }
    void OnTime(int index){
        switch(index){
            case 0:{
                particle.SetActive(true);
                break;
            }
            case 1:{
                bat.SetActive(true);
                break;
            }
            case 2:{
                face.SetActive(true);
                break;
            }
            case 3:{
                face.GetComponent<AudioSource>().Play();
                break;
            }
            case 4:{
```

```
                canClick=true;
                break;
            }
        }
    }
}
```

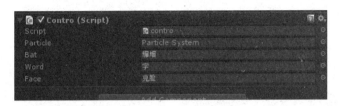

图 9.69　属性赋值参数图

步骤 10：单击 Play 按钮测试效果，发现经过时间的推移，夜空中逐渐出现了月亮、粒子烟雾、鬼脸、蝙蝠等元素，另外还有阵阵笑声发出，效果如图 9.70 所示。

图 9.70　运行效果

9.4　本章小结

本章重点讲解了粒子系统的属性参数使用方法，基于不同的参数变换出一系列粒子特效，使学习者在理解粒子系统参数的基础上扩展知识点，制作出各种不同的绚丽粒子特效。实践过程中主要通过尾焰制作、烟花模拟、火炬模拟、喷泉模拟 4 个案例讲解了如何在游戏场景中加入粒子特效的方法，使学习者熟悉 Unity 3D 粒子系统，将粒子特效带入 Unity 3D 游戏世界。

9.5　习题

1. 肥皂泡模拟，请参考图 9.71 参数模拟肥皂泡，效果如图 9.72 所示。
2. 简述 4 种光影的照明效果及用途。
3. 什么是粒子系统？粒子系统的应用有哪些领域？
4. 粒子系统由哪些模块组成？每一模块的功能是什么？
5. 根据本章介绍的粒子系统知识，制作出一个三维虚拟漫游场景并加入背景音效。

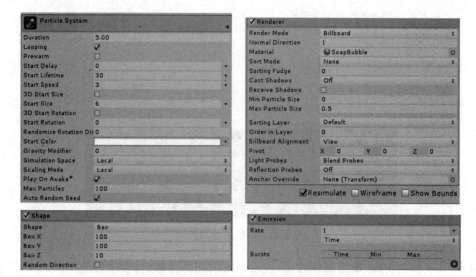

图 9.71 粒子系统属性参数设置

图 9.72 肥皂泡模拟效果

第10章

二维卡牌游戏开发

从世界第一款游戏《兵兵》面世至今,二维游戏一直在游戏史上扮演着非常重要的角色。任天堂公司的《超级玛丽》、大宇公司的《仙剑奇侠传》都是经典的二维游戏。而任何一款二维游戏都可以通过 Unity 3D 来实现。一般来说,二维游戏以正交摄像机作为观察者,以面片模型作为被观察物,而这种二维游戏专用的面片模型就是精灵。本章主要讲解 Unity 3D 中的二维游戏开发知识,并以卡牌游戏为例讲解二维游戏开发方法。

10.1 正交摄像机

新建工程后,设置摄像机的投影方式为正交投影,即调整参数为 Orthographic,如图 10.1 所示。摄像机所能看到的是一个立方体,如图 10.2 所示。

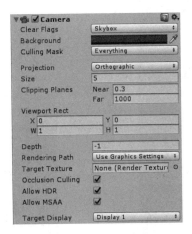

图 10.1 摄像机参数

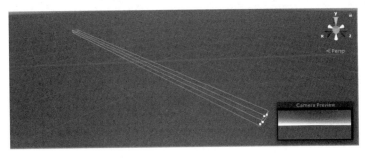

图 10.2 正交摄像机

10.2 精灵

在二维游戏中,被观察物是精灵。屏幕上显示的二维图片都叫作精灵,例如游戏里的角色、场景装饰等散布在场景中的道具都是精灵。

10.2.1 精灵的实现

精灵的实现分为 3 步:编辑器的设置、图片导入和精灵显示。

1. 编辑器设置

首先在编辑器设置中将开发模式设置为 2D,执行菜单栏中的 Edit→Project Settings→Editor 命令,打开编辑器设置面板,如图 10.3 所示。将 Default Behavior Mode 下的 Mode 参数设置为 2D。然后向项目中导入图片资源,默认为 Sprite 类型。

2. 图片导入

将需要的图片拖入 Project 视图中完成导入。选中导入的图片,查看 Inspector 属性编辑器下的图片设置信息。Texture Type(纹理类型)设置为 Sprite(2D and UI),如图 10.4 所示。

图 10.3 编辑器设置

图 10.4 设置纹理类型

3. 精灵显示

将图片拖入 Hierarchy 视图内,即完成了精灵的显示,可以看到生动的精灵已经显示在 Scene 窗体内了,如图 10.5 所示。

图 10.5 图片精灵显示效果

10.2.2 精灵的尺寸

单击 Scene 视图内顶部的 2D 按钮,可以看到 Scene 场景的视角已经被锁定为正交模式。如图 10.6 所示,有 4 个圆点位于精灵的 4 个顶角上,拖动任意一个圆点,精灵都会随着鼠标的移动放大或缩小。同时观察 Inspector 属性编辑器中的 Transform 组件,它们的比例也随之变化。当按住 Shift 键拖动圆点时,精灵会以固定的长宽比缩放。当按住 Alt 键拖动圆点时,就会从中心向四周等比缩放。当鼠标靠近圆点时,会出现旋转提示,这时可以旋转精灵。

图 10.6 正交模式效果

10.2.3 精灵渲染器

精灵渲染器(Sprite Renderer)是添加在游戏对象上用以渲染精灵的组件,将图片渲染到场景世界里。将图片拖入 Hierarchy 视图,Unity 3D 就会创建一个游戏对象,并添加 Sprite Renderer 组件,如图 10.7 所示。如果游戏中需要显示或隐藏精灵,可以设置 Sprite Renderer 的 Enable 参数为 True 或 False。Sprite Renderer 的具体参数如表 10.1 所示。

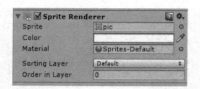

图 10.7 Sprite Renderer 属性面板

表 10.1 Sprite Renderer 参数

参　数	功　能
Sprite	设置要渲染的精灵对象
Color	设置该渲染网格的顶点颜色
Material	设置用来渲染精灵的材质球
Sorting Layer	设置精灵优先渲染的图层
Order in Layer	设置精灵基于层的优先级渲染，值越小，渲染顺序越靠前

10.2.4　图片导入设置

在 Project 视图中选中之前的图片，Inspector 属性编辑器中的图片导入设置如图 10.8 所示。

图 10.8　图片导入设置

- Sprite Mode 有两种模式：Single 和 Multiple，分别用于处理一张图承载单个美术元素和多个美术元素的资源。
- Packing Tag 是标示 Sprite Packer 的标示字符。
- Pixels Per Unit 是指多少像素对应一个 Unity 3D 单位。二维游戏所使用的图片以像素为单位，Unity 3D 的单位是 Unit。
- Sprite Editor：精灵编辑器按钮。
- Generate Mip Maps：生成 Mip Maps。当纹理在屏幕上非常小的时候，Mip Maps 是可供使用的纹理的较小版本。

10.2.5 精灵编辑

在图片导入过程中,有时候还需要对图片承载的精灵进行处理。例如,一张图片中包含多个精灵,或者将多个道具放在一张图片里,或者主角挥刀的动作按照动作的时间点被拆解成多张图片。这种播放动画的方式叫帧动画,每个时间点为一帧,同城一组帧动画会全部放入一张图片中,如图 10.9 所示。帧动画需要在精灵编辑器中进行设置,并将图片切割成一个个精灵。

图 10.9　帧动画序列

导入帧动画序列,在 Inspector 属性面板中单击 Sprite Editor 按钮,打开精灵编辑界面。单击左上方的 Slice 按钮,弹出裁剪方式面板,单击 Slice 按钮进行裁剪,如图 10.10 所示。

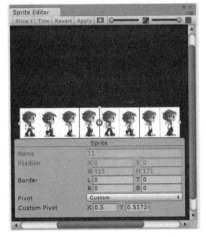

图 10.10　精灵编辑器设置

10.3　二维物理系统

在第 6 章介绍了三维物理系统,Unity 3D 还提供了专门制作二维游戏的物理系统。二维物理系统和三维物理系统有很多共同之处,通过设置一些简单的参数,可以创建逼真的物理效果,例如真实的碰撞、速度衰减和受到冲击的表现效果。执行 Component→Physics 2D 命令即可创建二维物理组件,如图 10.11 所示。

10.3.1　刚体

Rigidbody2D 即二维刚体组件,刚体组件可以使一个对象在物理引擎下被赋予物理参数,许多参数从标准的刚体组件继承而来。在二维物理系统中,对象只能移动在 XY 平面,并且只能以垂直于该平面的轴旋转,刚体组件属性面板如图 10.12 所示,具体参数如表 10.2 所示。

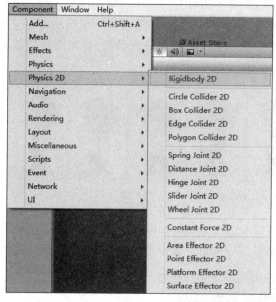

图 10.11 物理组件菜单

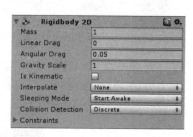

图 10.12 二维刚体组件属性

表 10.2 二维刚体组件参数

参 数	功 能
Mass	物体的质量(任意单位)
LinearDrag	风阻系数,影响位移运动
Angular Drag	风阻系数,影响旋转运动
Gravity Scale	重力缩放度,影响施加给刚体的重力
Is Kinematic	游戏对象是否遵循运动学物理定律,若激活该项,该物体不再受物理引擎驱动,而只能通过变换来操作
Interpolate	物体运动差值模式,当发现刚体运动时抖动,可以选择其内的选项
Sleeping Mode	当刚体处于静止状态,使物体休眠以节省处理时间
Collision Detection	碰撞检测模式,用于避免高速物体穿过其他物体而未触发碰撞
Constraints	对刚体运动的约束

10.3.2 碰撞体

碰撞体用于处理游戏对象之间的碰撞。可为 2D 精灵添加圆形碰撞体、方形碰撞体、边缘碰撞体和多边形碰撞体,二维碰撞体检测消息的方法如表 10.3 所示。

表 10.3　二维碰撞体检测消息方法

方法	功能
OnCollisionEnter2D	当传入的碰撞体进入这个对象的碰撞体时发送
OnCollisionExit2D	当另一个对象上的碰撞体离开这个对象的碰撞体时发送
OnCollisionStay2D	当另一个对象的碰撞体停留在这个对象的碰撞体内时每帧发送
OnTriggerEnter2D	当另一个对象的碰撞体进入这个对象的触发器时发送
OnTriggerExit2D	当另一个对象的碰撞体离开这个对象的触发器时发送
OnTriggerStay2D	当另一个对象的碰撞体停留在这个对象的触发器内时每帧发送

1. 二维圆形碰撞体

二维圆形碰撞体(Circle Collider 2D)可以使用脚本控制开关，在二维物理系统中使用，如图 10.13 所示，具体参数如表 10.4 所示。圆形碰撞体的形状是一个在精灵的局部坐标空间中给定了位置和半径的圆。圆形碰撞体是性能最好的碰撞组件，在游戏开发时经常用在子弹上或者近似圆形的精灵上。

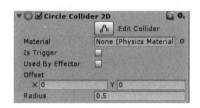

图 10.13　二维圆形碰撞体属性面板

表 10.4　二维圆形碰撞体参数

参数	功能
Material	设置物理材质
Is Trigger	是否是触发器
Used By Effector	是否对碰撞体使用附加效果
Offset	设置碰撞体本地坐标系的几何偏差
Radius	设置自身坐标系单位圆的半径

2. 二维方形碰撞体

二维方形碰撞体(Box Collider 2D)，即二维盒子碰撞体，如图 10.14 所示。它的形状是一个矩形，在精灵的局部坐标系空间中，以设定的偏移和宽高显示。具体参数如表 10.5 所示。

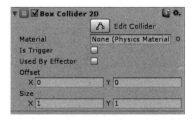

图 10.14　二维方形碰撞体属性面板

表 10.5　二维方形碰撞体参数

参　数	功　能
Material	设置物理材质
Is Trigger	是否是触发器
Used By Effector	是否对碰撞体使用附加效果
Offset	设置碰撞体本地坐标系的几何偏差
Size	设置自身坐标系单元框的大小

3．二维边缘碰撞体

二维边缘碰撞体（Edge Collider 2D）的边缘是由线段组成的，可以进行精确的调整，以适应精灵图形，如图 10.15 所示。二维边缘碰撞体的边缘不必完全封闭，可以是简单的直线形或 L 形。具体参数如表 10.6 所示。

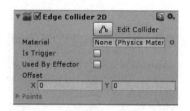

图 10.15　二维边缘碰撞体属性面板

表 10.6　二维边缘碰撞体参数

参　数	功　能
Material	设置物理材质
Is Trigger	是否是触发器
Used By Effector	是否对碰撞体使用附加效果
Offset	设置碰撞体本地坐标系的几何偏差
Points	设置自身坐标系内的所有顶点的坐标值

4．二维多边形碰撞体

二维多边形碰撞体（Polygon Collider 2D）组件在使用二维物体时使用，如图 10.16 所示。碰撞体的形状被定义为多边形。可以进行精确调节以适应精灵形状。需要注意的是，多边形碰撞体的边缘必须是完全封闭的区域。具体参数如表 10.7 所示。

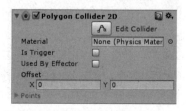

图 10.16　二维多边形碰撞体属性面板

表 10.7 二维多边形碰撞体参数

参　　数	功　　能
Material	设置物理材质
Is Trigger	是否是触发器
Used By Effector	是否对碰撞体使用附加效果
Offset	设置碰撞体本地坐标系的几何偏差
Points	设置自身坐标系内的所有顶点的坐标值

10.3.3　Joint 2D

Joint 2D 即二维连接组件,可以把二维刚体附着于另一个二维刚体或者固定点上,因此 Joint 2D 可以连接两个以上的二维刚体。

1. Spring Joint 2D

Spring Joint 2D(二维弹簧连接组件)允许两个带有刚体的精灵连接在一起,就像用弹簧连接一样,其属性如图 10.17 所示。这个弹簧用于沿两个对象之间的连线施加的力。详细参数如表 10.8 所示。

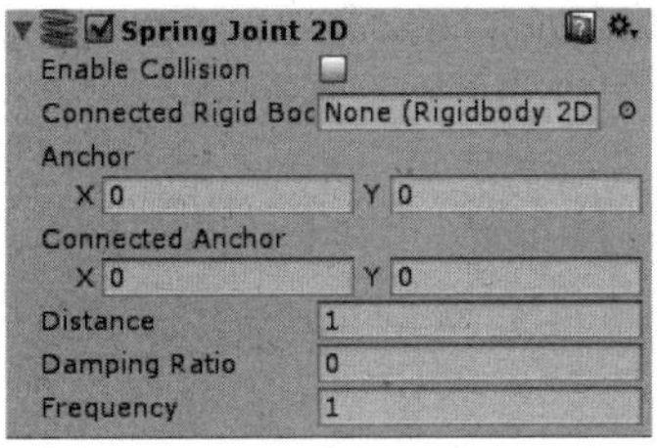

图 10.17　Spring Joint 2D 属性面板

表 10.8　Spring Joint 2D 参数

参　　数	功　　能
Enable Collision	连接的两个对象是否可以相互碰撞
Connected Rigid Body	连接点所连接的刚体对象
Anchor	弹簧末端连接点在本地坐标系中的坐标
Connected Anchor	弹簧另一端连接点在本地坐标系中的坐标
Distance	该弹簧使两个对象之间保持的距离
Damping Ratio	弹性振荡压缩的阻尼系数
Frequency	弹性振荡频率

2. Distance Joint 2D

Distance Joint 2D(二维远程连接组件)允许两个带有刚体的精灵对象连接在一起,并保持一定的距离,其属性如图 10.18 所示。需要注意的是,远程连接的距离是固定的,而弹簧连接的距离是可变的。详细参数如表10.9所示。

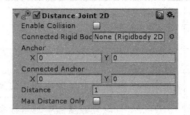

图10.18　Distance Joint 2D属性面板

表10.9　Distance Joint 2D参数

参　　数	功　　能
Enable Collision	连接的两个对象是否可以相互碰撞
Connected Rigid Body	连接点所连接的刚体对象
Anchor	末端连接点在本地坐标系中的坐标
Connected Anchor	另一端连接点在本地坐标系中的坐标
Distance	刚体之间的极限距离
Max Distance Only	如果启用,关节连接的游戏对象彼此可以更靠近;如果未启用,则游戏对象之间的距离是固定的

3. Hinge Joint 2D

Hinge Joint 2D(二维铰链连接组件)可以使用带有刚体的精灵对象产生类似铰链的效果,可以设置自动旋转以及旋转角度的限制,其属性如图10.19所示,详细参数如表10.10所示。

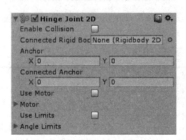

图10.19　Hinge Joint 2D属性面板

表10.10　Hinge Joint 2D参数

参　　数	功　　能
Enable Collision	连接的两个对象是否可以相互碰撞
Connected Rigid Body	连接点所连接的刚体对象
Anchor	末端连接点在本地坐标系中的坐标
Connected Anchor	另一端连接点在本地坐标系中的坐标
Use Motor	是否需要启动初始力

续表

参　数	功　能
Motor Speed	初始旋转速度
Maximum Motor Force	最大的扭矩马力
Use Limits	是否使用角度旋转限制
Lower Angle	旋转的最小角度
Upper Angle	旋转的最大角度

4. Slider Joint 2D

Slider Joint 2D(二维滑动连接组件)允许带有刚体的精灵对象沿着空间中的直线滑动，其属性如图10.20所示。对象可以沿着滑轨的方向移动、碰撞及受力。初始化的时候，对象可以沿着一个默认的力的方向移动，也可以限制在某个位置，类似推拉门的效果。详细参数如表10.11所示。

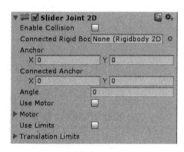

图 10.20　Slider Joint 2D 属性面板

表 10.11　Slider Joint 2D 参数

参　数	说　明
Enable Collision	连接的两个对象是否可以相互碰撞
Connected Rigid Body	连接点所连接的刚体对象
Anchor	末端连接点在本地坐标系中的坐标
Connect Anchor	另一端连接点在本地坐标系中的坐标
Use Motor	是否需要启动初始力
Motor Speed	初始旋转速度
Maximum Motor Force	最大的扭矩马力
Use Limits	是否使用角度旋转限制
Lower Angle	旋转的最小角度
Upper Angle	旋转的最大角度

5. Wheel Joint 2D

Wheel Joint 2D(二维车轮连接组件)使用了模拟滚轮对象，滚轮通过悬挂弹簧保持主体与车辆的距离。其属性如图10.21所示,详细参数如表10.12所示。

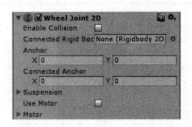

图 10.21　Wheel Joint 2D 属性面板

表 10.12　Wheel Joint 2D 参数

参　　数	功　　能
Enable Collision	连接的两个对象是否可以相互碰撞
Connected Rigid Body	连接点所连接的刚体对象
Anchor	末端连接点在本地坐标系中的坐标
Connect Anchor	另一端连接点在本地坐标系中的坐标
Suspension	悬挂相关参数
Damping Ratio	悬挂系数,用来降低移动速度带来的悬挂比重
Frequency	悬挂弹簧的振动频率
Angle	悬挂时的默认角度
Use Motor	是否使用马达
Motor Speed	初始速度
Maximum Motor Force	应用在刚体上的最大的力

与在三维物体中使用车轮碰撞体不同,二维车轮实际上旋转时施加一个单独的刚体对象。该对象同时是二维圆碰撞体与二维刚体。在模拟汽车或其他车辆时,通常会设置初始速度参数为0,然后通过脚本来控制这个参数。

➢ 实践案例:帧动画

案例构思

帧动画实现原理是:将动画资源存储在动画数组中,然后将准备好的动画资源按照固定的时间间隔顺序切换,从而实现动画效果。

案例设计

本案例选取一个老头走路动作的帧动画进行设计。老头的走路动作被划分为4个步骤,分别是站立状态→左腿向前迈步→恢复到站立状态→右腿向前迈步,不断重复构成一个循环,效果如图10.22所示。

案例实施

步骤1:创建项目,将其命名并保存场景。

图 10.22　帧动画资源

步骤 2：导入帧动画资源，将包含帧动画图片的文件夹 Resources 整体复制到 Assets 目录下。

步骤 3：编写 JavaScript 脚本。

```
private var anim: Object[] ;                           //动画数组
private var nowFrame : int;                            //帧序列
private var mFrameCount : int;                         //动画帧的总数
private var fps : float=5;                             //限制1s多少帧
private var time : float=0;                            //限制帧的时间
function Start(){
    anim=Resources.LoadAll("pic");                     //得到帧动画中的所有图片资源
    mFrameCount=anim.Length;                           //得到该动画共有多少帧
}
function OnGUI(){
    DrawAnimation(anim,Rect(300,150,62,88));           //绘制帧动画
}
function DrawAnimation(tex:Object[] , rect : Rect){
    GUILayout.Label("当前动画播放:第"+nowFrame+"帧");   //绘制动画信息
    GUI.DrawTexture(rect, tex[nowFrame], ScaleMode.StretchToFill, true, 0);
                                                       //绘制当前帧
    time +=Time.deltaTime;                             //计算限制帧时间
    if(time >=1.0 / fps){                              //超过限制帧则切换图片
        nowFrame++;                                    //帧序列切换
        time=0;                                        //限制帧清空
        if(nowFrame>=mFrameCount)                      //超过帧动画总数时从第0帧开始
        {nowFrame=0;}
    }
}
```

步骤 4：将脚本连接到摄像机上。

步骤 5：单击 Play 按钮测试，如图 10.23 所示。

➢ 综合案例：二维卡牌游戏开发

案例构思

游戏的界面由 2 行 4 列共 8 张卡牌组成，其中包括 4 种不同类型的卡牌，每种类型的卡牌有 2 张。卡牌的背面面向玩家，玩家无法看到卡牌的正面，每次初始化场景时将卡牌随机打乱。

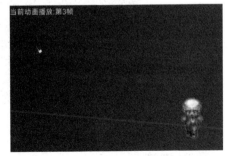

图 10.23　测试效果

每轮玩家先翻开一张卡牌,确定了卡牌正面的图案后,继续翻开其他卡牌。若相同,卡牌不再自动翻转;若不同,卡牌会自动翻转。直到找到两张同样的卡牌,得 1 分。

游戏胜利的条件是:当游戏完成 4 轮,所有相同的两张卡牌都被找到,也就是分数记为 4 分后,游戏结束。

案例设计

根据游戏构思,设计 4 张正面图案不同的卡牌,分别是黑桃、红桃、方片和草花,如图 10.24 所示。将 8 张卡牌排成 2 行 ∗ 4 列,每次单击一张卡牌,就会使其翻转,效果如图 10.25 所示。

图 10.24 卡牌正面图案

图 10.25 卡牌摆放形式

案例脚本

本案例创建 3 个脚本,分别命名为 MemoryCard、SceneController 和 UIButton,用于实现游戏卡牌控制、游戏控制和游戏界面控件,脚本功能与函数之间关系如图 10.26 所示。

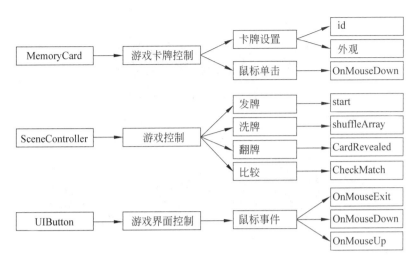

图 10.26　脚本功能与函数之间的关系

案例实施

步骤 1：创建一个新项目，将其场景命名为 Scene。执行 File→Build Settings 命令将 Scene 场景添加到发布场景中，如图 10.27 所示。

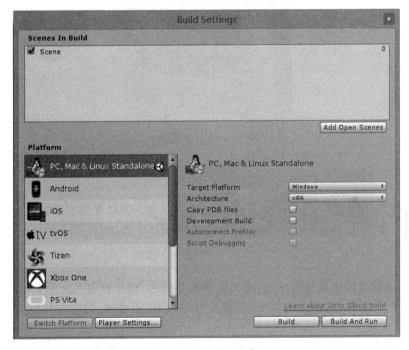

图 10.27　项目发布

步骤 2：在资源面板中创建文件夹，将其命名为 Scripts 和 Textures，如图 10.28 所示。

步骤 3：将本游戏项目要用到的纹理导入资源面板的 Textures 文件夹下，如图 10.29 所示。

图 10.28 创建 Scripts 和 Textures 文件夹

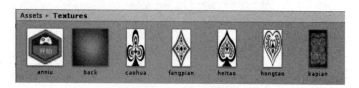

图 10.29 纹理资源

步骤4:逐一选中每张贴图,在其 Inspector 属性面板中将其 Texture Type(纹理类型)设定为 Sprite(2D and UI),如图 10.30 所示,精灵设置后的效果如图 10.31 所示。

图 10.30 设置精灵

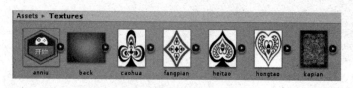

图 10.31 精灵设置后的效果

步骤5:设置摄像机模式为正交,将其背景设为纯色,摄像机参数如图 10.32 所示。

步骤6:制作背景,将背景图片 back 拖入 Hierarchy 面板中,设定其位置为(0,0,0),效果如图 10.33 所示。

步骤7:将 kapian 精灵拖入 Hierarchy 面板中,按 F2 键,将其重命名为 memorycard,位置设为(-3.2,0.7,-0.43)。将 kapian 精灵拖入 memorycard 层级下,使其成为 memorycard 的孩子,kapian 位置设为(0,0,-0.1)如图 10.34 所示。

步骤8:单击 Project 面板中的 Create 按钮,创建 C#脚本,并将其命名为 memorycard,输入代码。

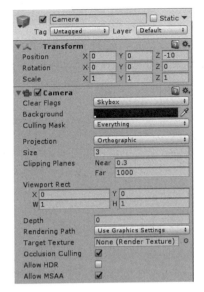

图 10.32　摄像机参数设置

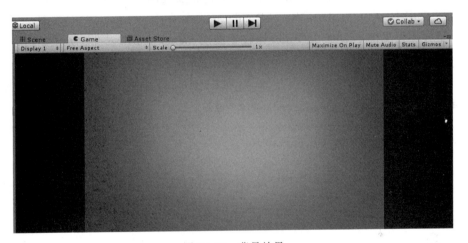

图 10.33　背景效果

图 10.34　memorycard 层级

```
using UnityEngine;
using System.Collections;
public class MemoryCard : MonoBehaviour {
    [SerializeField] private GameObject cardBack;
    [SerializeField] private SceneController controller;
    private int _id;
    public int id {
        get {return _id;}
```

```csharp
    }
    public void SetCard(int id, Sprite image){
        _id=id;
        GetComponent<SpriteRenderer>().sprite=image;
    }
    public void OnMouseDown(){
        if(cardBack.activeSelf && controller.canReveal){
            cardBack.SetActive(false);
            controller.CardRevealed(this);
        }
    }
    public void Unreveal(){
        cardBack.SetActive(true);
    }
}
```

核心代码讲解：

（1）显示不同的卡牌图像时，Unity 3D 通过程序加载图像，更换 Sprite Renderer 中精灵的图片。采用 GetComponent<SpriteRenderer>().sprite=image;语句实现。

（2）通过不可见的 SceneController 来设置图像 memorycard.cs 中的新公有方法如下：

```csharp
public SceneController controller;
public int id {
    get {return _id;}
}
public void SetCard(int id, Sprite image){
    _id=id;
    GetComponent<SpriteRenderer>().sprite=image;
}
```

（3）实现匹配、得分和显示卡牌的代码如下：

```csharp
public void OnMouseDown(){
    if(cardBack.activeSelf && controller.canReveal){
        cardBack.SetActive(false);
        controller.CardRevealed(this);
    }
}
public void Unreveal(){
    cardBack.SetActive(true);
}
```

步骤 9：将 memorycard 脚本链接到 memorycard 游戏对象上。执行菜单栏的 Component→Physics2D→Box Collider 2D 命令，并为其添加 Box Collider 2D 组件，memorycard 游戏对象的属性面板如图 10.35 所示。

步骤 10：执行 GameObject→Create Empty 命令创建空物体，将其命名为 controller。

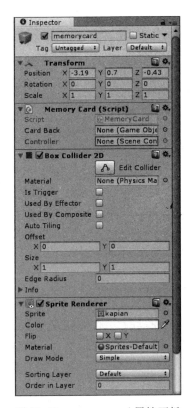

图 10.35　memorycard 属性面板

步骤 11：单击 Project 面板中的 Create 按钮，创建 C♯ 脚本，将其命名为 SceneController，输入代码。

```
using UnityEngine;
using System.Collections;
public class SceneController : MonoBehaviour {
    public const int gridRows=2;
    public const int gridCols=4;
    public const float offsetX=2f;
    public const float offsetY=2.5f;
    [SerializeField] private MemoryCard originalCard;
    [SerializeField] private Sprite[] images;
    [SerializeField] private TextMesh scoreLabel;
    private MemoryCard _firstRevealed;
    private MemoryCard _secondRevealed;
    private int _score=0;
    public bool canReveal {
        get {return _secondRevealed ==null;}
    }
    //初始化函数
    void Start(){
        Vector3 startPos=originalCard.transform.position;
```

```csharp
        //创建洗牌清单
        int[] numbers={0, 0, 1, 1, 2, 2, 3, 3};
        numbers=ShuffleArray(numbers);
        //将卡片放到格子里
        for(int i=0; i<gridCols; i++){
            for(int j=0; j<gridRows; j++){
                MemoryCard card;
                //将原始卡片放在第一个网格空间
                if(i ==0 && j ==0){
                    card=originalCard;
                } else {
                    card=Instantiate(originalCard)as MemoryCard;
                }
                //其余卡片依次放入其他网格空间
                int index=j * gridCols+i;
                int id=numbers[index];
                card.SetCard(id, images[id]);
                float posX=(offsetX * i)+startPos.x;
                float posY=-(offsetY * j)+startPos.y;
                card.transform.position=new Vector3(posX, posY, startPos.z);
            }
        }
    }
    //Knuth洗牌算法
    private int[] ShuffleArray(int[] numbers){
        int[] newArray=numbers.Clone()as int[];
        for(int i=0; i<newArray.Length; i++){
            int tmp=newArray[i];
            int r=Random.Range(i, newArray.Length);
            newArray[i]=newArray[r];
            newArray[r]=tmp;
        }
        return newArray;
    }
    public void CardRevealed(MemoryCard card){
        if(_firstRevealed ==null){
            _firstRevealed=card;
        } else {
            _secondRevealed=card;
            StartCoroutine(CheckMatch());
        }
    }
    private IEnumerator CheckMatch(){
        //如果卡片匹配成功则加一分
        if(_firstRevealed.id ==_secondRevealed.id){
```

```
            _score++;
            scoreLabel.text="Score: "+_score;
        }
        //否则,过 0.5s 后将卡片翻过去
        else {
            yield return new WaitForSeconds(.5f);
            _firstRevealed.Unreveal();
            _secondRevealed.Unreveal();
        }
        _firstRevealed=null;
        _secondRevealed=null;
    }
    public void Restart(){
        Application.LoadLevel("Scene");
    }
}
```

核心代码讲解:

(1) 通过不可见的 SceneController 来设置图像创建空对象绑定 SceneController.cs 的代码如下:

```
[SerializeField] private MemoryCard originalCard;
[SerializeField] private Sprite[] images;
void start(){
    int id=Random.Range(0, images.Length);
    originalCard.SetCard(id, images[id]);
}
```

(2) 实例化一个网格的卡牌,8 次复制一个卡牌并定位到一个网格中。

```
for(int i=0; i<gridCols; i++){
    for(int j=0; j<gridRows; j++){
        MemoryCard card;
        if(i ==0 && j ==0){
            card=originalCard;
        }
        else {
            card=Instantiate(originalCard)as MemoryCard;
            ...
        }
    }
}
```

(3) 打乱卡牌并且使每种卡牌都有两张的代码如下:

```
int[] numbers={0, 0, 1, 1, 2, 2, 3, 3};
numbers=ShuffleArray(numbers);
```

(4)实现匹配、得分和翻开一对卡牌的代码如下:

```
private MemoryCard _firstRevealed;
private MemoryCard _secondRevealed;
public bool canReveal {
    get {return _secondRevealed ==null;}
}
```

(5)保存并比较翻开的卡牌的代码如下:

```
public void CardRevealed(MemoryCard card){
    if(_firstRevealed ==null){
        _firstRevealed=card;
    } else {
        _secondRevealed=card;
        StartCoroutine(CheckMatch());
    }
}
```

步骤 12:将 SceneController 脚本代码链接到 controller 游戏对象上,并为其设置参数,如图 10.36 所示。

步骤 13:执行 GameObject→Create Empty 命令创建空物体,将其命名为 UI,用以实现计分功能。

步骤 14:选中 UI 游戏对象,在其属性面板中单击 Add Component 按钮添加 Text Mesh 组件,如图 10.37 所示。

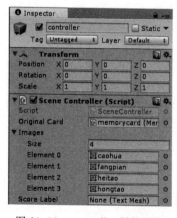

图 10.36　controller 属性面板

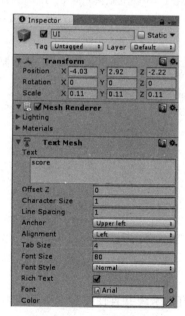

图 10.37　UI 属性面板

步骤 15:选中 controller 游戏对象,将 UI 赋予 Score Label,如图 10.38 所示。

步骤 16:选中 memorycard 游戏对象,对其参数进行设置,如图 10.39 所示。

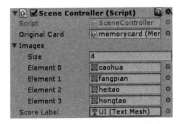

图 10.38　controller 游戏对象参数设置　　　图 10.39　memorycard 游戏对象参数设置

步骤 17：将 anniu 图片拖入 Hierarchy 面板中，执行 Component→Physics 2D→Box Collider 2D 命令为其添加 Box Collider 2D 组件。

步骤 18：创建 C♯脚本，将其命名为 UIButton，输入代码。

```
using UnityEngine;
using System.Collections;
public class UIButton : MonoBehaviour {
    [SerializeField] private GameObject targetObject;
    [SerializeField] private string targetMessage;
    public Color highlightColor=Color.cyan;
    public void OnMouseEnter(){
        SpriteRenderer sprite=GetComponent<SpriteRenderer>();
        if(sprite !=null){
            sprite.color=highlightColor;
        }
    }
    public void OnMouseExit(){
        SpriteRenderer sprite=GetComponent<SpriteRenderer>();
        if(sprite !=null){
            sprite.color=Color.white;
        }
    }
    public void OnMouseDown(){
        transform.localScale=new Vector3(1.1f, 1.1f, 1.1f);
    }
    public void OnMouseUp(){
        transform.localScale=Vector3.one;
        if(targetObject !=null){
            targetObject.SendMessage(targetMessage);
        }
    }
}
```

核心代码讲解：

从 SceneController 中调用 LoadLevel 按钮的 SendMessage 尝试调用 SceneController

中的 Restart 方法如下：

```
public void Restart(){
    Application.LoadLevel("Scene");
}
```

步骤 19：将脚本链接到 anniu 游戏对象上，并进行参数设置，如图 10.40 所示。

图 10.40　UI Button 参数设置

步骤 20：单击 Play 按钮进行测试，效果如图 10.41 至图 10.44 所示。

图 10.41　初始场景

图 10.42　卡牌不匹配场景

图 10.43　卡牌匹配及得分场景

图 10.44　卡牌完全匹配场景

10.4　本章小结

本章首先介绍了图片的导入与切割、精灵渲染器的使用,接着讲解了基于精灵制作帧动画的方法,最后通过二维卡牌类游戏讲解 Unity 3D 的二维游戏开发相关知识,为二维游戏开发打下基础。

10.5　习题

1. 简述什么是精灵。
2. 怎样在 Unity 3D 中对精灵进行编辑?
3. 怎样在 Unity 3D 中将一张图片的属性修改为精灵?
4. 从网上下载帧序列动画,并在 Unity 3D 中播放。
5. 修改 2D 卡片开发游戏,将牌面改成 9 行 8 列,继续完善卡牌类游戏,并加入计分、计数功能。

第11章

3D 射击游戏开发

本章将 Unity 3D 游戏开发知识进行整合,开发一款 FPS 射击游戏,其中主要涉及资源包的导入及管理、UGUI 的应用、刚体的应用、碰撞检测以及角色动画控制等功能。通过本章的学习,读者将了解游戏开发的基本原理,体验到 Unity 3D 强大的物理效果,并且使前面所学的知识得以强化,以便更深入地学习 Unity 3D 游戏引擎。

11.1 3D 射击游戏构思

FPS 第一人称射击游戏深受游戏玩家喜爱。本章开发一款 FPS 游戏,将前面介绍的方法、技术加以实际运用,同时揭示 FPS 游戏设计与制作的基本原理以及开发实际项目需要注意的地方。

11.2 3D 射击游戏设计

这款 FPS 游戏的玩法是:玩家通过 W、A、S、D 键进行移动,按 Shift 键进行奔跑,按住鼠标左键射击,打掉训练场上所有的靶子为游戏结束,游戏设计效果图如图 11.1 和图 11.2 所示。

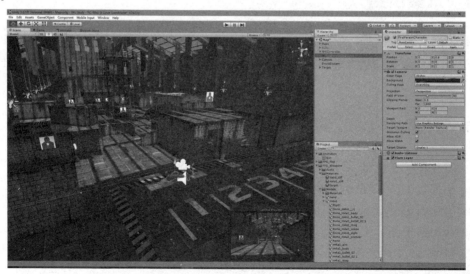

图 11.1 游戏设计效果图 1

图 11.2　游戏设计效果图 2

11.3　3D 射击游戏实施

11.3.1　项目准备

步骤 1：新建项目。打开 Unity 3D，单击上方 New 按钮新建一个项目，命名为 FPS Study，然后单击 Create Project 按钮完成项目创建，如图 11.3 所示。

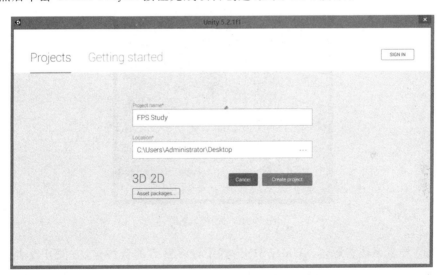

图 11.3　创建新项目

步骤 2：导入外部资源包。在 Unity 3D 的开始界面中，执行 Assets→Import Package →Custom Package 命令，或者直接将资源包拖曳到 Unity 3D 的 Project 视图中，如图 11.4 所示。在弹出的 Import Unity Package 对话框中选择要导入的文件资源包 FPS_Study.unitypackage，单击 Import 按钮即可完成资源的导入，导入成功后，可以在 Unity 3D 的 Project 视图中查看资源，如图 11.5 所示。

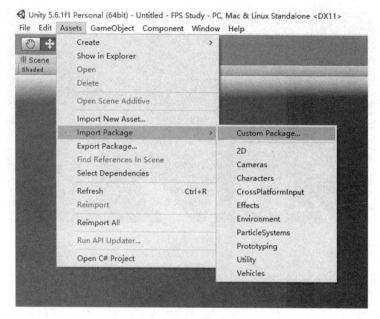

图 11.4 导入资源包命令

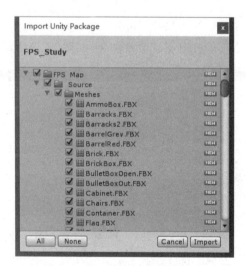

图 11.5 选择资源包

步骤 3：导入系统资源包。Unity 3D 内置了许多官方的资源包，方便开发者快速的开发。在 Project 视图中右击，执行快捷菜单中的 Import Package→Characters 命令，或者在菜单中执行 Assets→Import Package→Characters 命令，如图 11.6 所示。

步骤 4：打开资源场景。在 Project 视图中依次展开 FPS_Map→Scene，双击打开 Map 场景，在 Unity 3D 中，通常把搭建好的游戏场景都放在 Scene 文件夹下面，如图 11.7 和图 11.8 所示。

步骤 5：再展开 Standard Assets→Characters→FirstPersonCharacter→Prefabs→FPSController，如图 11.9 所示。将其拖曳到 Scene 场景中，如图 11.10 所示。将其放在场景中合适的位置，如图 11.11 所示。

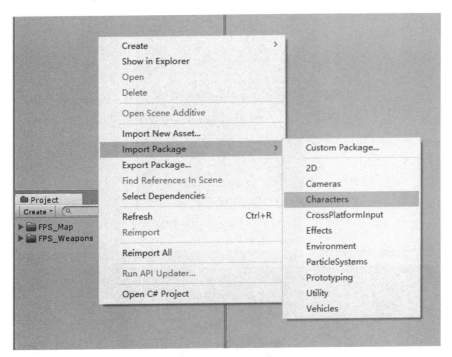

图 11.6 导入系统资源

图 11.7 选择场景

图 11.8 场景效果

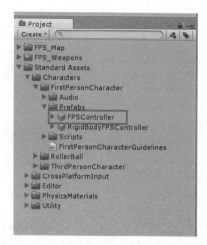

图 11.9　FPSController 资源

图 11.10　将 FPSController 资源拖入场景

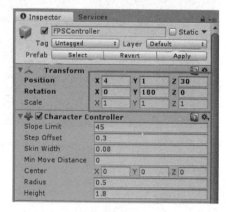

图 11.11　FPSController 摆放位置

步骤6：运行测试。按Ctrl+S键将场景保存，然后单击Play按钮，即可浏览场景，其中FirstPersonCharacter是整个游戏的摄像机，运行效果如图11.12所示。

图11.12　场景漫游效果

11.3.2　武器设定

步骤1：在Project视图中依次找到FPS_Weapons→Prefabs中的m4a1_prefab物体，该武器是一支枪，在Inspector面板中可以查看它的属性，如图11.13所示。

图11.13　武器资源

步骤2：将m4a1_prefab直接拖曳到Hierarchy视图中的FPSController→FirstPersonCharacter下面，作为其子物体，并修改枪的位置，如图11.14所示。单击Play按钮播放，切换到Scene场景，就会发现枪随着摄像机一起动，这是因为子物体会随着父物体一起运动。

步骤3：为武器添加初步动画。首先在Project视图中的空白处右击，在快捷菜单中执行Create→Folder命令，创建一个文件夹，将其命名为Animation，用来存放武器的动画控制器，如图11.15所示。然后在Animation文件夹上右击，在快捷菜单中执行Create→Animator Controller命令，并将其命名为gun，如图11.16所示。

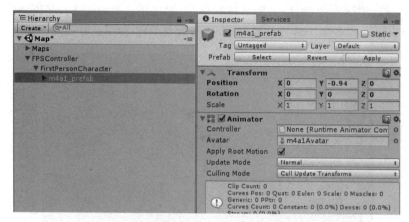

图 11.14　枪对象位置

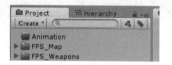

图 11.15　武器的动画控制器文件夹

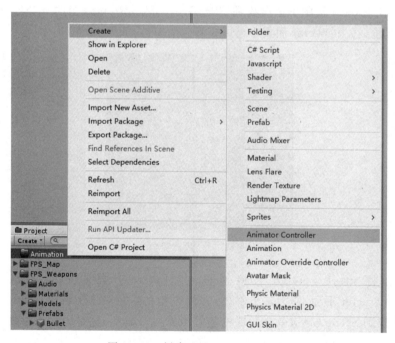

图 11.16　创建 Animator Controller

步骤 4：编辑 Animator 组件。双击 gun 打开 Animator Controller 编辑器，然后在 Project 视图中找到武器的动画，依次展开 FPS_Weapons→Models→m4a1 物体，向下拉，找到武器的动画，在右边的 Inspector 面板中可以播放预览动画，然后将 idle 动画拖曳到 Animator 编辑器中，会自动生成一条黄线，如图 11.17 所示。这是因为在编辑器中 Entry、

Any State、Exit 3个按钮分别表示默认动画状态、任何时机状态和退出时状态。当拖入一个动画的时候,会默认连接到 Entry 状态下,表示游戏运行时默认播放的动画。

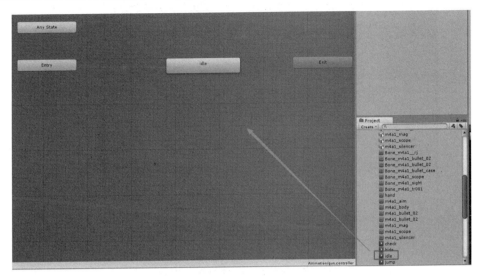

图 11.17　编辑 Animator 动画组件

步骤 5:调整动画为循环播放。有时候需要一部分动画循环播放,比如角色闲置时的动画。双击 Animator 中的 idle 动画,在右侧的 Inspector 面板中勾选 Loop Time 选项,然后单击 Apply 按钮即可,如图 11.18 所示。

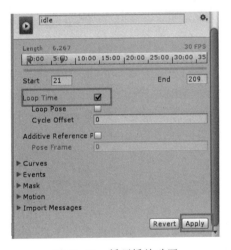

图 11.18　循环播放动画

步骤 6:让武器播放动画。在 Hierarchy 视图中,选中 m4a1_prefab 物体,右侧的 Inspector 面板中的 Animator 组件是控制物体的动画,将刚刚创建的 gun 动画控制器(在 Animation 文件夹下)拖到 Animator→Controller 中,如图 11.19 所示。

步骤 7:调整武器位置。完成以上步骤后,单击 Play 按钮,武器已经在播放 idle 动画了,但是武器的位置并不合理,需要加以调整。继续调整武器的位置和缩放参数,如图 11.20 所示。

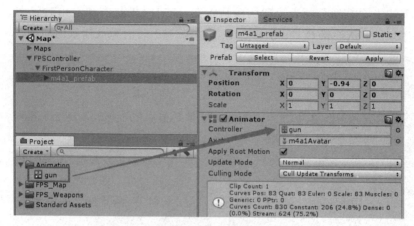

图 11.19 动画控制

图 11.20 调整武器位置和缩放参数

11.3.3 子弹设定

步骤 1:为子弹添加刚体和碰撞。实际射出去的子弹会发生下坠和碰撞,这些物理效果可以通过为子弹添加刚体的组件和碰撞体来实现,再为子弹添加一个速度,当其发射的时候,就会以一定的速度飞出去并下坠,这样更加真实。在 Project 视图的资源面板找到子弹的模型并将其拖曳到场景中,依次展开 FPS_Weapons→Prefabs,找到 Bullet(子弹),将其拖曳到 Scene 场景中,并按图 11.21 所示的参数更改其位置。

步骤 2:在 Inspector 面板中单击 Add Component 按钮,在搜索框中输入 Rigidbody,在结果中选择 Rigidbody,如图 11.22 所示。或者在 Unity 3D 菜单中执行 Component→Physics→Rigidbody 命令添加刚体,此时在 Inspector 面板中会多出 Rigidbody 的属性。

步骤 3:保存场景并运行,可以在 Scene 场景中发现,当游戏运行的时候,添加刚体的子弹自动下落了,这时候子弹具备了物理效果,会受到重力及摩擦力等的影响(如果效果不明显,可以将子弹放大 10 倍,以方便测试)。

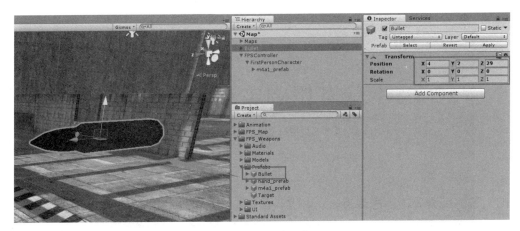

图 11.21 子弹位置信息

步骤4：为子弹添加碰撞体组件。添加碰撞体的子弹不会穿透模型，而是由于重力掉在地面上。在 Inspector 面板中单击 Add Component 按钮，在搜索框中输入 collider，在结果中选择 Capsule Collider 完成添加，如图 11.23 所示。

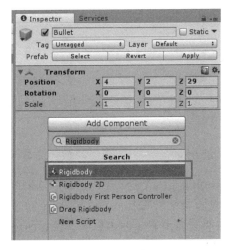

图 11.22 添加刚体

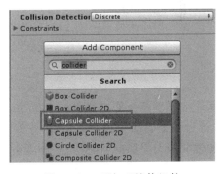

图 11.23 添加碰撞体组件

步骤5：编辑碰撞体的大小。要让碰撞体的大小和子弹大小一致，这样才符合游戏的逻辑。在 Inspector 属性面板中 Capsule Collider 组件下单击 Edit Collider 按钮，并将 Direction（方向）改为 Z-Axis，即可在 Scene 场景中对碰撞体进行编辑，具体参数如图 11.24 所示。子弹碰撞体效果如图 11.25 所示。

步骤6：添加代码控制子弹速度。子弹已经拥有了重力和碰撞属性，下面用 C♯ 编写脚本代码，为子弹添加速度。

（1）新建一个文件夹并命名为 Scripts，用来存

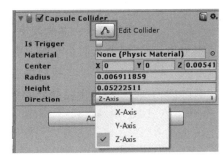

图 11.24 碰撞体参数

图 11.25 碰撞体效果

放 C♯ 脚本代码。

（2）在新建的 Scripts 文件夹右击，在快捷菜单中执行 Create→C♯ Script 命令，并命名为 bulletFly 完成创建，如图 11.26 所示。

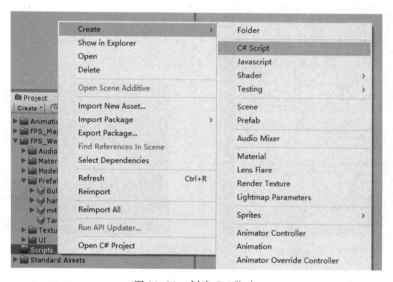

图 11.26 创建 C♯ 脚本

（3）在 bulletFly 脚本上右击，在快捷菜单中执行 Edit Script 命令打开编辑器输入脚本内容。完成脚本后，按 Ctrl+S 键保存脚本并返回 Unity 3D，然后将写好的 bulletFly 脚本拖到 Bullet 物体上。脚本代码如下：

```
using System.Collections;
using System.Collections.Generic;
using UnityEngine;
public class bulletFly : MonoBehaviour {
    private Rigidbody myRigidbody;         //定义一个刚体组件，作为子弹的刚体
    public float speed=1500;               //定义子弹的速度
```

```
void Start(){
    myRigidbody=GetComponent<Rigidbody>();    //获取子弹的刚体组件
    //通过刚体为子弹添加速度,方向是子弹的发射方向,大小是 speed
    myRigidbody.velocity=transform.forward * speed * Time.deltaTime;
}
```

（4）将刚体的 Collision Detection 改为 Continuous 类型，如图 11.27 所示。然后保存并运行，可以发现子弹向前飞行并且产生下坠的物理效果。可以在 Inspector 属性面板中直接更改子弹的飞行速度，因为脚本中 speed 是 public 类型的。

步骤 7：为子弹添加音效。

（1）为子弹添加 Audio Source 组件，如图 11.28 所示。

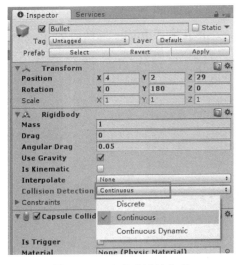

图 11.27　改变碰撞的方式　　　　　　　　图 11.28　添加音效组件

（2）在资源文件夹下找到 Audio 文件，拖曳到 Audio Source 组件的 AudioClip 中，如图 11.29 所示。

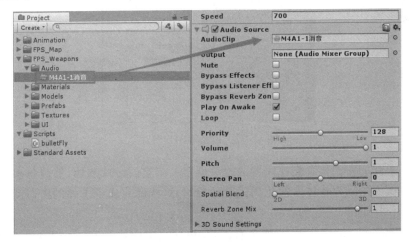

图 11.29　添加音乐

（3）将更改后的子弹保存到项目的资源文件夹下，如图 11.30 所示，这样在下次使用子弹的时候还可以应用这些属性。

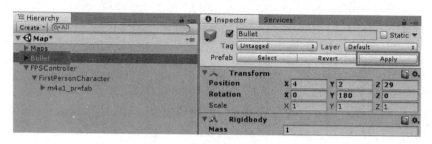

图 11.30　保存子弹属性

步骤 8：添加武器准星。通过 UGUI 功能完成准星的设计。在 Hierarchy 视图空白处右击，在快捷菜单中执行 UI→Image 命令创建 UGUI，如图 11.31 所示。然后在项目的资源文件夹中找到准星的 UI 图片，如图 11.32 所示，并将其拖入 Image 组件的 Source Image 下，然后调整其大小到适合的尺寸，并将图片放到屏幕中间，如图 11.33 所示。编辑 UGUI 时，可以单击 2D 按钮将编辑器转为二维编辑模式，以方便 UGUI 的编辑，如图 11.34 所示。

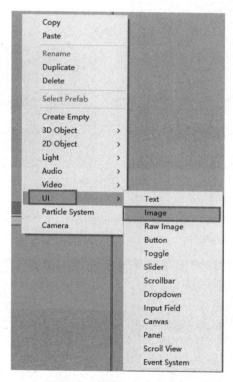

图 11.31　创建 UGUI 图片

步骤 9：子弹的实例化。先在武器的枪口创建一个空的游戏物体，然后每次按下鼠标左键时，就会将做好的子弹物体实例化到武器的枪口，这样就完成了子弹的射击动作。具体步骤如下：

（1）在 Bone_weapon_right 物体上右击，在快捷菜单中执行 Create Empty 命令创建一

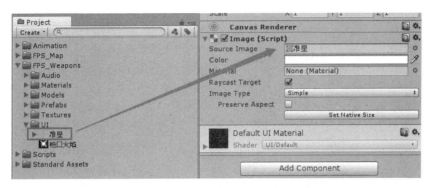

图 11.32 添加准星

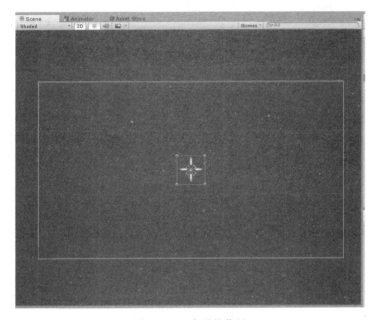

图 11.33 准星的位置

图 11.34 改为二维编辑模式

个空物体,并命名为 firePosition(开火位置),如图 11.35 所示。

(2) 修改 firePosition 空物体的位置,如图 11.36 所示。这样在每次按下鼠标左键时,子弹就会被实例化到 firePosition 的位置。

(3) 实例化脚本。当检测到按下鼠标左键的时候,就将做好的子弹实例化到 firePosition 的位置,因此,如果改动 firePosition 的位置,那么子弹发射的位置也会随之改变。新建一个脚本,并命名为 fire,然后右击该脚本,在快捷菜单中执行 Edit Script 命令打开编辑器,代码如下。

```
using System.Collections;
```

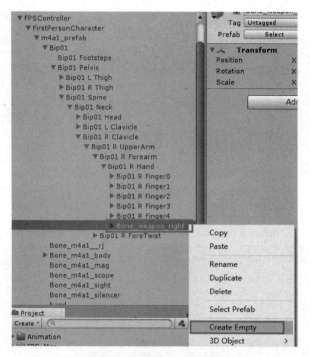

图 11.35 创建开火位置空物体

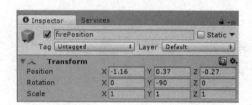

图 11.36 firePosition 位置

```
using System.Collections.Generic;
using UnityEngine;
public class fire : MonoBehaviour {
    public GameObject bullet;                      //声明一个物体,用来存放子弹
    void Update(){
        if(Input.GetKeyDown(KeyCode.Mouse0)){   //判断是否发生按下鼠标左键事件
            //将子弹实例化到当前物体的位置,保持当前物体的方向
            Instantiate(bullet,transform.position,transform.rotation);
        }
    }
}
```

(4) 脚本编写完成之后,按 Ctrl+S 键保存脚本,返回 Unity 3D,将刚编写的 fire 脚本拖曳到 firePosition 空物体上,然后将资源文件夹中的 Bullet 子弹模型拖曳到 fire 脚本上,如图 11.37 所示。

(5) 单击播放按钮进行测试,可以将资源文件夹下的 Bullet 放大 10 倍再测试,会发现

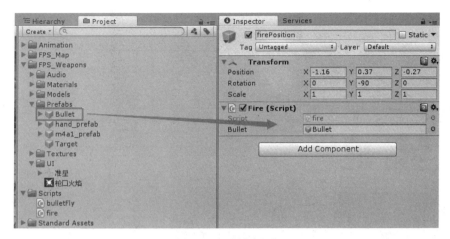

图 11.37　添加子弹

当按下鼠标左键的时候，子弹被发射出来，并伴随下坠及音效，如图 11.38 所示。

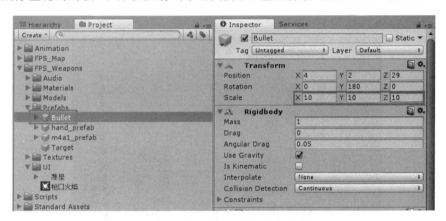

图 11.38　测试时将子弹放大 10 倍

11.3.4　射击动画

步骤 1：打开 Animation 文件夹下创建的 gun 动画控制器，进入编辑模式，然后找到 FPS_Weapons→Models→m4a1 下面的动画 shoot，将 shoot 动画拖曳到 gun 动画控制器中，如图 11.39 所示。

步骤 2：在 idle 上右击，在快捷菜单中执行 Make Transition 命令连接到 shoot 上，然后在 shoot 上右击，在快捷菜单中执行 Make Transition 命令连接到 idle 上，如图 11.40 所示，表示这两个动画可以相互切换。当按下鼠标左键的时候，就播放射击动画。

步骤 3：添加播放动画的变量条件。在动画编辑器中选中 Parameters，单击"＋"号，选中 Bool，并命名为 shoot，如图 11.41 所示。

步骤 4：单击 idle 指向 shoot 的条件箭头，在 Inspector 属性面板中，取消勾选 Has Exit Time，并且单击下方的"＋"号，将 shoot 变量设为 True，如图 11.42 所示。同理，单击 shoot 指向 idle 的条件箭头，取消勾选 Has Exit Time，并且单击下方的"＋"，但是将 shoot 变量设为 False。

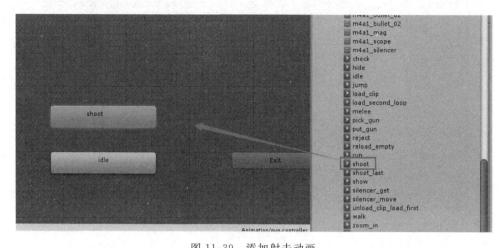

图 11.39 添加射击动画

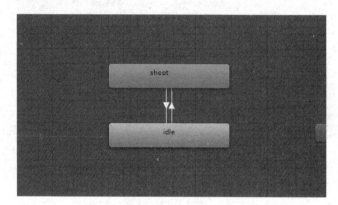

图 11.40 连接动画

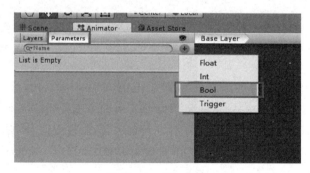

图 11.41 添加变量

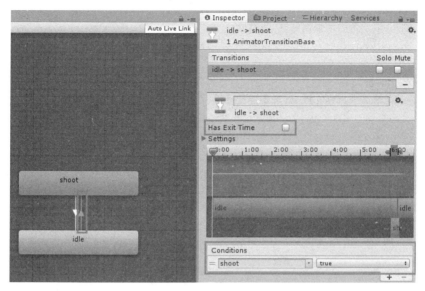

图 11.42 添加动画条件

步骤 5：在 Script 文件夹下新建一个 C#脚本，命名为 playerAnimation。然后将此脚本拖到 FPSController→FirstPersonCharacter→m4a1_prefab 物体上，如图 11.43 所示。

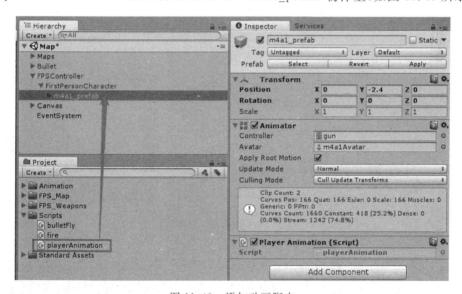

图 11.43 添加动画脚本

步骤 6：编辑 playerAnimation 脚本，代码如下。

```
using System.Collections;
using System.Collections.Generic;
using UnityEngine;
public class playerAnimation : MonoBehaviour {
    //定义一个动画控制器用来控制主角的动画
    private Animator playerAnimator;
```

```
void Start(){
    //获取主角的动画控制器,并赋值
    playerAnimator=GetComponent<Animator>();
}
void Update(){
    //如果按下鼠标左键,就将条件变量设为true,此时播放shoot动画
    if(Input.GetKeyDown(KeyCode.Mouse0)){
        playerAnimator.SetBool("shoot",true);
    }
    //如果抬起鼠标左键,就将条件变量设为false,此时停止播放shoot动画
    if(Input.GetKeyUp(KeyCode.Mouse0))
    {
        playerAnimator.SetBool("shoot", false);
    }
}
```

步骤7：添加角色跑动动画。其原理与射击动画相似，将 run 动画拖入动画控制器中，将 idle 和 run 互相连接，并且取消勾选 Has Exit Time。然后添加两个变量，分别命名为 w 和 shift。将 idle→run 的条件变量 w 设为 true、shift 设为 true，将 run→idle 的条件变量 shift 设为 false，如图 11.44 和图 11.45 所示。

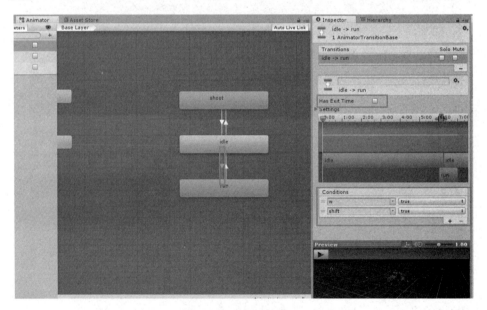

图 11.44　从 idle 到 run

步骤8：在 playerAnimation 中添加 run 的控制代码，当同时按下 W 和 Shift 键时播放 run 动画，当抬起 Shift 键时停止播放 run 动画，至此角色的动画控制全部完成，代码如下。

```
using System.Collections;
using System.Collections.Generic;
using UnityEngine;
```

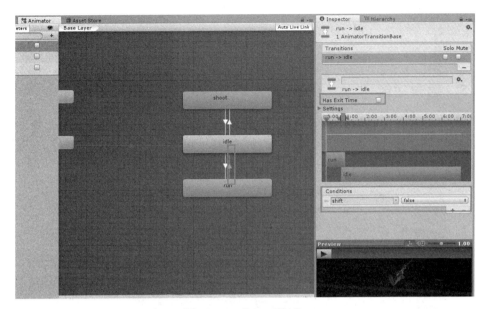

图 11.45　从 run 到 idle

```
public class playerAnimation : MonoBehaviour {
    //定义一个动画控制器用来控制主角的动画
    private Animator playerAnimator;
    void Start(){
        //获取主角的动画控制器,并赋值
        playerAnimator=GetComponent<Animator>();
    }
    void Update(){
        //如果按下鼠标左键,就将条件变量设为true,此时播放 shoot 动画
        if(Input.GetKeyDown(KeyCode.Mouse0)){
            playerAnimator.SetBool("shoot",true);
        }
        //如果抬起鼠标左键,就将条件变量设为false,此时停止播放 shoot 动画
        if(Input.GetKeyUp(KeyCode.Mouse0)){
            playerAnimator.SetBool("shoot", false);
        }
        //如果按下 W 键,就将条件变量 w 设为 true
        if(Input.GetKeyDown(KeyCode.W)){
            playerAnimator.SetBool("w", true);
        }
        //如果按下 Shift 键,就将条件变量 shift 设为 true,当变量 w 和 shift 都为 true 时,
          才播放 run 动画
        if(Input.GetKeyDown(KeyCode.LeftShift)){
            playerAnimator.SetBool("shift", true);
        }
        //如果抬起 Shift 键,就将条件变量设为 false
        //无论 W 键是否抬起,只要 Shift 键抬起,就停止播放 run 动画
        if(Input.GetKeyUp(KeyCode.LeftShift)){
            playerAnimator.SetBool("shift", false);
```

				}
			}
		}

11.3.5 射击功能

步骤1：添加靶子。依次展开 FPS_Weapons→Prefabs→Target，将 Target 拖入 Scene 场景中，并摆放在适当位置，作为射击目标，如图 11.46 所示。可以多复制几个靶子作为训练目标，按 Ctrl+D 键即可复制一个目标。

图 11.46　添加靶子

步骤2：为靶子添加一个标签，标记为敌人。依次单击 Target 右边 Inspector 面板上的 Tag→Add Tag→"+"号，输入 target，然后单击 Tag 下拉列表，选择 target 标签，最后单击 Apply 按钮，如图 11.47 至图 11.49 所示。

步骤3：子弹碰撞检测。为子弹添加碰撞检测，当子弹碰撞到靶子的时候，应该把靶子消灭掉。首先，找到挂在 Bullet 子弹上的脚本，即资源文件夹 Scripts 下 bulletFly 脚本，右击该脚本，在快捷菜单中执行 Edit Script 命令。前面已经将子弹放大了 10 倍，所以子弹显得速度慢，这里将子弹的速度改变为 1500，碰撞检测代码如下。

图 11.47　添加标签

图 11.48 为标签命名

图 11.49 选择标签

```
using System.Collections;
using System.Collections.Generic;
using UnityEngine;
public class bulletFly : MonoBehaviour {
    private Rigidbody myRigidbody;                      //定义一个刚体组件作为子弹的刚体
    public float speed=1500;                            //定义子弹的速度
    void Start(){
        myRigidbody=GetComponent<Rigidbody>();          //获取子弹的刚体组件
        //通过刚体为子弹添加速度,方向是子弹的发射方向,大小是 speed
        myRigidbody.velocity=transform.forward * speed * Time.deltaTime;
    }
    //定义一个碰撞检测函数,将碰撞的物体传给 collision 保存
    private void OnCollisionEnter(Collision collision){
        //如果碰撞的物体(即 collision)的标签为 target,就销毁此物体
        if(collision.collider.tag=="target"){
            Destroy(collision.gameObject);
        }
    }
}
```

11.3.6 游戏优化

步骤 1：完成以上功能后，可以保存并运行游戏。发现角色的移动速度和跳跃速度太快，并不符合游戏逻辑，因此要更改其速度。在 Hierarchy 视图中找到 FPSController 物体，在 Inspector 面板中，将 First Person Controller 下的 Walk Speed 改为 4，Run Speed 改为 6，Jump Speed 改为 7，如图 11.50 所示。

步骤 2：子弹的大小及速度并不符合游戏逻辑。在 Project 视图中找到 FPS_Weapons→Prefabs→Bullet，将其 Scale 改为 5，并将 speed 改为 5000，如图 11.51 所示。

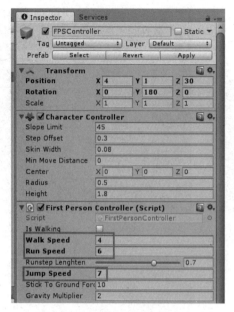
图 11.50　修改角色的属性参数

图 11.51　修改子弹的属性参数

11.3.7　游戏发布

步骤 1：按 Ctrl＋S 键保存游戏，执行 File→Build Settings 命令打开发布界面，然后将项目资源文件夹中的 FPS_Map→Scene 的 Map 场景拖入发布界面，然后单击下方的 Build 按钮即可完成游戏的发布，如图 11.52 所示。

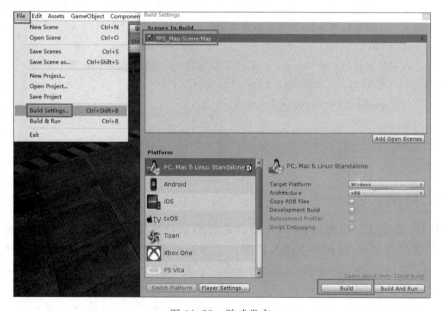
图 11.52　游戏发布

步骤 2：游戏发布出来后，即可运行 exe 文件玩游戏，也可以直接把文件发送给好友试玩，但是发送时要将游戏的.exe 和 data 文件夹一起发送才能正常运行，否则会提示错误，如图 11.53 所示。单击 Play 按钮，游戏运行效果如图 11.54 至图 11.56 所示。

图 11.53　将游戏程序和 data 文件夹一起发布

图 11.54　游戏运行效果 1

图 11.55　游戏运行效果 2

图 11.56　游戏运行效果 3

11.4　本章小结

本章完成了一个完整的第一人称射击游戏实例，在这个过程中，介绍了如何控制人物角色的移动，并使摄像机同步移动。游戏中的射击判定使用了物理碰撞检测功能。通过这个 FPS 游戏开发，相信大家会对 Unity 3D 游戏引擎有了更深入的了解。

11.5 习题

1. 请在 3ds Max 软件中设计动画并导入 Unity 3D 项目,利用 Animation 控制器进行控制。

2. 编写 Character Controller 在虚拟场景中前进、后退、左右旋转的脚本代码。

3. 结合 Character Controller 移动控制代码,设计并制作一个小游戏。在场景中放置若干金币,当角色控制器靠近金币时可以将其捡起,在规定的时间内捡起足够多的金币即通关,利用 GUI Text 显示分数。

4. 修改本章中的游戏案例,在场景中加入若干怪物,玩家可以利用鼠标单击怪物来消灭它。

5. 修改本章中的游戏案例,加入 AI 敌人,使它可以自动向玩家走来并攻击玩家。

第 12 章

虚拟现实应用开发

随着社会的进步,虚拟现实(Virtual Reality,VR)技术逐渐进入了大众的视野。Unity 3D 是一个强大的集成游戏引擎和编辑器开发工具,程序员用其开发程序可以提高开发效率。同时,从 Unity 5.1 版本开始,Unity 3D 对虚拟现实开发提供了原生支持,当前主流的虚拟现实设备都能通过 Unity 3D 进行程序开发。本章简要介绍基于 Unity 3D 开发的虚拟现实设备,并着重讲解 Oculus Rift 的开发环境配置与开发流程。

12.1 虚拟现实概述

12.1.1 虚拟现实概念

虚拟现实是一种以计算机技术为核心的现代高新技术,可以产生逼真的视、听、触觉一体化的特定范围的虚拟环境。用户可以借助必要的设备以自然的方式与虚拟环境中的对象进行交互,互相影响,从而产生亲临等同的真实环境的感受和体验。

12.1.2 虚拟现实系统基本特征

沉浸(immersion)、交互(interaction)、构想(imagination)是虚拟现实系统的 3 个基本特征。也就是说,沉浸于由计算机系统创建的虚拟环境中的用户,可以借助必要的设备,以各种自然的方式与环境中的多维化信息进行交互,互相影响,获得感性和理性认识并能够深化概念,萌发新意。同时,作为高度发展的计算机技术在各种领域的应用过程中的反映,虚拟现实具有以下主要特征。

- 依托学科的高度综合化。虚拟现实不仅包括图形学、图像处理、模式识别、网络技术、并行处理技术、人工智能、高性能计算,而且涉及数学、物理、电子、通信等学科。
- 人的临场化。用户与虚拟环境是相互作用、互相影响的一个整体。
- 系统或环境的大规模集成化。虚拟现实系统或环境是由许多功能不同、层次不同且具有相当规模的子系统构成的大规模集成系统或环境。
- 数据表示的多样化。主要表现为以下几点:数据存储的大容量、数据传输的高速化与数据处理的分布式和并行化。

12.1.3 虚拟现实系统分类

虚拟现实系统分为桌面虚拟现实、沉浸的虚拟现实、增强现实性的虚拟现实和分布式虚拟现实四大类。

1. 桌面虚拟现实

桌面虚拟现实利用个人计算机和低级工作站进行仿真,将计算机的屏幕作为用户观察虚拟现实世界的一个窗口,通过各种输入设备实现与虚拟现实世界的充分交互,这些外部设备包括鼠标、追踪球、力矩球等。它要求参与者使用输入设备,通过计算机屏幕观察360°范围内的虚拟世界,并操纵其中的物体,但这时缺少完全的沉浸感,因为它仍然会受到周围现实世界的干扰。桌面虚拟现实最大的特点是缺乏真实的现实体验,但其成本也相对较低,因此应用比较广泛。场景的桌面虚拟现实技术包括基于静态图像的虚拟现实(QuickTime VR)、虚拟现实造型语言(VRML)、桌面三维虚拟现实、MUD等。

2. 沉浸的虚拟现实

高级虚拟现实系统提供完全沉浸式的体验,使用户有一种置身于虚拟世界中的感觉,它利用头盔式显示器或其他设备,把参与者的视觉、听觉和其他感觉封闭起来,并提供一个新的虚拟的感觉空间,利用位置跟踪器、数据手套等输入设备使参与者产生一种身临其境、全身心投入和沉浸其中的感受。场景的沉浸式系统有基于头盔显示器的系统、投影式虚拟现实系统、远程存在系统。

3. 增强现实性的虚拟现实

增强现实性的虚拟现实不仅利用虚拟现实技术来模拟和仿真现实世界,而且要利用它来增强参与者对真实环境的感受,也就是增强现实中无法感知的内容。典型的实例是战机飞行员的平视显示器,它可以将仪表读数和武器瞄准数据投射到安装在飞行员面前的穿透式屏幕上,它可以使飞行员不必低头读座舱仪表的数据,从而集中精力盯着敌人的飞机或注意导航偏差。

4. 分布式虚拟现实

如果多个用户通过计算机网络连接在一起,同时参加一个虚拟空间,共同体验虚拟经历,那么虚拟现实则提升到一个更高的境界,这就是分布式虚拟现实系统。在分布式虚拟现实系统中,多个用户可以通过网络对同一虚拟世界进行观察和操作,以达到协同工作的目的。目前最典型的分布式虚拟现实系统是SIMNET,由坦克仿真器通过网络连接而成,用于部队的联合训练。通过SIMNET,位于德国的仿真器可以和位于美国的仿真器一样运行在同一个虚拟世界,参与同一场战斗演习。

12.1.4 虚拟现实系统组成

一般的虚拟现实系统主要由专业图像处理计算机、应用软件系统、输入设备和演示设备等组成。虚拟现实技术的特征之一就是人机间的交互性(interaction)。为了实现人机之间充分交换信息,必须设计特殊的输入工具和演示设备,以识别人的各种输入命令,且提供相应的反馈信息,实现真正的仿真效果。不同的项目可以根据实际的应用有选择地使用这些工具,主要包括头盔式显示器、跟踪器、传感手套、三维立体声音生成装置。

1. 三维的虚拟环境产生器及其显示部分

这是虚拟现实系统最基础的部分,它可以利用各种传感器的信号分析操作者在虚拟环境中的位置及观察角度,并根据在计算机内部建立的虚拟环境模块快速产生和显示图形。

2. 由各种传感器构成的信号采集部分

这是虚拟现实系统的感知部分,包括力、温度、位置、速度及声音传感器等,这些传感器可以感知操作者移动的距离和速度、动作的方向、动作力的大小及操作者的声音,产生的信号可以帮助计算机确定操作者位置及方向,从而计算出操作者所观察到的景物,也可以使计算机确定操作者的动作性质及力度。

3. 由各种外部设备构成的信息输出部分

这是虚拟现实系统使操作者产生感觉的部分,感觉包括声音、触觉、嗅觉、味觉、动觉和风感。正是虚拟现实系统产生的这些丰富感觉,才使操作者能真正地沉浸于虚拟环境中,产生身临其境的感觉。

12.1.5 虚拟现实应用

虚拟现实游戏具有逼真的互动性,给互动娱乐提供了新的可能。除了游戏市场以外,虚拟现实技术在医学、军事航天、室内设计、工业设计、房产开发、文物古迹保护等领域都有广泛的应用。虚拟现实不仅能改变人们生活的方方面面,还能通过VR+给各个行业带来革新。

1. VR+医疗

虚拟现实在医学方面的应用具有十分重要的现实意义。在虚拟环境中,可以基于虚拟的人体模型建立虚拟外科手术训练器,用于腿部及腹部外科手术模拟。这个虚拟的环境包括虚拟的手术台与手术灯、虚拟的外科工具(如手术刀、注射器、手术钳等)、虚拟的人体模型与器官等。借助于头戴式显示器(HMD)及感觉手套,医生可以利用虚拟的人体模型进行手术练习,如图12.1所示。

图 12.1 VR医疗训练

2. VR+地产

随着房地产业竞争的加剧,传统的展示手段(如平面图、表现图、沙盘、样板房等)已经远远无法满足消费者的需要。因此敏锐把握市场动向,果断启用最新的技术并迅速转化为生产力,方可以领先一步,击败竞争对手,如图12.2所示。

图 12.2　VR 地产开发

3. VR＋娱乐

丰富的感觉能力与三维显示环境使得虚拟现实成为理想的视频游戏工具。由于在娱乐方面对虚拟现实的真实感要求不是太高，故近年来虚拟现实在该方面发展最为迅猛，如图 12.3 所示。

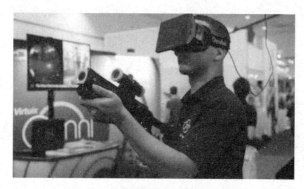

图 12.3　VR 游戏娱乐

4. VR＋军事

模拟训练一直是军事与航天工业中的一个重要课题，这为虚拟现实提供了广阔的应用前景。美国国防部高级研究计划局自 20 世纪 80 年代起一直致力于研究虚拟战场系统，以供士兵训练，该系统可连接 200 多台模拟器，如图 12.4 所示。

图 12.4　VR 军事模拟训练

12.2 虚拟现实开发软件及平台

12.2.1 Virtools

Virtools 是一套整合软件,可以将现有的常用资源整合在一起,如三维模型、二维图形或音效等。Virtools 是一套具备丰富互动行为模块的实时三维环境虚拟现实编辑软件,可以制作出许多不同用途的三维产品,如计算机游戏、建筑设计、多媒体、交互式电视、仿真与产品展示等。Virtools 的界面如图 12.5 所示。

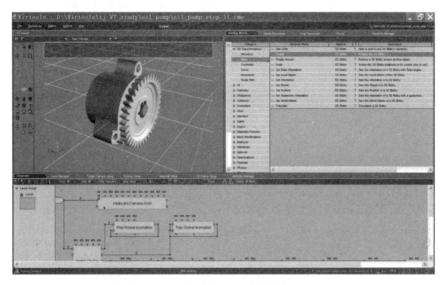

图 12.5　Virtools 软件界面

Virtools 是一款功能丰富的多平台三维游戏引擎,也是最早、应用最广的虚拟现实游戏开发工具。得益于 Virtools 的便捷性与开放性,很多初学者选择其作为虚拟现实开发平台。目前,Virtools 5.0 版本以后已经停止更新,同时其母公司也关闭了在中国的官网。

12.2.2 Quest 3D

Quest 3D 是一个易用而有效的实时三维应用建构工具。比起其他可视化的建构工具,如网页、动画、图形编辑工具来说,Quest 3D 能在实时编辑环境中与对象互动。Quest 3D 为设计师提供了一个构建实时三维应用的标准方案,其界面如图 12.6 所示。

Quest 3D 工作稳定,可以处理所有数字内容的二维/三维图形、声音、网络、数据库、互动逻辑及 AI,是设计师理想的设计软件引擎。

12.2.3 VR-Platform

VR-Platform(Virtual Reality Platform,VRP)即虚拟现实仿真平台,如图 12.7 所示。VRP 是由中视典数字科技有限公司开发的直接面向三维美工的一款虚拟现实软件。该软件适用性强,操作简单,功能强大,高度可视化。VR-Platform 所有的操作都以美工可以理解的方式进行,不需要程序员的参与,只需要操作者具有良好的 3ds Max 建模和渲染基础,

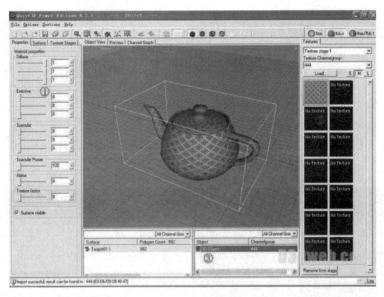

图 12.6 Quest 3D 软件界面

并且对 VR-Platform 平台稍加学习和研究，即可构建出自己的虚拟现实场景。

图 12.7 VR-Platform 软件界面

12.2.4 Unity 3D

Unity 3D 是由 Unity Technologies 公司开发的一个让玩家轻松创建注入三维视频游戏、建筑可视化、实时三维动画等类型内容的多平台综合性游戏开发引擎，是一个全面整合的专业游戏引擎，如图 12.8 所示。Unity 3D 利用交互的图形化开发环境，其编辑器运行在 Windows 和 MacOS 下，可发布游戏至 Windows、Mac、Wii、iPhone、WebGL 和 Android 平台，也可以利用 Unity Web Player 插件发布网页游戏，支持 Mac 和 Windows 的网页浏览。

Unity 3D 不只是一个开发平台，更是一个独立的游戏引擎，也是目前最专业、最热门、最具前景的游戏开发工具。它整合了之前所有开发工具的优点，从 PC 到 Mac 到 Wii 再到移动终端，都有 Unity 3D 的身影。

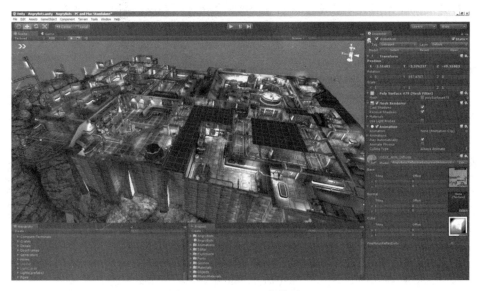

图 12.8　Unity 3D 软件界面

12.2.5　Unreal Engine4

Unreal Engine（虚幻引擎）由 Epic Games 公司开发，是目前世界知名的游戏引擎之一，占有全球商用游戏引擎 80% 的市场份额。Unreal Engine 4 是第 4 代虚幻引擎，可以表现出效果惊人的画面，如图 12.9 所示。虚幻引擎是 Epic Games 公司构建自己的游戏时使用的完整技术。这个引擎可以支持从独立小项目到高端平台大作的所有作品，支持所有主要平台。其虚幻商城上有很多资源，可以自己亲自创建，也可以与他人共享。

图 12.9　Unreal Engine4 软件界面

虚幻引擎自 2015 年 3 月起开始提供免费试用功能,而且所有未来的更新都将免费,可以下载引擎并将其应用到各个方面,包括教育、建筑以及可视化,甚至虚拟现实、电影和动画。发布游戏或应用后,当游戏获得首个 3000 美元的季度收入时,开始支付 5% 的版权费用。

12.3 虚拟现实开发设备

12.3.1 Oculus Rift

Oculus Rift 是一款为电子游戏设计的头戴式显示器,如图 12.10 所示。随着虚拟现实技术的兴起,Oculus 顺应时代潮流不断推陈出新,先后开发了多种机型,比较出名的有 DK1、DK2 和 CV1。

1. Oculus Rift DK1

Oculus Rift 不只是一个硬件,而且是包含软件开发工具包(SDK)在内的一整套开发系统,简称 Oculus 一代,它的硬件设备是头戴式的显示设备,通过 HDMI 获得 DVI 输入,可以将计算机渲染的画面显示在头戴式显示屏上,如图 12.11 所示。

图 12.10 Oculus Rift

图 12.11 Oculus Rift DK1

该设备的分辨率是 1280×800。使用 Oculus 时必须连接计算机。这种全封闭的设计,虽然看起来有些笨重,但是可以给人带来全方位的沉浸体验。Oculus 使用双眼成像原理来构建三维视觉效果。

Oculus 使用了简单的将屏幕一分为二的方法,左边显示左眼画面,右边显示右眼画面,即整个画面被平分成了两个部分,分别是左眼画面和右眼画面。

2. Oculus Rift DK2

2014 年 3 月,在游戏开发者大会(GDC)上,Oculus 公司公布了即将上市的 DK2,如图 12.12 所示。DK2 的单眼分辨率达到了 960×1080,是原有像素的 2 倍,对减轻眩晕有较大提升。

相对于 DK1,DK2 除了提高分辨率还有以下两个新特性。

图 12.12 Oculus Rift DK2

- 位置跟踪。这是 DK2 最显著的新特性。它本质是通过 Rift 上的多个红外发射头发射红外信号到接收器,接收器可以夹在显示器的上方或固定在三脚架上。同时,它可以在距离接收器 0.5~2m 的锥体空间中跟踪人的运动位置。

- Direct HMD 模式。这是新版 Oculus Runtime 所支持的新显示模式,以前 Rift 只能作为一个扩展桌面出现在操作系统里。要运行三维应用有两种办法:一种是镜像显示器,这会让主显示器被拉伸成 Rift 的显示分辨率;二是把对应的三维应用拖到副显示器上,在操作过程中需要睁一只眼闭一只眼。

Direct HMD 模式直接去掉了扩展桌面。运行三维应用时,在主显示器上显示缩小的立体图像。但是目前 Direct HMD 模式只在 Windows 平台有效。

3. Oculus Rift CV1

Oculus Rift CV1 是消费者版本,如图 12.13 所示。显示器刷新频率达 90Hz,比 DK2 有更高的分辨率,可以 360°位置追踪,集成音效,大幅提升了位置追踪容量。CV1 在 2016 年 3 月 28 日上市,售价为 599 美元。

其内包含了一个 Oculus Remote 遥控器与 Xbox One 无线手柄,玩家可通过手柄进行控制,同时还包含了一个位置跟踪摄像头,位置跟踪会使用惯性传感器的数据作为被遮挡或丢失跟踪时的后备。总之 CV1 可以说是虚拟现实领域的一个里程碑。

图 12.13　Oculus Rift CV

4. Oculus Rift 环境配置

Oculus Rift 环境配置步骤如下。

(1) 检查系统配置,将显卡驱动升级到最新版本。

显卡(GPU):NVIDIA GTX 970 或 AMD 290 同等或更高性能。

处理器(CPU):Intel i5-4590 同等或更高性能。

内存(RAM):8GB+RAM。

视频输出:HDMI 1.3 视频输出。

USB 端口:3 个 USB 端口(其中两个必须是 USB 3.0 端口)。

操作系统:Windows 7 的 64 位(Service Pack 1)或更高版本。

(2) 修改系统 Host 文件,解决连不上 Oculus 官网的问题,在系统 Host 文件中添加以下几行语句:

173.252.120.80 graph.oculus.com
173.252.120.80 secure.oculus.com
173.252.120.80 www2.oculus.com
31.13.91.50 scontent.oculuscdn.com
31.13.91.50 ecurecdn.oculus.com

(3) 从"魔多 VR"网站上下载"Oculus 离线安装包",如图 12.14 所示。下载地址:http://www.moduovr.com/front/app/detail?id=227。

图 12.14 下载 Oculus 离线安装包

(4) 运行后按指示操作,安装到 C 盘,如图 12.15 所示。

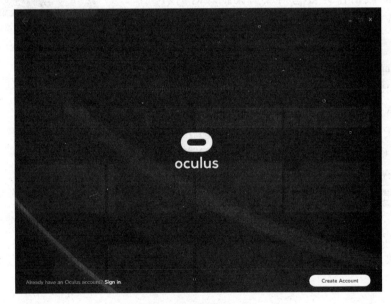

图 12.15 安装 Oculus

(5) 安装后重启计算机,使硬件配置生效。
(6) 运行 Oculus 程序,进行配置工作。
(7) 进入 Oculus 商城页面,在头戴式显示器中查看结果,如图 12.16 所示。
(8) 访问 https://developer3.oculus.com/downloads/ 下载最新 Unity SDK 开发工具包,在下载 ENGINE INTEGRATION 类别内,按需选择目标平台,如图 12.17 所示。

第12章 虚拟现实应用开发

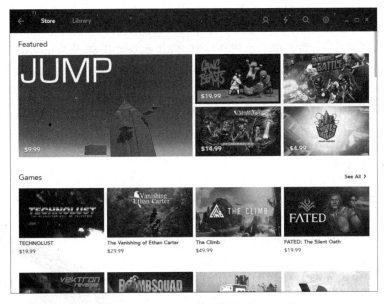

图 12.16　Oculus 商城页面

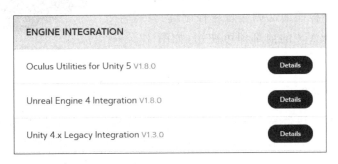

图 12.17　下载最新 Unity SDK 开发工具包

安装过程中经常遇到的问题如下：
- 显卡驱动版本过低。解决办法是升级显卡驱动。
- 系统版本低于系统最低配置版本。系统最低配置版本为 Windows 7 SP1、Windows 8.1 和 Windows 10 系统。
- Oculus 安装过程失败。检查系统 Host 文件配置是否正确。

12.3.2　Microsoft HoloLens

HoloLens 是微软公司最先推出的混合增强现实设备，它既不是完全的增强现实，也不是完全的虚拟现实，而是两者结合的产品，也就是混合现实（Mix Reality，MR），如图 12.18 所示。通过 HoloLens 镜片看到的其实还是现实世界中的场景，不过除了真实场景外还能看到其呈现的虚拟屏幕。

在配置上，HoloLens 集合了全息眼镜、深度摄

图 12.18　HoloLens

像头、内置耳机等设备，不仅如此，还配置了 2GB 的内存和 64GB 的板载存储器，且同时支持蓝牙和 Wi-Fi，可以独立使用，无须同步计算机或智能手机。

在系统上，HoloLens 的系统主要依托于窗口，其本身就搭载了 Windows 10 操作系统，该系统的设置布局与 Windows 10 PC 版一样，只不过是在 HoloLens 视角下呈现的。HoloLens 采用先进的传感器、高清晰度三维光学头置式全角度透镜显示器以及环绕音效。

在交互上，HoloLens 可以通过手势、语音来控制，设备上的物理控件只包含电源开关、音量按钮和全息透镜对比度控制键。

12.3.3 Gear VR

Gear VR 是三星公司推出的一款虚拟现实头戴显示器，新一代的 Gear VR 是三星公司与 Oculus 公司共同设计的。到目前为止，Gear VR 仅支持三星公司自家的旗舰机型——Galaxy Note5、Galaxy Note7、Galaxy S6 以及 Galaxy S7 系列。

Gear VR 支持标准的蓝牙控制器，同时设备右侧还配置了触摸板，用户可以通过触摸进行菜单选择，通过轻敲进入下一级菜单。此外，触摸板上部有一个独立的返回按键，触摸板的前部则是音量控制键，只需将移动设备插入 Gear VR 的前部即可使用，如图 12.19 所示。

图 12.19　Gear VR

12.3.4 HTC Vive

HTC 头盔是现阶段最为火爆的虚拟现实产品，在虚拟现实头盔、手柄和定位仪的配合下会让用户身临其境，体验不一样的虚拟现实。这款设备由著名的智能手机公司 HTC 与著名的游戏公司 Valve 联合推出，于 2015 年 3 月发布。其特点是利用 Room Scale 技术，通过传感器将一个房间变成三维虚拟空间，用户可以在移动中浏览周围场景，可以通过动态捕捉的手持控制器灵活地操纵场景中的物品，可以在一个定位精准、身临其境的虚拟环境中进行游戏和互动。

HTC Vive 是全球首款虚拟现实系统，一直朝着大型虚拟现实系统的方向发展。整套设备包括 HTC Vive 头戴式设备、两个无线 Vive 操控手柄、激光定位器以及一个集线器和一些连接线与充电器，如图 12.20 所示。

图 12.20　HTC 整套设备

1. HTC Vive 头戴式设备

在头戴式设备的顶部有几个数字接口,分别是电源线、音频线、USB 线和 HDMI 线接口,同时还预留了一个 USB 口供以后的扩展使用。正面的 HTC Vive 头戴式设备一共有 32 个"坑",这些是红外线的感应器,用来配合激光定位器测定 HTC Vive 头戴式设备在设定空间里的位置。头戴式设备的正面还有一个硕大的摄像头,这是用来在虚拟现实状态下随时观测现实世界使用的。两个超大的目视透镜是头戴式设备的主体,也是最大的组件。HTC Vive 如图 12.21 所示。

2. HTC Vive 操控手柄

HTC Vive 操控手柄的顶端布满了用来进行空间定位的红外传感器(透镜),每个操控手柄上都有 24 个红外传感器。同时,手握部分采用了类肤质设计,让使用者感觉非常舒适,如图 12.22 所示。

图 12.21　HTC Vive 头戴式设备

图 12.22　HTC Vive 操控手柄

3. HTC Vive 激光定位器

HTC Vive 相对于 Oculus Rift 和 Playstation VR 最大的不同就是拥有对设定区域里玩家所处位置和姿态的空间定位能力,这是靠取名为激光定位器的红外发射器配合操控手柄与虚拟现实头戴式设备上密布的红外激光感应器实现的,在 HTC Vive 的激光定位器的帮助下,HTC Vive 就能轻松计算出目前头戴式设备所在的空间位置,如图 12.23 所示。在安装 HTC Vive 的激光定位器的时候,要确保基站所在的位置可以"看"到房间的大部分区域,而且互相之间没有阻隔。接好电源后,打开开关。如果一切正常,会看到激光定位器亮起绿灯。

图 12.23　HTC Vive 激光定位器

4. HTC Vive 软件安装

HTC Vive 软件安装步骤如下。

(1) 软件安装准备。开始安装前,需要在 HTC Vive 官网下载 Vive 设置向导,这是一个只有几兆字节的可执行文件,可以帮助用户一步一步正确地安装和配置整个虚拟现实软硬件系统,如图 12.24 所示。

(2) Vive 需要将 NVIDIA 显卡驱动更新至 361.75 版本以上,如果是 AMD 显卡,推荐安装最新驱动程序,如图 12.25 所示。

图 12.24　HTC 官网提供的 Vive 设置向导

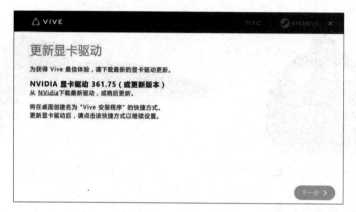

图 12.25　更新显卡驱动

（3）软件安装整体流程分为 4 步，如图 12.26 所示。安装整个过程一定要保证网络通畅，以便于软件和游戏的下载安装。

图 12.26　安装流程

（4）安装软件需要了解的基本内容如图 12.27 所示。
（5）需要了解房间的尺度，如图 12.28 所示。
（6）准备设置，保证区域内无障碍并准备足够多的三孔插座，如图 12.29 所示。

第12章 虚拟现实应用开发 317

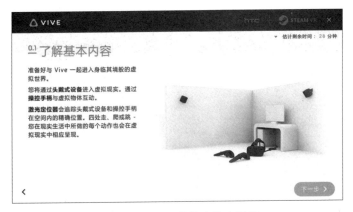

图 12.27　Vive 的基本特点展示

图 12.28　空间尺度需求

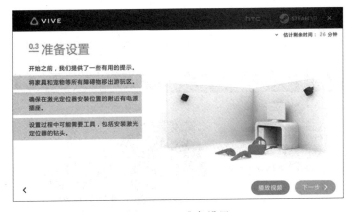

图 12.29　准备设置

（7）安装软件，文件总大小 1GB 左右，如图 12.30 所示。

（8）小心取出激光定位器，开始安装，激光定位器需要独立供电，要求离地 2m，如图 12.31 至图 12.34 所示。

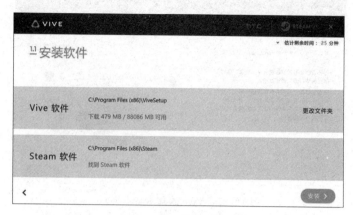

图 12.30　安装软件

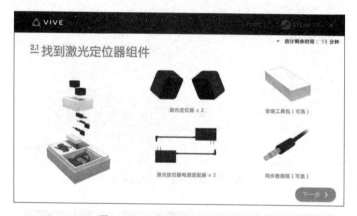

图 12.31　找到激光定位器组件

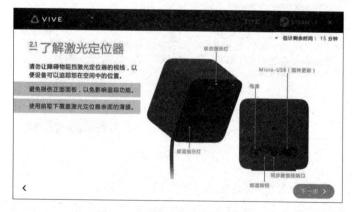

图 12.32　激光定位器详细图解

第12章 虚拟现实应用开发 | 319

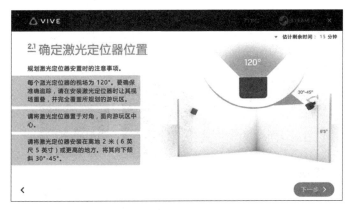

图 12.33　确定激光定位器位置

图 12.34　安装激光定位器

（9）可以选择通过相机三脚架和随机自带墙面固定座安装，安装完毕后启动激光定位器，如图 12.35 所示。

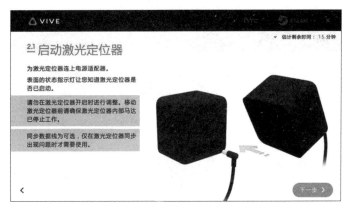

图 12.35　定位器接通电源即可启动

（10）检查频道，将两个定位器更改为不同频道方可正常定位，如图 12.36 所示。
（11）检查状态指示灯，确保两个激光定位器的状态指示灯均为绿色，如果闪烁则表示

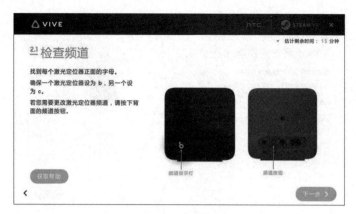

图 12.36　检查频道

出现了位移,如图 12.37 所示。

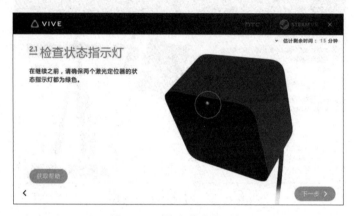

图 12.37　检查状态指示灯

(12) 头戴式设备调试安装。头戴式设备使用前先确认镜片是否干净完好,取出后放置在稳妥位置以避免无意间损坏,如图 12.38 和图 12.39 所示。

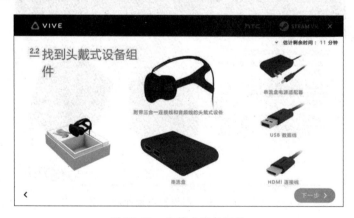

图 12.38　头戴式设备组件

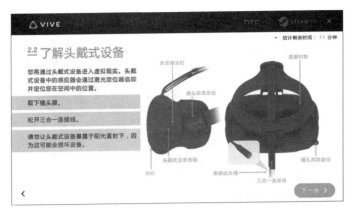

图 12.39　了解头戴式设备

（13）了解串流盒,并将其接入计算机。黄色接口为头显端,另一端接到计算机上,如图 12.40 至图 12.42 所示。

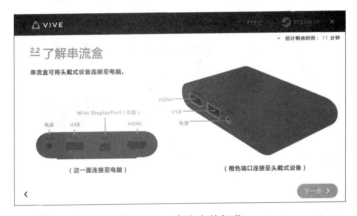

图 12.40　串流盒的细节

图 12.41　将串流盒接入计算机

（14）操控手柄组件调试安装。Vive 的操控手柄需要使用 Micro USB 数据线进行充电和更新固件,如图 12.43 和图 12.44 所示。

图 12.42 头戴式设备接至串流盒

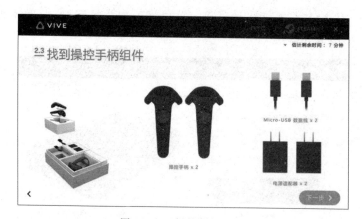

图 12.43 操控手柄组件

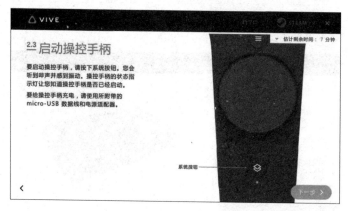

图 12.44 操控启动手柄

5. HTC Vive 设置

(1) 下载并安装 Steam VR 程序,创建一个 Steam 账户,然后前往"库"标签页下载并安装 SteamVR。可以创建一个 SteamVR 的快捷方式,或者进入 Steam 客户端的主窗口点击 VR 按钮来启动,如图 12.45 所示。

（2）上述步骤安装如果没有出问题，打开 SteamVR，5 项设备均应该显示绿色，表示准备就绪，如图 12.46 所示。

图 12.45　启动 SteamVR

图 12.46　SteamVR 准备就绪示意图

（3）运行 SteamVR，然后单击图 12.46 中 SteamVR 标题旁边的▼按钮，运行房间设置（Room Setup），如图 12.47 所示。设置的流程很简单直观，因为不仅有文字，还有图。首先选择最适合自己的游玩姿态，是房间规模（Room Scale）还是站立，如图 12.48 所示。如果选择前者，那么就需要进行房间空间校准。至少需要有 2m×1.5m 的空间，如图 12.49 所示。

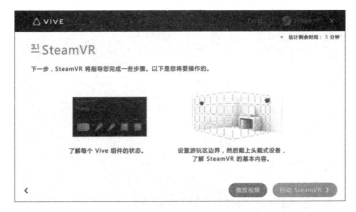

图 12.47　运行房间设置

图 12.48　房间设置

图 12.49　空间校准

（4）这时需要拿起操控手柄对准 PC 显示器，如图 12.50 所示。然后将它们放在地板上进行地面定位，如图 12.51 所示。最后，捡起操控手柄定义游玩空间大小。如果不追求非常精确的空间校准，这时设置就可以结束了，而且是一次设置完毕，只要不是游戏环境发生变化，下次再运行时无须再次设置。

图 12.50　定位显示器

图 12.51　定位地面

(5) 测量行动空间,如图 12.52 所示。绘出行动空间,如图 12.53 所示。

图 12.52　测量行动空间

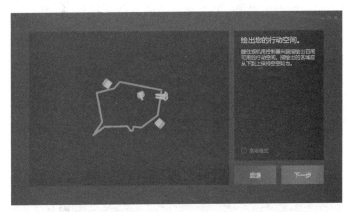

图 12.53　绘出行动空间

(6) 握住扳机画出最大活动范围,由于场地的一面墙是玻璃材质,反光造成了定位偏移,如图 12.54 所示。至此,完成了房间设置,如图 12.55 所示。

图 12.54　绘制最大活动范围

图 12.55　完成房间设置

（7）带上头戴式设备，在操控手柄上按一下菜单按钮，此时就会出现 SteamVR 的操控界面，扣动扳机即可完成游戏的选择、退出和音量的增减等操作，如图 12.56 所示。

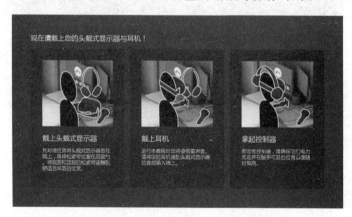

图 12.56　SteamVR 操控菜单选择

➤ 实践案例：交互式虚拟漫游

案例构思

本案例计划利用 Unity 3D 并结合 Oculus 制作三维虚拟漫游交互场景，项目名称为"四季花海"，通过玩家在场景中漫游并与场景中动物产生的一系列交互，体会四季的美好。玩家戴上虚拟现实头盔后，四季场景通过时空穿梭传送门跳转，使玩家可以随意切换到自己喜欢的季节，如图 12.57 所示。

案例设计

用户担任主人公角色，以第一人称视角在各个场景之间进行交互。通过 W、A、S、D 键来控制主人公的移动，并配合鼠标进行视角的转动，按 Shift+W 键快速移动，按 F 键交互，按 Z 键刷新任务栏。在项目制作过程中设计若干场景，项目场景架构如图 12.58 所示。

案例实施

步骤 1：基于 Unity 地形工具，搭建三维虚拟漫游场景。将整个地形划分为 4 个区域，

图 12.57　项目构思效果

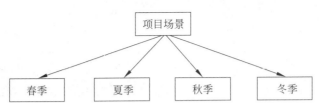

图 12.58　项目场景架构

分别摆放春夏秋冬四季花草树木,如图 12.59 所示。

图 12.59　三维虚拟漫游地形

　　步骤 2:加入粒子特效,实现下雪和风吹效果,如图 12.60 和图 12.61 所示。具体粒子系统属性参数如图 12.62 至图 12.64 所示。

　　步骤 3:将时空穿梭传送门摆放在场景中,如图 12.65 所示。

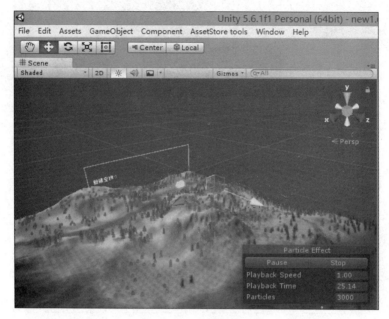

图 12.60 雪粒子特效

图 12.61 风粒子特效

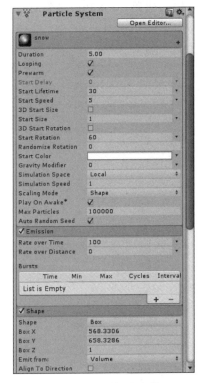

图 12.62 雪粒子参数

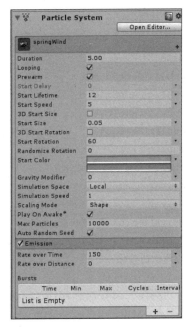

图 12.63 风粒子参数 1

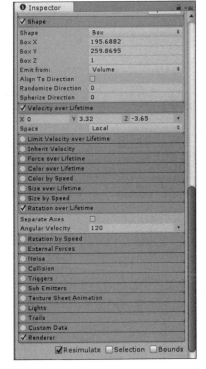

图 12.64 风粒子参数 2

图 12.65 时空穿梭传送门效果

步骤4：创建C#脚本，将其命名为doorEffect，输入代码，并将其链接到时空穿梭传送门上。

```csharp
using UnityEngine;
using System.Collections;
public class doorEffect : MonoBehaviour {
    GameObject moveThis;
    public GameObject m_player;
    public GameObject player3;
    public GameObject toDoor;
    public GameObject[] creatThis;
    public float coolDown=0;
    public int selected=0;
    private GameObject effect;
    private float m_time=1;
    private bool isDestroy=false;
    public static bool isCloseBox=false;
    //用于初始化
    void Start(){
        selected=creatThis.Length-1;
        moveThis=this.gameObject;
    }
    //每帧更新一次
    void Update(){
        if(Vector3.Distance (m_player.transform.position,moveThis.transform.position)<5.0)
        {
            if(m_time<=0)
            {
                if(Input.GetKey(KeyCode.F))
                {
                    Vector3 pos=toDoor.transform.position;
                    pos.y+=3;
                    player3.transform.position=pos;
                    isCloseBox=false;
                }
            }
        }
        else{
            isCloseBox=false;
            m_time=1;
        }
        m_time-=Time.deltaTime;
    }
    void OnGUI(){
```

```
if(Vector3.Distance(m_player.transform.position,moveThis.transform.
position)<2.0){
    GUI.skin.label.fontSize=25;
    GUI.skin.label.alignment=TextAnchor.LowerCenter;
    GUI.skin.label.normal.textColor=Color.white;
    GUI.Label(new Rect(0,Screen.height * 0.7f,Screen.width,60),"按 F 键传送");
    }
  }
}
```

步骤 5：执行 Assets→Import Package→Customer Package 命令加载 Oculus 虚拟头盔插件，如图 12.66 所示。

图 12.66　导入 Oculus 插件

步骤 6：找到 OVRPlayerController 资源，将其拖放到 Hierarchy 视图中，如图 12.67 所示。

图 12.67　OVRPlayerController 资源

步骤 7：关掉场景中的摄像机。

步骤8：单击Play按钮进行测试，效果如图12.68至图12.78所示。

图 12.68　春季效果1

图 12.69　春季效果2

图 12.70　冬季效果1

图 12.71　冬季效果2

图 12.72　夏季效果1

图 12.73　夏季效果2

图 12.74　秋季效果1

图 12.75　秋季效果2

 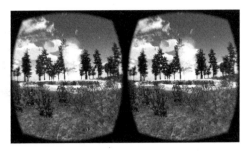

图 12.76　时空穿梭效果 1　　　　　　　图 12.77　时空穿梭效果 2

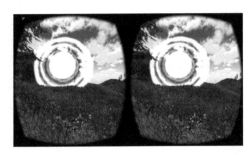

图 12.78　时空穿梭效果 3

12.4　本章小结

本章对虚拟现实开发软件及设备进行了介绍,并通过一个交互式虚拟漫游案例讲解了虚拟现实技术的具体开发流程。通过本章的学习,读者应该对基于 Unity 3D 开发虚拟现实游戏的过程有初步的了解,并掌握一定的 Oculus Rift 开发技巧,为以后开发更复杂的虚拟现实游戏打下基础。

12.5　习题

1. 列举当前支持 Unity 3D 引擎进行开发的虚拟现实设备。
2. 下载并安装 Runtime 程序,同时进行环境配置。
3. 列举 Unity 3D 整合包的预制件并阐述其功能。
4. 列举 Unity 3D 整合包中的主要脚本并阐述其功能。
5. 开发一个基于 Oculus DK2 头盔的三维虚拟漫游系统。

第13章

增强现实开发

本章介绍虚拟现实的一个重要分支——增强现实(Augmented Reality, AR)。增强现实技术通过将虚拟场景与真实场景结合,创造出一种全新的体验和交互方式,实现了虚拟现实与人们生活的零距离接触。增强现实技术引领了一个重要的方向,随着技术的不断创新和硬件设备的提升,未来会出现更多的应用。本章重点讲述基于高通 Vuforia 与 Unity 3D 的增强现实技术。

13.1 增强现实概述

13.1.1 增强现实概念

增强现实是在虚拟现实的基础上发展起来的新技术,也称为混合现实。增强现实技术的目标是在屏幕上把虚拟世界叠加在现实世界中并进行互动。增强现实技术通过计算机系统提供的信息增加用户对现实世界的感知,将虚拟信息应用到真实世界,并将计算机生成的虚拟物体、场景或系统提示信息叠加到真实场景中,从而实现对现实的增强。

增强现实技术具有相当好的发展前景,吸引了谷歌、微软、苹果等世界级企业的关注。Unity 3D 已经可以很好地支持增强现实技术的实现,开发者可以通过一些增强现实工具插件直接在 Unity 3D 上开发和运行增强现实案例。

13.1.2 增强现实原理

增强现实技术是一种将真实世界信息和虚拟世界信息"无缝"集成的新技术,是把原本在现实世界的一定时间、空间范围内很难体验到的实体信息(视觉、听觉、味觉、触觉等)通过计算机等科学技术模仿仿真后再叠加,将虚拟的信息应用到真实世界,被人类感官所感知,从而达到超越现实的感官体验。真实的环境和虚拟的物体实时地叠加到了同一个画面或空间中。

增强现实技术不仅展现了真实世界的信息,而且将虚拟的信息同时显示出来,两种信息相互补充、叠加。在视觉化的增强现实中,用户利用头戴式显示器把真实世界与计算机图形重合在一起。

增强现实技术包含了多媒体、三维建模、实时视频显示及控制、多传感器融合、实时跟踪及注册、场景融合等新技术与新手段。增强现实提供了在一般情况下人类无法感知的信息。

13.1.3 增强现实应用

增强现实技术的应用领域相当广泛,在尖端武器、数据模型的可视化、虚拟训练、娱乐与艺术等领域均有广泛应用,而且由于其能够对真实环境进行增强显示输出的特性,在医疗研究与解剖训练、精密仪器制造和维修等领域具有比其他技术更明显的优势。在国内增强现实在房地产开发及销售上得到了极大的发挥,如图 13.1 和图 13.2 所示。

图 13.1 增强现实虚拟家装　　　　　　图 13.2 增强现实虚拟楼盘

13.1.4 增强现实开发插件

增强现实的应用领域广泛,在增强现实开发中常见的插件有 Vuforia、Metaio、Esay AR 和 ARToolKit,这些插件各有优缺点。Vuforia 在移动平台有非常好的兼容性,支持 Android 和 iOS 开发,但是它并不支持 Mac 平台的开发。与 Vuforia 相比,Easy AR 较为全面,它可以很好地支持 PC 和 Mac 平台的开发,并且支持移动应用的开发,但是不如 Vuforia 的兼容性好,Vuforia 插件可以使开发者在 Unity 3D 中很方便地进行增强现实开发。常见的增强现实开发插件如表 13.1 所示。

表 13.1 增强现实开发中的常用插件

名　　称	说　　明	官　　网
Vuforia	市面上应用最广泛的插件,应用于移动平台的开发	http://developer.vuforia.com
Metaio	已被苹果公司收购,目前无法购买和使用	http://www.metaio.com
Easy AR	由国内团队开发,更适合 PC 和 Mac 平台的开发	http://www.easyar.cn
ARToolKit	适合底层开发,难度大,使用人数少	http://artoolkit.org

13.2 Vuforia 发展历程

高通公司是一家位于美国加利福尼亚州 San Diego 的无线电通信技术研发公司,成立之初主要为无线通信业提供项目研究、开发服务,同时还涉足有限的产品制造。该公司的先期目标之一是开发出一种商业化产品。由此而诞生了 OmniTRACS&reg。自 1988 年货运业采用高通公司的 OmniTRACS 系统至今,该系统已成为运输行业最大的商用卫星移动通信系统。高通公司在 CDMA 技术的基础上开发了一个数字蜂窝通信技术。目前高通公司是全球二十大半导体厂商之一。

2010 年,高通公司收购了 ICSG(Imagination Computer Service GmbH)公司。ICSG 公司总部在奥地利的维也纳,是一家专门从事移动端计算机视觉和增强现实技术开发的公司。高通公司收购了 ICSG 公司后,以该公司的技术力量为基础,在奥地利成立了一个专门负责研究增强现实技术及其周边应用的研发机构。随后,高通公司的奥地利研发机构发布了移动端增强现实 SDK,取名为 Vuforia。目前,Vuforia 已经成为移动端增强现实开发的主流工具包之一。

13.3 Vuforia 核心功能

13.3.1 图片识别

Vuforia SDK 可以对图片进行扫描和追踪,通过摄像机扫描图片时,在图片上方出现一些设定的 3D 物体,这种情况适用于媒体印刷的海报以及部分产品的可视化包装等。处理目标图片有两个阶段,首先需要设计目标图片,然后上传到 Vuforia 平台上进行目标处理和评估。评估结果有 5 个星级,星级越高表示图片的识别率也就越高。为了获得较高的星级,在选择被扫描的图片时需要注意以下几点:

- 选择图片建议使用 8 位或 24 位的 JPG 和只有 RGB 通道的 PNG 图像及灰度图,且每张图片的大小不能超过 2MB。
- 图片目标最好是无光泽、较硬的材质卡片,因为较硬的材质不会有弯曲或褶皱的地方,可以使摄像机在扫描图片时更好地聚焦。
- 图片要包含丰富的细节、较高的对比度及较低的重复度,例如街道、人群、运动场等场景图片。重复度较高的图片星级往往比较低。
- 轮廓分明、有棱有角的图星级较高,其追踪和识别效果较好。
- 扫描图片时,环境也是十分重要的因素,图片目标应该在漫反射灯光照射下和适度明亮的环境中,图片表面被均匀照射,这样有利于收集图片信息,并有利于 Vuforia SDK 的检测和追踪。

13.3.2 圆柱体识别

圆柱体识别能够使应用程序识别并追踪卷成圆柱或圆锥形状的图像。它也支持识别并追踪于圆柱体或圆锥体顶部和底部的图像。开发人员需要在 Vuforia 官网上创建圆柱体目标,创建时需要用到圆柱体的边长、顶径、底径以及想要识别的图片。

圆柱体识别支持的图片格式和图片识别、多目标识别相同,即 RGB 或灰度模式的 PNG 和 JPG 图片,大小在 2MB 以下。将图上传到官网上之后,系统会自动将提取出来的图像识别信息存储在一个数据集中,供开发人员下载和使用。

目前的识别和追踪圆柱体图像精度不是十分高,所以开发人员在制作增强现实类应用时还需要注意一些细节,通过一些方法来使用户能够具有舒适的用户体验,具体方法如下:

- 最好不要使用玻璃瓶等能够产生强烈镜面反射的物体,这样会影响到追踪和识别的精度。
- 在选用的物体上,图像最好能够覆盖住整个物体并提供很丰富的细节信息。
- 当想要从物体的顶部或底部识别物体时,合理地设置物体顶部和底部的图像很重要。
- 物体的表面图像不应选择大量重复的相同图片,如果选用这样的物体,会在识别时产生朝向歧义,影响识别效果。

13.3.3 多目标识别

除了图片识别和圆柱体识别之外,还可以以立方体盒子作为识别目标。立方体是由多个面组成的,当一张图片的图片识别无法实现时,就需要采用多目标识别技术,即将所要识别的立方体6个面以及长、宽、高等数据上传。

多目标识别对象为立方体,共有6个面,每个面都可以被同时识别,这是因为它们所组成的结构形态已经被定义好,并且当它的任意一个面被识别时,整个立方体目标也会被识别出来。虽然将立方体的6个面数据分开上传,但这6个面是不可分割的,系统识别的目标为整个立方体,所要识别的立方体目标其实是由数张图片目标组成的。这些图片目标之间的联系由Vuforia目标管理器负责,并且存储在XML文件中,开发者可以修改XML文件,并且也可以配置立方体目标。

多目标识别作为增强现实技术最基础的识别方法之一,与图片识别相比,用户可以扫描身边的具体物体,更加具体,也更富有乐趣。但其缺点是不如图片识别方便快捷。多目标识别通常用于产品包装的营销活动、游戏可视化产品展示等。

13.3.4 文字识别

Vuforia SDK不但可以通过扫描进行图片识别,还提供了文本识别功能。该SDK一共提供了约10万个常用单词列表,Vuforia可以识别属于单词列表中的一系列单词。此外,开发人员可对该列表进行扩充。在开发过程中,可以将文本识别作为一个单独的功能或者将其和目标结合在一起共同使用。

文字识别引擎可以识别打印和印刷的字体,无论该文本是否带有下画线。字体格式包括正常字体、粗体、斜体等。文本目标应被放置在漫反射灯光照射的适度明亮环境中,保证该文本信息被均匀照射,有利于Vuforia SDK的检测和追踪。

13.3.5 云识别

云识别服务是在图片识别方面的企业级解决方案,它可以使开发人员能够在线对图片目标进行管理,当应用程序在识别和追踪物体时会与云数据库中的内容进行比较,如果匹配就会返回相应的信息。所以使用该服务需要良好的网络环境。

云识别服务非常适合需要识别很多目标的应用程序,并且这些目标还需要频繁地进行改动。有了云识别服务,相关的目标识别管理信息都会存储在云服务器上,这样就不需要在应用程序中添加过多的内容,且容易进行更新管理。但目前云识别还不支持圆柱体识别和多目标识别。

开发人员可以在目标管理器(Target Manager)中添加使用RGB或灰度通道的JPG和

PNG 格式的图片目标,上传的图片大小需要在 2MB 以下,添加后,高通云服务会将图片的特征信息存储在数据库中,供开发人员下载和使用。

➢ 实践案例：AR 动物开发

案例构思

使用高通公司增强现实 SDK 进行相应 AR 产品开发时,首先需要注册为高通公司增强现实平台的开发者,其次需要登记增强现实项目,登记识别图,最后从高通 AR 平台下载识别完成的图片。本案例旨在让学习者掌握高通公司增强现实开发的全流程,掌握增强现实开发关键技术并能加以应用。

案例设计

本案例将 Vuforia 与 Unity 3D 相结合。制作一个动物效果图,通过扫描指定识别图,利用增强现实技术在屏幕上生成其立体模型,效果如图 13.3 所示。

图 13.3　增强现实效果图

案例实施

1. 高通部分

步骤 1:进入高通公司 Vuforia 官方网站 https://developer.vuforia.com/,单击右上角的 Register 进行注册,如果已有账号,则选择 Log In,如图 13.4 所示。(注：对于首次注册的用户,在注册完成后,高通公司会给注册邮箱发送确认邮件,单击邮件中的链接,即可激活登录账号,进行登录。)

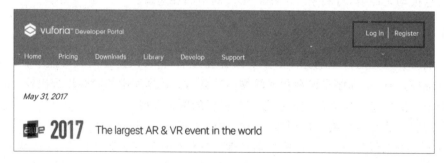

图 13.4　登录 Vuforia 官网

在注册账号时还有两点需要注意:

- 姓名只能用英文。
- 密码必须只包含数字和大小写字母,否则注册不成功。

步骤 2:登录成功后,选择 Downloads,选择 SDK,由于开发工具为 Unity 3D,则选择最后一个进行下载,如图 13.5 所示。

图 13.5　下载 SDK 页面

步骤 3:下载完成后,选择 Develop,输入虚拟现实作品的 App 名称,并选择种类和 Licence 类型。单击 Next 按钮后,出现如图 13.6 所示的界面,Vuforia 后台为本项目产生了一个许可码(License Key)。每个高通程序运行时都需要一个独立授权的许可码。(注:对于首次注册的用户,图 13.6 中最下边的框圈出的区域内容为空。)

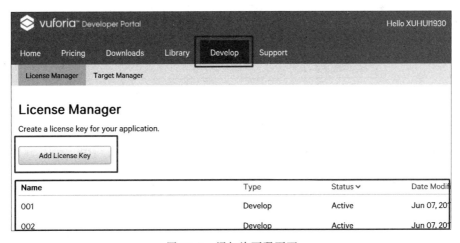

图 13.6　添加许可码页面

步骤4：选择项目种类，有3个可选项，分别是开发版、消费版和企业版。本案例中选择开发版，如图13.7所示。

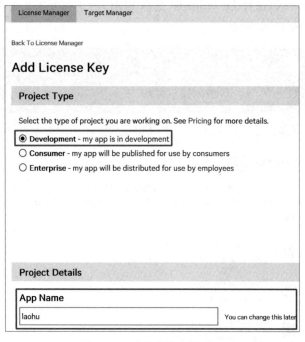

图13.7　项目种类选择页面

步骤5：登记AR项目。利用高通AR SDK进行AR作品开发时，分为收费授权模式和免费授权模式。本案例在开发过程中使用的是开发者免费授权，如图13.8和图13.9所示。

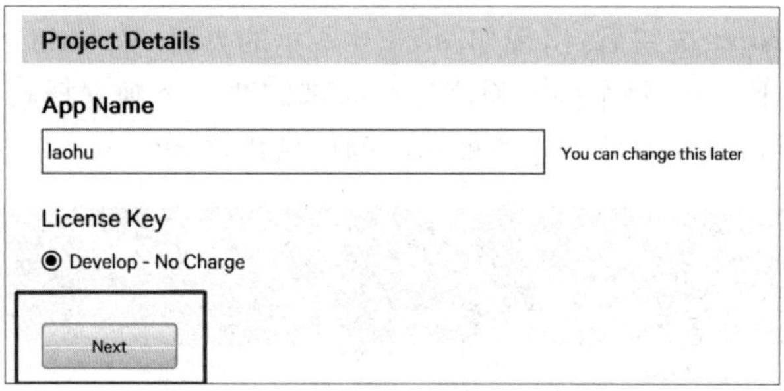

图13.8　AR开发授权模式

步骤6：以上步骤完成后，会生成一个刚刚命名的项目名称显示在License Manager界面上。双击刚刚命名的项目名称，并且将生成的许可码复制下来，如图13.10和图13.11所示。

步骤7：单击Target Manager登记识别图，并单击Add Database。基于高通AR SDK开发的AR应用中，识别图的识别算法是在高通AR服务器上完成的，而不是在App本地完成的。因此，AR应用开发过程中需要上传识别图，使高通后台服务器计算生成一个AR识别图，如图13.12所示。在Type下选择Device，也就是依赖本地设备，如图13.13所示。

第13章 增强现实开发 341

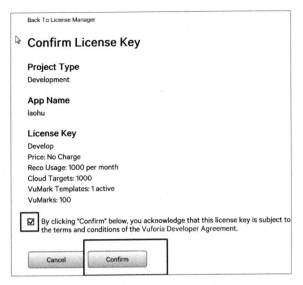

图 13.9 确认 AR 开发授权模式

图 13.10 获得许可码

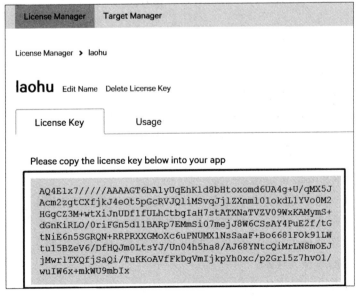

图 13.11 复制许可码

Cloud 选项表示依赖高通云端识别技术进行识别计算。

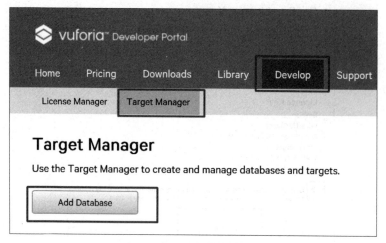

图 13.12　导入识别图

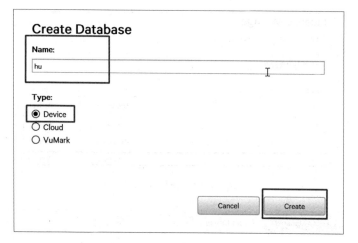

图 13.13　创建数据识别方案

步骤 8：在 Name 下的文本框中填写 hu，此时会生成一个同名的项目文件夹，双击该文件夹将其打开，导入提前准备好的识别图。在这个文件夹中可以为这个目标管理识别号添加一张或多张能够识别的识别图，如图 13.14 和图 13.15 所示。

步骤 9：单击 Add Target 按钮，设置相关图片的属性，如图 13.16 所示。

本案例中的设置内容如下。

- Type：选择 Single Image。
- File：选择一张本地图片作为准备上传到高通服务器的识别图。
- Width：识别宽度。具体识别宽度是物理图片的大小，一般为正方形图片，如果不是正方形，则选择最大的边。如果不填写该项参数，则系统按照上传图片的最大边进行自动选择，单位为像素。
- Name：输入识别图的名字。

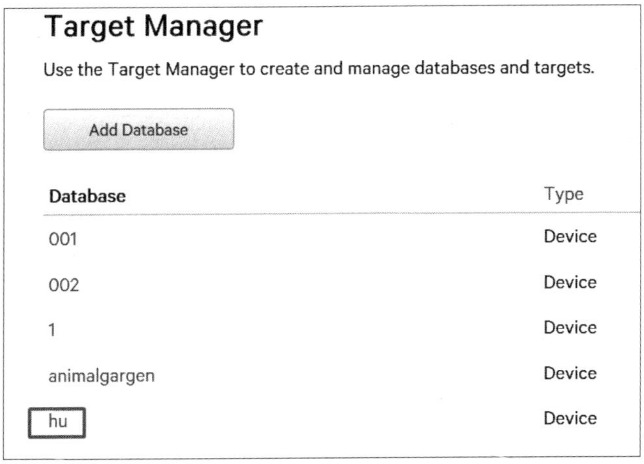

第13章 增强现实开发

图 13.14 管理项目页面

图 13.15 添加识别图片

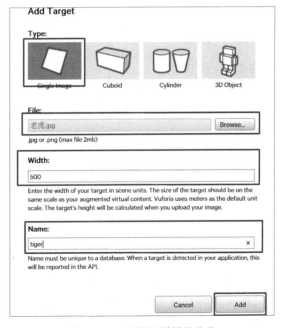

图 13.16 选择识别图的种类

步骤10：完成属性设置后，下载识别图，如图13.17和图13.18所示。Rating(星级)表示图片是否易识别，因此在选择图片时，要选择色块比较多并且彼此之间有区分的图片。

图 13.17　高通生成的识别图下载包

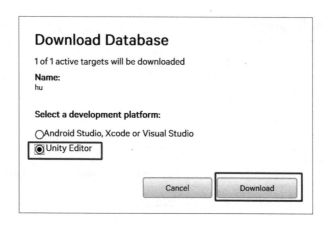

图 13.18　选择 Unity Editor

2．Unity 3D 部分

步骤1：打开 Unity 3D 创建一个新的空项目，并将在高通中生成的两个 Unity 3D 资源包导入项目，如图 13.19 所示。导入两个资源包后，在 Unity 3D 的 Project 视图中的 Assets 资源中包含了一个 Vuforia 文件夹，如图 13.20 所示。

步骤2：完成资源包的导入后，在 Unity 3D 的 Project 视图可以看到一个 Vuforia 目录以及 Prefab 等文件夹，单击打开 Prefabs，如图 13.21 所示。

步骤3：将 Prefab 文件夹中的 ImageTarget 和 ARCamera 两个预制体拖入场景中，同时删除 Unity 3D 场景内默认的 MainCamera 对象，如图 13.22 所示。

图 13.19　系统生成两个资源包

步骤4：选择 AR Camera，在右侧属性面板中打开 VuforiaConfiguration，将之前复制的许可码粘贴到 App License Key 右侧的文本框中，同时将自己所创建的 Datasets 勾选上，如图 13.23 所示。

第13章 增强现实开发

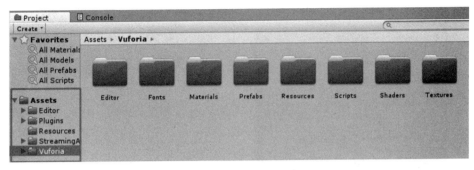

图 13.20 导入 Vuforia 资源

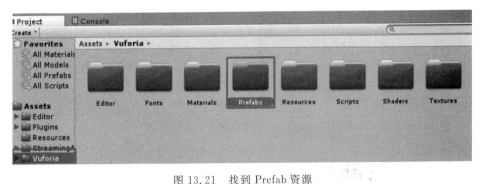

图 13.21 找到 Prefab 资源

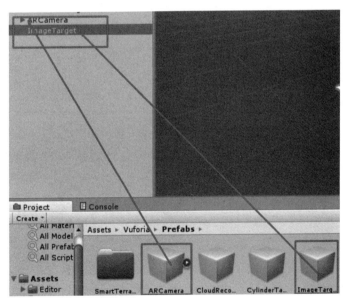

图 13.22 将资源拖入场景中

步骤 5：选择 Image Target，在右侧属性面板中进行配置，如图 13.24 所示。

图 13.23　AR 摄像机参数

图 13.24　设置识别图参数

步骤 6：找到虎模型，并将其预制体作为 ImageTarget 的子物体，如图 13.25 所示。

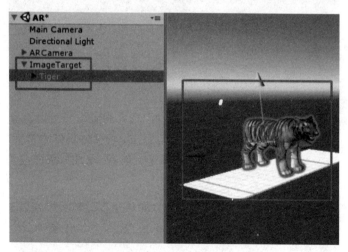

图 13.25　导入虎模型

步骤 7：单击 Play 按钮进行测试，可以看到项目在运行后会自动开启摄像头，当把识别图放置于摄像头前时，会产生叠加的三维模型效果。虎的识别图如图 13.26 所示。

图 13.26　虎的识别图

13.4　本章小结

本章主要介绍了增强现实的开发原理及关键技术,并以动物增强现实开发为实践案例系统讲解了以 Vuforia 与 Unity 3D 相结合的方式进行增强现实开发的方法,相信读者通过这种理论与实践相结合的方式,可以快速掌握增强现实开发的具体步骤以及方法。

13.5　习题

1. 什么是增强现实?
2. 简要介绍当前市面的增强现实开发工具。
3. 请自行搭建 Vuforia 的开发环境。
4. 简述选择被扫描图片时的注意事项。
5. 简述多目标识别的原理。

参考文献

[1] 张金钊. Unity 3D游戏开发与设计案例教程[M]. 北京：清华大学出版社，2015.
[2] 吴亚峰，于复兴，索依娜. Unity 3D游戏开发标准教程[M]. 北京：人民邮电出版社，2016.
[3] 李梁. 完美讲堂：Unity 3D手机游戏开发实战教程[M]. 北京：人民邮电出版社，2016.
[4] 何伟. Unity虚拟现实开发圣典[M]. 北京：中国铁道出版社，2016.
[5] Joseph Hocking. Unity5实战：使用C♯和Unity开发多平台游戏[M]. 蔡俊鸿，译. 北京：清华大学出版社，2016.
[6] 商宇浩，李一帆，张吉祥. Unity 5.x完全自学手册[M]. 北京：电子工业出版社，2016.
[7] Unity Technologies. Unity 5.x从入门到精通[M]. 北京：中国铁道出版社，2016.
[8] 金玺曾. Unity 3D/2D手机游戏开发[M]. 北京：清华大学出版社，2014.
[9] 程明智. Unity 5.x游戏开发技术与实例[M]. 北京：电子工业出版社，2016.
[10] 乔纳森·林诺维斯. Unity虚拟现实开发实战[M]. 童明，吴迪，译. 北京：机械工业出版社，2016.